MITTEILUNGEN

der

Geographischen Gesellschaft in Hamburg

Band XXIX

Im Auftrage des Vorstandes herausgegeben

von

Dr. L. Friederichsen

Erstem Schriftführer

Mit einer zweiblättrigen topographischen Karte im Maßstabe von 1 : 300000 und 47 Abbildungen auf 27 Tafeln

HAMBURG

L. Friederichsen & Co.

(Inhaber: Dr. L. u. R. Friederichsen)

Land- und Seekartenhandlung

geographischer und nautischer Verlag

1915

Das abflußlose Rumpfschollenland im nordöstlichen Deutsch-Ostafrika

Bericht über eine
im Auftrag der Hamburgischen Geographischen Gesellschaft
in den Jahren 1911/12 ausgeführte Forschungsreise

von

Dr. Erich Obst
Privatdozenten der Geographie an der Universität Marburg

Teil I
Aufgaben, Vorbereitung und Verlauf der Reise. — Ergebnisse der topographischen Arbeiten und der Sammlungen

Mit Beiträgen von
P. Sprigade, M. Moisel, A. Wedemeyer, R. Herzenberg, W. Heering,
L. Diels, O. Steinhaus, F. Werner, M. Leschke, M. v. Brunn,
K. Kraepelin, A. Ried, O. Reche

Mit einer zweiblättrigen topographischen Karte im Maßstabe von
1 : 300000 und 47 Abbildungen auf 27 Tafeln

Ubique terrarum

HAMBURG
L. Friederichsen & Co.
(Inhaber: Dr. L. u. R. Friederichsen)
Land- und Seekartenhandlung
geographischer und nautischer Verlag
1915

Inhaltsverzeichnis.

---

47 Abbildungen auf 27 Tafeln und eine zweiblättrige topographische Karte im Maßstabe von 1 : 300 000 des „Abflußlosen Rumpfschollenlandes im nordöstlichen Deutsch-Ostafrika“.

A. Vorwort.

Die Forschungsreise, über deren Verlauf und Ergebnisse im Folgenden berichtet werden soll, war ein Unternehmen der Geographischen Gesellschaft in Hamburg. In freigebigster Weise hat diese Gesellschaft die gesamten Kosten der Expedition (einschließlich Hin- und Rückreise und Transport der Sammlungen rund 17 100 Mark) bewilligt und die Veröffentlichung dieses Berichtes übernommen. Ihr gebührt daher an erster Stelle mein aufrichtigster und ergebenster Dank, insbesondere dem Ersten Sekretär Herrn Dr. L. Friederichsen, der mir jederzeit bereitwilligst mit Rat und Tat zur Seite stand und unermüdlich für das Wohl der Expedition gewirkt hat. Sodann ist es mir ein aufrichtiges Bedürfnis, dem Reichskolonialamt auch an dieser Stelle noch einmal meinen ehrerbietigsten Dank auszusprechen. Das Reichskolonialamt hatte der Expedition dank der liebenswürdigen Fürsprache des Herrn Hauptmann Dr. Marquardsen einen großen Teil der benötigten Instrumente leihweise überlassen und hat nach der Rückkehr die gesamten Kosten für die Konstruktion meiner Routenaufnahmen übernommen (vergl. Begleitworte zur Karte). Zu großem Dank bin ich ebenso den Zivil- und Militärbehörden in Deutsch-Ostafrika verpflichtet; sie haben mir durch Empfehlungsschreiben an die Stationen im Inneren manche Wege geöffnet und mancherlei Vergünstigung geschaffen, die ich sonst hätte entbehren müssen. Groß ist weiterhin die Zahl derer, denen ich für tatkräftige Förderung der Expedition tief empfundenen Dank schulde. Ich nenne in erster Linie die Firma Hansing & Co. in Hamburg, Daressalam und Sansibar, die Deutsche Ostafrika Linie, die Hamburger Wissenschaftlichen Anstalten, insbesondere das Museum für Völkerkunde und die Herren Prof. Dr. Becker (Bonn), A. Frucht (Hamburg) †, Prof. Dr. Fülleborn (Hamburg), Dr. Graff (Hamburg-Bergedorf), Prof. Dr. Gürich (Hamburg), Medizinalrat Dr. Gutsch (Karlsruhe), Prof. Dr. Kraepelin (Hamburg),

Prof. Dr. Meinhof (Hamburg), Dr. O. Reche (Hamburg), Prof. Dr. Thilenius (Hamburg), Prof. Dr. Voigt (Hamburg), Prof. Dr. Voigtländer (Hamburg), H. Wagemann (Hamburg). In Freundschaft und Dankbarkeit gedenke ich endlich auch des Herrn Walter Gutsch, der mich von Januar bis April 1911 begleitete, und spreche herzlichen Dank allen denjenigen Herren aus, die durch Bearbeitung meiner Sammlungen die Zwecke und Ziele der Expedition gefördert haben: den Herren P. Sprigade, M. Moisel, C. Eichelberg, G. Erdmann, G. Fincke, A. Götze, F. Götze, K. Hartkäse, W. Haucke, P. Rux, W. Rux, R. Schmidt, F. Schroeder, R. Schultze, P. Spazierrath, H. Stegemann vom kartographischen Institut D. Reimer (E. Vohsen) in Berlin, dem Berechner der Höhenmessungen Herrn Dr. A. Wedemeyer (Berlin), dem Petrographen Herrn Dr. R. Herzenberg (Hamburg), den Botanikern Herren Dr. W. Heering (Hamburg) und Prof. Dr. L. Diels (Berlin), den Zoologen Herren Dr. O. Steinhaus (Hamburg), Prof. Dr. F. Werner (Wien), Dr. M. Leschke (Hamburg), Prof. Dr. M. v. Brunn (Hamburg), Prof. Dr. K. Kraepelin (Hamburg), dem Anthropologen Herrn Dr. A. Ried (Hamburg), dem Ethnographen Herrn Dr. O. Reche (Hamburg) und dem Sprachforscher Herrn B. Struck (Dresden).

Marburg (Lahn) im Januar 1915.

E. Obst.

B. Die Reise.

1. Die Aufgaben der Expedition.

Die wesentlichste Aufgabe der Expedition bestand darin, Klarheit über den Verlauf des sogenannten Großen Ostafrikanischen Grabens südlich von dem Forschungsgebiet C. Uhligs und F. Jaegers, d. i. etwa 4° s. Br. zu schaffen und durch eingehende morphologische Untersuchungen den Aufbau des Gebiets zwischen 4° und 6° 30′ s. Br. und 34° und 36° östl. L. zu erforschen. Insbesondere sollte hierbei die Entstehungsweise der einförmigen, hier und dort mit markanten Bergen besetzten Hochflächen studiert und alles Material gesammelt werden, das geeignet sein konnte, über die gegenseitigen Altersbeziehungen der Rumpfflächen, der Bruchstufen und der Vulkane Aufschluß zu geben. Auch der Hydrographie sollte dauernde Aufmerksamkeit geschenkt werden; besonders problematisch erschien nach den bisherigen Karten der Verlauf der Hauptwasserader des ganzen Gebiets, des Bubu-Flusses. Standen demnach topographisch-morphologische Arbeiten durchaus im Vordergrund, so sollten andererseits nach Möglichkeit auch die Pflanzen- und Tierwelt jener Gegenden und die menschlichen Bewohner in den Kreis der Untersuchungen mit einbezogen werden. Völkerkundlich mußten diese Gebiete ohne Frage von besonderem Interesse sein, wußte man doch schon nach den allerdings spärlichen Nachrichten früherer Reisenden, daß hier dicht gedrängt und durcheinander gewürfelt Reste der afrikanischen Urbevölkerung, Bantuneger, Hamiten und Mischvölker anzutreffen sind. Eine letzte Aufgabe endlich betraf die wirtschaftlichen Verhältnisse jener weiten Hochländer. Es sollte festgestellt werden, ob die bereisten Landschaften für eine Besiedlung mit Weißen geeignet sind, ob Rinderzucht möglich ist oder wie man die durch den Bau der ostafrikanischen Zentralbahn erschlossenen Ländereien sonst ausnützen kann.

Daß ein einzelner Reisender nicht imstande sein würde, ein derartig umfangreiches Programm restlos zu erfüllen und auf allen diesen Gebieten gleich viel und gleich Gründliches zu leisten, konnte von vornherein keinem Zweifel unterliegen. Dennoch glaubte ich, auf keines der einzelnen Probleme verzichten zu sollen, selbst auf die Gefahr hin, bei ihrer Lösung das eigentliche Gebiet der Erdkunde hier und dort zu überschreiten. Ein Reisender, der in so unbekannte Gebiete hinausgeht, darf m. E. nicht Spezialist sein, auch nicht einmal lediglich im Interesse einer Wissenschaft arbeiten, sondern muß versuchen, möglichst vielseitig zu sein und auf seiner Reise möglichst vielen Wissenschaften zu dienen. Ganz besonders gilt dies natürlich von einem geographischen Forschungsreisenden, dessen Endziel ja immer sein wird, eine möglichst kausal verknüpfende Beschreibung, ein geschlossenes Bild bisher unbekannter Länderräume zu geben. Begleitet ihn nicht ein Stab von Spezialgelehrten, so wird er sich selbst nach Möglichkeit auch als Geologe, Botaniker, Zoologe, Ethnograph, Anthropologe, Linguist etc. betätigen und sich so das Tatsachenmaterial für seine länderkundliche Darstellung beschaffen müssen, das er bei seinen Arbeiten in Kulturländern wenigstens zum Teil von den Nachbarwissenschaften der Geographie entlehnen kann.

2. Die Vorbereitungen.

Von diesem Gedanken ausgehend beschränkte ich mich in der mir zur Verfügung stehenden einjährigen Vorbereitungszeit nicht darauf, die gesamte geographische Literatur über Deutsch-Ostafrika noch einmal durchzuarbeiten und meine morphologisch-geologischen Kenntnisse zu vertiefen, sondern bemühte mich gleichzeitig, mir vor allem einige Kenntnisse auf völkerkundlichem Gebiet anzueignen. Herr Prof. Dr. Thilenius, der Direktor des Hamburger Museums für Völkerkunde, unterstützte mein Vorhaben in überaus dankenswerter Weise. Er gestattete mir bereitwilligst, seinen großen völkerkundlichen Vorlesungen beizuwohnen und mich daneben noch durch das Studium der Museums-Sammlungen auf meine künftige Tätigkeit vorzubereiten. Ferner hatte Herr Dr. O. Reche, Abteilungsvorsteher am Hamburgischen Museum für Völkerkunde, die Freundlichkeit, mir die Teilnahme an einem anthropometrischen Kursus zu erlauben, und endlich konnte ich unter der Leitung von Herrn Prof. D. Meinhof Kisuaheli-Studien obliegen und von ihm privatim einige Winke und Anleitungen für linguistische Arbeiten erhalten.

Zoologie und Botanik gedachte ich ursprünglich wegen des

Mangels gründlicher systematischer Kenntnisse nur soweit zu treiben, als Tier- und Pflanzenwelt für das Landschaftsbild von Bedeutung sind. In der Botanik habe ich diesen Gedanken auch tatsächlich durchgeführt und mich auf das Sammeln der den Charakter jeder Landschaft bestimmenden Pflanzen und die photographische Aufnahme aller im Gelände angetroffener Pflanzenformationen beschränkt. In der Zoologie jedoch erwies sich dieser Weg schon während der Vorbereitungszeit als ungangbar. Den faunistischen Charakter jener Landschaften bestimmen die großen Säugetiere: Gazellen, Antilopen, Giraffen, Zebras, Gnus etc. und die Schar der bald kleineren, bald größeren Raubtiere. Wohl durfte ich damit rechnen, zur Verproviantierung der Expedition öfters auf Jagd gehen zu müssen, aber die für zoogeographische Untersuchungen notwendige Vollständigkeit konnte ich so nicht zu erzielen hoffen, und zum systematischen Jagen fehlten mir in gleicher Weise Zeit und Geld. Ich bereitete mich daher darauf vor, die großen Säugetiere nach guten Abbildungen notdürftig zu bestimmen und beim Sammeln gemäß einem Ratschlag von Prof. Dr. K. Kraepelin das Hauptaugenmerk auf die niedriger organisierte Tierwelt zu richten, vor allem auf die Reptilien, Mollusken, Insekten, Myriopoden, Gliederspinnen und Skorpione.

Nicht geringe Schwierigkeiten bereitete mir in der Vorbereitungszeit die Frage, welche topographische Methode für mein Forschungsgebiet am besten geeignet sein würde. Ich kam schließlich zu dem Ergebnis, daß in dem außerordentlich flachen, einförmigen Gelände, das mich erwartete, eine rohe Triangulation mit Peiltisch und Theodolit keine sehr zufriedenstellenden Resultate liefern würde, sondern daß in diesem Falle die Routenaufnahme im Verein mit möglichst vielen Fernpeilungen den Vorzug verdient. Mein Ziel mußte nur sein, meine eigenen Routen so dicht zu legen bezw. mit denen anderer Reisenden so zu kombinieren, daß mit Hülfe der Terrainaufnahmen und Peilungen links und rechts vom Wege eine Art Flächendeckung zustande kam. Überdies erschien es wünschenswert, die Route zwecks häufiger Kontrolle möglichst schleifenförmig anzulegen und die Knotenpunkte wenigstens bezüglich der Breite astronomisch zu fixieren. Um dieser letzten Aufgabe gewachsen zu sein, wandte ich mich an die Hamburgische Sternwarte in Bergedorf; Herr Dr. Graff hatte die Liebenswürdigkeit, mich während einiger Monate in die Praxis der astronomischen Ortsbestimmung einzuführen.

Inzwischen waren die Einkäufe und Besorgungen für die Reise beendet worden; Kisten und Kasten hatten sich in stetig wachsender Zahl zu Haus angesammelt und harrten nun der Beförderung zum Hafen. Die genaue Liste aller Ausrüstungsgegenstände an dieser Stelle mitzuteilen, erübrigt sich wohl, da kürzlich erst zwei vielgereiste Geographen ihre Erfahrungen über zweckmäßige Ausrüstung von Forschungsreisen in den Tropen veröffentlicht haben.[1]) Nur einige Bemerkungen zumeist über von mir begangene Fehler in der Ausrüstung mögen hier zu Nutz und Frommen zukünftiger Reisender Platz finden.

a. Ausrüstung für topographische und meteorologische Arbeiten.

Zunächst versäume man nicht, vor der Reise und wenn möglich auch hinterher noch einmal sämtliche barometrischen und thermometrischen Instrumente in der Physikalisch-Technischen Reichsanstalt prüfen zu lassen. Ich habe nur die beiden Thermometer des Siedeapparats zur Prüfung dorthin gegeben und habe es draußen hernach bereut, daß ich die drei Aneroide und die übrigen Thermometer nicht auch dort habe prüfen lassen. Die Aneroide waren zwar vor einigen Jahren privatim geprüft worden, und ich verfügte auch über Prüfungsscheine, aber der Gang dieser Instrumente war ein außerordentlich unsteter und unzuverlässiger. Eine Prüfung durch die Physikalisch-Technische Reichsanstalt hätte die Mängel dieser Instrumente ohne Zweifel offenbart und mich bestimmt, mich nach anderen Aneroiden umzusehen.

Sodann spare man nicht mit Reserveinstrumenten. Zwei Routenkompasse und zwei Peilbussolen sind das denkbare Minimum; zwei Thermometer für den Siedeapparat und zwei Schleuderthermometer, womit ich mich begnügte, reichen nicht aus. Von beiden mußte ich mir Ersatz-Instrumente nachschicken lassen, die natürlich wesentlich teurer zu stehen kamen, als wenn ich sie gleich mitgenommen hätte.

Noch auf einen letzten Punkt sei hier hingewiesen, der allerdings nur diejenigen Reisenden angeht, die in den deutschen Kolonien topographisch arbeiten wollen. Bekanntlich läßt das Reichs-

[1]) F. Jaeger: Das Hochland der Riesenkrater etc. Teil I. Mitt. aus den deutschen Schutzgebieten. Erg. Heft Nr. 4. Berlin 1911. S. 4ff. und W. Volz: Ausrüstung und Reisepraxis. S. A. aus „Tijdschrift von het Koninklijk Nederlandsch Aardrijkskundig Genootschap. 2. Ser. XXVIII. 1911. S. 247ff.

kolonialamt alles ihm zugestellte topographische Material in der kartographischen Anstalt von D. Reimer (E. Vohsen) in Berlin bearbeiten. Die beiden Leiter dieses Instituts, die Herren P. Sprigade und M. Moisel, haben nun für jede deutsche Kolonie Übersichtsblätter arbeiten lassen, auf denen jeder aufgenommene Weg mit dem Namen des betr. Topographen eingezeichnet wird. Kein Reisender, der sich deutsches Kolonialland zum Ziel genommen hat, sollte es versäumen, diese Übersichtsblätter genau zu studieren bezw. sich abzupausen. Er übersieht sofort, wo noch besonders große weiße Flecken bestehen, und welche Wege er einschlagen, welche er, weil schon aufgenommen, nach Möglichkeit vermeiden muß. Der geringe Zeitaufwand und die geringe Mühe, die das Studium dieser Übersichtsblätter erfordert, wird tausendfältig Frucht tragen.

b. Photographische Ausrüstung.

Von der photographischen Ausrüstung meiner Expedition verdienen die Stegemann-Kamera, das Zeiß-Objektiv (Doppel-Protar) und die orthochromatischen Isolar-Trockenplatten (Agfa) mit Tropenemulsion die größte Anerkennung und Empfehlung. Die Platten haben sich, obwohl sie fast 1½ Jahre ständig unterwegs waren, ganz hervorragend gut gehalten. Von über 1500 belichteten Platten war nicht eine verschleiert. Ein oder zwei Dutzend, die am Schluß noch übrig blieben, habe ich wieder mit zurückgebracht und jetzt nach 3½ Jahren mit sehr gutem Erfolg verwendet; man merkt der Platte die lange Tropenreise nicht im mindesten an! Abraten möchte ich auf Grund meiner Erfahrungen von der Mitnahme eines Panoramen-Kodaks. Trotz aller Mühe und Sorgfalt habe ich mit diesem Apparat kaum eine einzige brauchbare Aufnahme erzielt. Das Fehlen einer Vorrichtung für genaue Belichtungszeiten macht alle sonstigen Vorzüge des Panoramen-Kodaks illusorisch.

Zum Einlegen neuer Platten und zum Entwickeln der belichteten Platten — jeder Reisende sollte nach Möglichkeit die Platten noch während der Reise selbst entwickeln — benutzte ich einen nach den Angaben von Prof. Dr. Fülleborn konstruierten Kasten, der gerade eine Trägerlast ausmachte und sich aufs glänzendste bewährt hat. Die Maße und Einrichtung dieser Entwicklungskiste, in der sämtliche photographische Utensilien untergebracht werden können, werden Interessenten gewiß gern von Herrn Prof. Fülleborn mitgeteilt werden. Entwickelt wurde in einem Standentwickler und mit ausschließlicher Verwendung von Agfa-Präparaten.

c. Persönliche Ausrüstung.

Bei aller selbstverständlichen Verschiedenheit der persönlichen Ausrüstung je nach den verfügbaren Mitteln, den Ansprüchen des Reisenden und den klimatischen Verhältnissen des Forschungsgebiets gilt das Eine, daß sich ein allzu erhebliches Sparen an der persönlichen Ausrüstung meist sehr bitter rächt. Man beachte insbesondere, daß an eine Reparatur der Stiefel, Kleider etc. während der Reise im Innern kaum zu denken ist und die ev. im Innern zu erwerbenden Ausrüstungsgegenstände unverhältnismäßig teuer und von geringer Güte sind. Ich habe z. B. den Fehler gemacht, mir u. a. nur zwei Paar Marschstiefel, drei braune Khakianzüge und zwei weiße Anzüge für die Reise im Innern mitzunehmen. Alles dies erwies sich als unzulänglich. Wochenlang mußte ich mir die durch das Waten im Sumpf abgelösten Sohlen des letzten Paares der Marschstiefel tagtäglich und häufig mehrmals am Tage mit Baumrinde festbinden, bis endlich der Fundi (Handwerker) der nächsten Militärstation den Schaden leidlich wieder gut machte. Und wenn ich sage, daß ich zum Schluß der Expedition in meinem über und über mit Flicken besetzten Anzügen wahrhaft wie ein Stromer aussah, und mich infolgedessen häufig gezwungen sah, Einladungen der Stationsführer, Missionare etc. abzulehnen, so ist das nicht übertrieben. Ich war glücklich, als es mir endlich in Daressalam und Sansibar möglich wurde, mich — für teures Geld allerdings — wieder einigermaßen in Stand zu setzen. Allzu scharf macht schartig, das gilt auch von der Sparsamkeit an der persönlichen Ausrüstung. Wenn die Sparsamkeit wie im vorliegenden Falle z. T. übertrieben wird und zum Entbehren der elementarsten Bedürfnisse führt, leidet schließlich auch die wissenschaftliche Arbeit.

3. Beobachtungen und Erlebnisse.

Am Abend des 10. Dezember 1910 verließen wir auf der „Gertrud Woermann“ den Hafen von Hamburg. Dichter Nebel wallte und wogte über der breiten Wasserfläche und verhüllte nur zu schnell die Schar lieber Freunde, die uns vom Kai aus Lebewohl zuwinkten. Uns pochten die Herzen; wir fühlten, daß es in unbekannte, ungewisse Ferne hinausging. Würden alle unsere Hoffnungen in Erfüllung gehen, alle unsere Pläne glücken?

26. Januar 1911. Der erste Morgen im Forschungsgebiet! Hinter uns liegen die schönen Reisewochen mit der gewaltigen Fülle neuer Eindrücke, hinter uns die kurzen Ausflüge in Lissabon, Marseille,

E. Obst phot.

Abb. 1. Beginn der Obst'schen Expedition: Aufbruch vom Lager Makutapora. 26. Januar 1911.

E. Obst phot.

Abb. 2. Die Hochscholle von Kilimatinde mit der Militärstation, dem Ausgangs- und Endpunkt der Obst'schen Expedition. (Seehöhe ca. 1100 m).

Verlag: L. Friederichsen & Co., Hamburg. Lichtdruck von Knackstedt & Co., Hamburg.

Neapel, Port Said, Sues, Aden, Mombassa, Tanga und Daressalam. Dank der freundlichen Unterstützung durch die Firma Hansing & Co. hatten die Vorbereitungen in Daressalam nur 10 Tage in Anspruch genommen. Am 13. Januar 1911 waren wir in der Hauptstadt unserer ostafrikanischen Kolonie angekommen, am 24. Januar ging es mit der Zentralbahn ins Innere. Die Rohbaustrecke reichte damals nur bis zur Station Makutapora. Hier hatten wir inmitten stacheligen Dornbuschs unsere Zelte aufgeschlagen, umgeben von Holzbaracken, kahlen, häßlichen Wellblechbuden und primitiven Hütten, der Avantgarde des Eisenbahnbaues. Und nun, einen Tag vor Kaisersgeburtstag, sollten die ersten Schritte im Forschungsland getan werden; das Ziel war die Militärstation Kilimatinde, die Verwaltungszentrale in der Landschaft Ugogo. Unter Aufsicht eines schwarzen Soldaten (Askari), den uns die Militärstation freundlichst entgegengeschickt hatte, packten die Wagogo-Träger die Lasten, schreiend und fluchend, wenn einer dem anderen eine besonders leichte Kiste weggeschnappt hatte (Taf. 1 Abb. 1). Endlich waren alle Lasten verteilt; die Reise konnte beginnen.

a. Kreuz und quer durch West-Ugogo.

Mit dem Routenbuch in der Hand schritten mein Reisekamerad Walter Gutsch und ich hinter der langen Schlangenlinie der ca. 60 Träger einher. Der Weg führte nach SW über nahezu völlig ebenes Gelände. Dürftige Hirsefelder wechseln hier ab mit weiten offenen Grasflächen, lichtem Gebüsch oder kleinen Inseln dichten Dornbuschs; menschlichen Siedelungen begegnet man selten und wenn, so sind es kaum $1^1/_2$ m hohe Hütten mit rechteckigem Grundriß und plattem Lehmdach, Temben, wie man im Lande sagt. Wie anders ist das Landschaftsbild hier, wie einförmig und öde gegenüber der Umgebung von Daressalam oder der prächtigen Berglandschaft von Uluguru, die wir vom Zuge aus genossen hatten. Vergeblich späht das Auge hier nach einem Wechsel der Szenerie: alles flach, alles öde, alles lechzend nach Regen. Wir passieren ein paar Bachbetten, aber es sind Trockenrisse ohne jede Spur fließenden Wassers. Unter einem Affenbrotbaum halten wir kurze Mittagsrast (Seehöhe 850 m), dann geht es weiter. Und nun erst sehen wir im W eine schroffe Wand auftauchen, zunächst noch in zartem Distanzblau, dann immer schärfer und deutlicher hervortretend, je mehr wir nach WSW abschwenken. Als hätten Menschen in unendlich mühseliger Arbeit die weite Ebenheit durch eine Riesenmauer nach W abschließen wollen, so zieht sich die Stufe zur Rechten entlang nach S soweit das Auge reicht. Durch ihre annähernd überall gleiche Höhe, ihre geringe Gliederung, ihren geradlinigen Verlauf erhöht die Stufe nur noch jenes Gefühl unendlicher Einförmigkeit und Einsamkeit, das uns beim Wandern über die Ugogo-Ebene so bald beschlich. Wir ahnten damals noch nicht, daß weitaus der größte Teil des gesamten Forschungsgebietes von etwa dem nämlichen Charakter ist. — Mehr und mehr nähern wir uns jetzt dem Fuße der Stufe. Das Pflanzenkleid ändert sich merklich; verschiedene Arten von Euphorbien, vor allem Kandelaber-Euphorbien stellen sich ein, Schirmakazien breiten ihr mächtiges Dach aus, das Gesträuch und Gestrüpp rückt enger aneinander und läßt den Grasflächen nur wenig Raum mehr frei. Zwischen mächtigen Granitblöcken hindurch, die wirr und regellos über den Abhang ausgestreut sind, windet sich schließlich die Karawane auf steilem Pfad mühsam die fast 200 m hohe Stufe hinauf. Endlich ist die Höhe und damit das Ziel unseres heutigen Tagsmarsches erreicht: in der unmittelbaren Nähe des Stufenrandes leuchten die sauber weiß getünchten Wände der Militärstation Kilimatinde auf.

Während die Träger ihre Lasten absetzten und das Zelt aufschlugen, hielten wir Umschau und ein gewisses Gefühl der Enttäuschung ergriff uns zunächst dabei. Wir hatten gehofft, hier oben ein neuartiges, lebendig gegliedertes Relief zu schauen, aus dem Einerlei der unabsehbaren Ebenheit herausgekommen zu sein; und was fanden wir nun? Eine ebenso einförmige neue Ebenheit, ebenso flach wie die zuvor durchwanderte, mit demselben lichten Gebüsch bestanden wie jene, von ihr unterschieden lediglich dadurch, daß die Seehöhe hier oben etwa 1100 m beträgt gegenüber der Ugogo-Ebene mit 850—900 m Seehöhe (Taf. 1 Abb. 2). Zudem erzählten uns die Offiziere, daß sich im W, kaum drei Marschstunden von der Station entfernt, dieser Stufenbau abermals wiederhole, und eine allerdings nur etwa 100—150 m hohe Stufe auf ein neues Ebenheits-Niveau von ca. 1200—1300 m Seehöhe hinaufführe. Einförmig blieb also offenbar das Relief unseres Forschungsgebiets vom äußersten Osten bis zum äußersten Westen; aber wenn wir jetzt nach Süden schauten und dabei den Stufenbau dieser Landschaft so ganz auf uns wirken ließen (Taf. 2 Abb. 3), so wich das Gefühl der Einförmigkeit der freudigen Forschungslust, und mit ungestümer Gewalt drängte sich uns die Frage auf: welche Kräfte haben die Ebenheiten geschaffen, welche Vorgänge haben den seltsamen, so überaus charakteristischen Stufenbau erzeugt?

In Kilimatinde rasteten wir bis zum 8. Februar. Am 27. Januar

J. B. OBERNETTER HELIOGR. E. OBST PHOT. MIT CHROMO-ISOLAR-TROCKENPLATTE (AGFA)

Abb. 3. Bruchstufe bei Kilimatinde, rechts oben die Hochscholle von Kilimatinde (ca 1100 m), links unten die Tiefscholle von West-Ugogo (ca 850 m).

nahmen wir zunächst an der Kaisersgeburtstagsfeier der Militärstation und den Volksbelustigungen der in Scharen herbeigeströmten Wagogo teil, dann folgten verschiedene Orientierungsausflüge in die Umgebung von Kilimatinde und im Anschluß daran vor allem die ausführliche Besprechung des Reisewegs. Im Interesse der topographischen Arbeiten hatte ich von jeher geplant, die Reise in Form einer in sich aus mehreren Schleifen bestehenden Rundtour auszuführen, d. h. von Kilimatinde bis zur Nordgrenze des Forschungsgebietes vorzudringen und dann auf anderen Wegen wieder nach S zur Militärstation Kilimatinde zurückzukehren. Nun galt es, und das war größtenteils natürlich erst an Ort und Stelle möglich, zu entscheiden, ob zuerst die Erforschung des östlichen oder die des westlichen Flügels in Angriff genommen werden sollte, und welche Wege im einzelnen ratsam erschienen. Da wir im äußersten NW bis ins Land der Jägernomaden Wahi, Wanege, Wakindiga vorzustoßen beabsichtigten und andererseits zur Erforschung der sogenannten Inselberge einen Zug in die Massai-Steppe hinein unternehmen wollten, war die erste der beiden Fragen leicht entschieden. Die Massai-Steppe im NO unseres Forschungsgebietes gilt nämlich im Südwinter, der regenlosen Zeit, als nahezu unpassierbar; auf keinen Fall durfte man es wagen, in den Monaten Mai bis Oktober mit einer größeren Karawane tief in die Massai-Steppe hineinzuziehen, wenn man wie ich, nicht die Mittel besaß, Wasservorräte mitzunehmen oder sich von Etappe zu Etappe Wasser nachtragen zu lassen. Für den Zug in die Massai-Steppe hinein kamen also nur die Monate November bis April in Betracht, und diese auch nur dann, wenn die Niederschlagsverhältnisse des Jahres normale sein würden. Mit derselben Bestimmtheit aber mußten die Monate Mai bis Oktober als die für die Erforschung der Jägernomaden im NW allein geeigneten betrachtet werden. Diese scheuen Völkchen finden in der Regenzeit überall Wasser und Wild und können dann also mühe- und gefahrlos vor jedem fremden Eindringling flüchten; wollte man mit einiger Aussicht auf Erfolg versuchen, sie zu Gesicht zu bekommen, so mußte man unbedingt in der Trockenzeit in ihr Land gehen, wo sie ebenso wie das Wild auf einige wenige Wasserstellen angewiesen und somit in ihrer Beweglichkeit außerordentlich behindert sind. Durch den Inhalt unseres Forschungsprogramms selbst war also der Reiseweg im Grunde klar vorgezeichnet: zunächst innerhalb des westlichen Flügels nach N und in den extremen Trockenmonaten der Vorstoß ins Land der Jägernomaden; in der Regenzeit 1911/12 der Zug in die Massai-Steppe und innerhalb des Ostflügels nach Kilimatinde zurück. Bei der Festsetzung des Reisewegs im einzelnen genossen wir die liebenswürdigste und dankenswerteste Unterstützung der Offiziere von Kilimatinde. Es kam vor allem darauf an, durch mannigfache Schleifenwege ein möglichst engmaschiges Routennetz zu schaffen und dabei alle bereits gründlich aufgenommenen Wege zu vermeiden. An der Hand der bereits vorliegenden älteren Karten entwarfen wir also den Plan zu großen Rundtouren im westlichen und östlichen Flügel unseres Forschungsgebiets und verabredeten, diese Routen durch mehrere Verbindungswege nördlich und südlich der Straße Ssingida-Kondoa-Irangi miteinander zu verknüpfen. Dieser Verkettung der Aufnahmen im westlichen und östlichen Flügel sollten vor allem zwei große Quertouren dienen, die auch tatsächlich zur Ausführung gelangten: 1.) Ufiomi—Turu—Irangi und 2.) Ussandaui—Turu—Ussandaui.

Mit einem bis in alle Einzelheiten ausgearbeiteten Programm marschierten wir in der Frühe des 8. Februar 1911 von Kilimatinde ab. Es ging zunächst die Kilimatinde-Stufe wieder hinunter und in der Ugogo-Ebene nach O bis zum Wagogo-Dorf Mtiwe (Seehöhe 840 m). Von hier wandten wir uns nach N, wanderten abermals einen Tag über die monotone Ebenheit von Ugogo hinweg, kletterten dann die Kilimatinde-Stufe in der Nähe der Zentralbahn wieder hinauf und marschierten nach W bis nach Saranda am Fuße jener neuen Stufe, von der wir in Kilimatinde bereits gehört hatten. Die nächsten Tage waren der Untersuchung und topographischen Aufnahme dieser Stufe gewidmet. Sie ist in der Tat ein genaues Abbild der Kilimatinde-Stufe. Man mag sich ihr von Saranda oder von Mesomapia im S oder von Makemba im N nähern, stets bleiben die wesentlichen Züge dieselben: ein jäher, schroffer, wenig modellierter Geländeabsatz von ca. 100 m Höhe, mit Granittrümmern besäet und überzogen mit einem dichten, wenn auch meist dornigen Pflanzenkleid, das jetzt in der Regenzeit in kräftigem Grün erstrahlte und sich besonders wohltuend gegen die dürftige Vegetation rings herum abhob. Ein Vergleich drängte sich uns bei der Untersuchung dieser Stufe immer wieder auf: daß wir hier den letzten Absatz einer für Riesen gezimmerten Treppe vor uns haben. In einzelnen Terrassen steigt schon das ostafrikanische Küstenland aus dem Niveau des Indischen Ozeans bis zu ca. 500 m Höhe empor, dann folgt die große Stufe, die aus dem Küstenland auf das Hochland von Ugogo hinaufführt, dann die Kilimatinde-Stufe und endlich jener letzte Absatz, vor dem wir nun stehen. Stufen und immer wieder

Stufen! Und da der Verlauf dieser Stufen aufs deutlichste der ostafrikanischen Küstenlinie parallel geht, so kam uns schon damals der Gedanke, daß womöglich ein genetischer Zusammenhang zwischen der Bildung des Indischen Ozeans und der Entstehung der Stufen bestehe. Doch davon wird im 2. Teil ausführlich zu sprechen sein. — So oft es irgend möglich war, sind wir die Stufe hinaufgeklettert, haben von oben die herrliche Fernsicht genossen, gepeilt, Siedepunktsbestimmungen gemacht, Gesteinsproben gesammelt, die jetzt recht üppig entwickelten Miombobestände photographiert etc. Die rote Wegelinie unserer Karte gibt die häufigen Querungen dieser Stufe aufs deutlichste wieder.

b. Die Hochebene von Turu.

Inzwischen waren wir der Stufe immer weiter nach NO gefolgt und mußten allmählich daran denken, nach NNW vorzustoßen, um mit der Erforschung der Landschaft Turu zu beginnen. In der Hoffnung, bei der Rückkehr von Ussandaui nach Kilimatinde im Frühjahr 1912 den weiteren Verlauf der Stufe im N feststellen zu können, stiegen wir bei Kiwunge (Seehöhe 1150 m) die Stufe hinauf und marschierten nach NW. Für kurze Zeit nahm uns freundlicher Miombowald auf (Taf. 17, Abb. 29), dann aber folgte wüster Dornbusch, durch den sich ein echter Negerpfad in tausend und aber tausend Windungen hindurchschlängelte. Der Pfad schien wenig begangen; stundenlang mußten die Buschmesser arbeiten, um der Karawane freie Bahn zu schaffen. Die Dornen rissen an den Kleidern, herabhängende Zweige zerrten den Hut herunter. Die stachelige Pflanzenmasse verhinderte natürlich jeglichen Fernblick und erschwerte selbst die nackte Wegeaufnahme außerordentlich. Von Minute zu Minute und noch viel häufiger wechselte die Wegrichtung. Um die Aufnahme überhaupt durchführen zu können, schickte ich Gutsch an die Spitze und ließ ihn fortgesetzt Pfeifensignale geben, nach denen ich die Wegerichtung peilte. So überwanden wir schließlich dieses Hindernis und gelangten endlich wieder in lichtere Bestände, in denen Schirmakazien und Leguminosenbäume die Oberhand gewonnen haben. Wieder folgten kleine Inseln dichtesten Dornbuschs, um abermals einem lichteren Miombobuschwald Platz zu machen. Man merkte an diesem häufigen Wechsel der Pflanzenformationen zum ersten Mal mit aller Deutlichkeit den für das ganze Forschungsgebiet charakteristischen Kampf der etwas anspruchsvolleren Savannenwälder mit den gänzlich xerotischen Dorngehölzen. —

So gewaltig ist der Einfluß des Pflanzenkleides auf den Charakter dieser Grenzgebiete zwischen Ugogo und Turu, daß wir die Oberflächengestaltung kaum viel beachteten. Aber es gab auch nicht viel Beachtenswertes. Seit zwei Tagen hielten sich die Barometer auf nahezu derselben Höhe, und wenn sie im Laufe des Tages kleine Schwankungen anzeigten, so äußerte sich darin viel mehr der Einfluß der Tagestemperatur als der der Oberflächengestaltung. Wir wanderten auch hier oben in ca. 1250 m Seehöhe wieder über flaches Land, das sich in seinem Relief in nichts von der Ebenheit Ugogos (900 m) oder dem Gebiet westlich von Kilimatinde (1100 m) unterschied.

Am Ende des zweiten Tages beobachteten wir eine kleine Lichtung im Buschwald und steuerten darauf los. Sollten sich hier, im unendlichen Urbusch verborgen, menschliche Siedelungen finden? Es war in der Tat so. Bald schritten wir durch wohlgepflegte Hirse- und Maisfelder, angestaunt von den Bewohnern dieser kleinen Rodung und sehr bald begleitet von einer Schar neugieriger Kinder, die im Nu aus den niedrigen Temben herausgelaufen kamen. Im Lager versammelten sich dann die Männer und wir erfuhren, daß die Mehrzahl der Bewohner Wanjaturu waren, deren Vorfahren vor einigen Generationen aus irgendwelchen Ursachen aus dem eigentlichen Turu nach hierher ausgewandert waren. Zu ihnen hatten sich dann in der Folgezeit einige versprengte Wagogo-Familien gesellt, und beide, Wanjaturu und Wagogo, hatten dann untereinander geheiratet und sich überdies wiederholt Frauen aus dem benachbarten Ussandaui geholt, das in diesen Gegenden allenthalben als das Land der weiblichen Schönheiten gepriesen wird. In einzelnen zerstreut liegenden Temben wohnen nun heute die Glieder dieses kleinen Babel. Ackerbau und etwas Viehzucht (Rinder, Ziegen) liefern ihnen den Lebensunterhalt, und wenn die vorhandene Kulturfläche nicht mehr ausreicht, so wird eben ein neues Stück Busch gerodet.

Der Verkehr mit den Eingeborenen wurde bald ein sehr herzlicher. Dann und wann brachte ein Vater sein vor Angst schreiendes Kind, um ihm den ersten Weißen zu zeigen, ein andermal wieder kamen Kranke mit allerlei Gebrechen, um sich von uns Medizin geben zu lassen, und dann wieder hockten Männer, Weiber und Kinder um unsere Zelte herum, um uns hantieren zu sehen oder womöglich eine Hand voll Perlen, ein Stück Tuch, einen Spiegel oder ähnliches zu erhaschen. Das wichtigste Ergebnis dieser freundlichen Beziehungen war jedoch das, daß der Häuptling der kleinen Kolonistenschar,

Mkotea mit Namen, versprach, uns für den Weitermarsch seinen Neffen als Führer mitzugeben. Am nächsten Tage schon brachen wir auf. Unser Ziel war der Felsberg Kiringa, der im Westen wie ein seltsamer Fremdling aus der Ebenheit aufragte. Durch dichtesten Dornbusch führte der bisher noch von keinem Europäer betretene, vielgewundene Pfad nach W, unmerklich ansteigend. Der tiefe sandige Boden, der uns in den ersten Stunden so sehr aufgefallen war, hörte allmählich auf, Granitblöcke wurden immer häufiger, bis wir endlich am Fuß des steil aufstrebenden Kiringa-Berges standen. Wir hatten gedacht, irgend ein fremdartiges, besonders widerstandsfähiges Gestein hier anzutreffen; statt dessen aber fanden wir nun zu unserem Erstaunen den nämlichen Granit, dem wir auf unseren Wanderungen bisher allenthalben begegnet waren. Wir nahmen Gesteinsproben, aber nur ein Phantast hätte irgendwelche Anzeichen besonderer Widerstandsfähigkeit finden können, und wohl oder übel mußte ich in meinem Tagebuch den Vermerk eintragen: „Die Entstehung dieses Berges ist mir vor der Hand völlig rätselhaft". Mühsam kletterten wir den felsigen Hang hinauf. Nirgends steht der Granit wirklich an; der ganze ca. 100—150 m hohe Kiringa-Berg ist nichts als ein Haufwerk gigantischer Blöcke, die wirr übereinander getürmt sind. Von oben genossen wir einen unvergleichlichen Fernblick, der mit aller Gewalt zum Panoramenzeichnen und Peilen einlud. Eine endlose, mit dichtem Busch überzogene Ebenheit dehnt sich im N, W und S bis zum Horizont hin aus; nur ganz vereinzelt entsteigen markante Felsberge von der Art des Kiringa dem dunkelgrünen Buschmeer. Drüben im W aber bietet sich dem Auge eine gänzlich andersgeartete Landschaft dar. Eine regelrechte Gebirgslandschaft taucht dort in etwa 20 km Entfernung auf, mannigfach gegliedert, mit scharf geformten Gipfeln, tief eingeschnittenen Tälern. Es ist der südliche Teil von Ussandaui, wie uns der Führer verrät, und unsere Augen leuchten auf: wenigstens am Schluß der Reise werden wir dem einförmigen Einerlei der Ebenheit entgehen und einige Zeit in einem ungleich reizvolleren Gebirgsland wandern. — Noch gilt es, auf dem Gipfel des Kiringa eine Siedepunktsbestimmung zu machen (Seehöhe am Fuß 1330 m, auf dem Gipfel 1460 m), dann steigen wir hinab und kehren durch stille, öde Buschdickichte zum Lager Mkótea zurück.

Die nächsten Tagesmärsche führten uns in einem großen südlichen Bogen zu der von der deutschen Verwaltung geschaffenen Straße, die von Kilimatinde nach Turu führt. Ihr folgten wir von

Mahelera (Seehöhe 1310 m) über Ssuna (1450 m) bis Magoko, bogen dann aber nach W ab und erreichten über Tungapinda (1450 m) — Kapango (1400 m) — Jengu (1540 m) — Tschima (1500 m) am letzten Februartag die Militärstation Ssingida (1550 m), die Verwaltungsstation für die Landschaft Turu (Taf. 3 Abb. 4). Seit Mahelera hatte sich das Landschaftsbild wesentlich geändert. Die dichten Gehölzformationen hatten aufgehört, und an ihre Stelle traten nun meist weite, offene, blumige Grasflächen mit vereinzelten Busch- und Gesträuchinseln und ausgedehnte Strecken Kulturlandes. Der Baumwuchs ist in Turu außerordentlich spärlich; Affenbrotbäume fehlen gänzlich, und die wenigen Kandelaber-Euphorbien und Feigenbäume stehen allenthalben einzeln oder in ganz kleinen Gruppen. Liegt dies daran, daß das Gelände langsam aber stetig von S nach N ansteigt und die Mehrzahl der Bäume in dem rauhen Klima der durchschnittlich 1400—1600 m hochgelegenen Landschaft Turu nicht mehr fortzukommen vermag oder ist der Mensch durch seine extensiven Rodungen die Ursache der Baumarmut geworden? Wie dem auch sei, jedenfalls atmet der Wanderer erleichtert auf, wenn er nach den beschwerlichen Märschen durch dichten Dornbusch in Turu endlich wieder freies Land erreicht. Und wir freuten uns doppelt darüber, weil wir nun ungehindert das Relief des Landes überschauen und endlich wieder Fernpeilungen vornehmen konnten. Flachland breitet sich um uns herum aus bis zum fernen Horizont. Wo immer man Ausschau halten mag, in Südturu oder in der Umgebung von Ssingida, ist die Flachheit des Geländes neben der Dürftigkeit des Pflanzenkleides der charakteristische Zug der Landschaft. Das heißt nicht, daß Unebenheiten gänzlich fehlen. Im nordwestlichen Turu zieht sich eine z. T. von flachen Salzseen erfüllte Senke in der Richtung NO—SW über 60 km lang durchs Land hindurch, und eine gegen 50—75 m hohe Stufe begrenzt diese Senke im W. Eine ähnliche Stufe konnten wir später auch in NO-Turu feststellen. Dazu kommen hunderte und tausende von nackten Felshügeln und -bergen, die steil und schroff aus der Ebenheit aufragen (Taf. 3 Abb. 4). Aber alle diese Unebenheiten sind von geringem Ausmaß und vermögen daher den Gesamteindruck außerordentlicher Flachheit und Einförmigkeit des Geländes nicht zu stören. — Bei näherer Untersuchung erweist sich die Turu-Hochebene als eine typische Felsebenheit. An vielen Stellen bilden nackte Felspartien weithin den Boden, an anderen Stellen breitet sich eine 20—30 cm mächtige Decke aus Verwitterungsprodukten über den gewachsenen

E. Obst phot.

Abb. 4. Militärstation Ssingida, Landschaft Turu. (Seehöhe 1500 m).

E. Obst phot.

Abb. 5. Die Turu-Bruchstufe; an ihrem Fuße der seichte Salzsee Balángida.

Verlag: L. Friederichsen & Co., Hamburg. Lichtdruck von Knackstedt & Co., Hamburg.

Fels aus, und nur in den großen, breiten, flachen Talmulden haben sich humusreiche Schuttmassen in bedeutender Mächtigkeit angesammelt. Die Täler tragen fast allenthalben greisenhaften Charakter; nur in der Nähe der oben erwähnten kleinen Stufen zeigen sie ein schärferes, jugendlicheres Profil. — — Kahle, felsige Hochebene, überreich an scharf abgesetzten Felshügeln, mit greisenhaften Tälern und seichten Salzseen, die wie der Ssingida- und Kindaï-See nur in der Regenzeit die Bezeichnung See verdienen, in der Trockenzeit aber völlig eindampfen, das ist die physiographische Charakteristik der Landschaft Turu.

Kahl, ärmlich und nüchtern wie die Natur des Landes ist auch das Leben und die Kultur des Turu-Volkes. In isoliert gelegenen schmucklosen Temben wohnt jede Familie für sich, stolz darauf, von niemanden abhängig zu sein. Ackerbau (Hirse und Mais) und Viehzucht (Rinder, Ziegen, Schafe) füllen ihr Leben aus. Von Kunstsinn und Kunstbetätigung kann kaum die Rede sein. In den niedrigen, raucherfüllten Temben sieht man nichts als einige Herdsteine, mehrere Kochtöpfe, einen Stein zum Reiben des Getreides, einen großen ledernen Behälter für das Vorratsgetreide, ein großes Pfahlbett und die Waffen der Wanjaturu: Pfeil und Bogen, Speer, Schilde und Keulenknüppel. Nirgends ein Ornament, nirgends ein farbiger Schmuck, nirgends Schnitzereien! Es ist, als wollte die Dürftigkeit der materiellen Kultur die trostlose Einförmigkeit und Nüchternheit der Landschaft noch besonders unterstreichen.

Fast einen Monat hielten uns die Studien im zentralen Teil von Turu fest. Tagtäglich zogen wir von unserem Standquartier, der Militärstation, hinaus, bald zum Ssingida-See, dessen Wasserfläche jetzt am Ende der Regenzeit von zart rosafarbenen Flamingos, Wildenten und Wildgänsen wimmelte, bald kreuz und quer durch die nächste Nachbarschaft, um Land und Leute recht eingehend kennen zu lernen, Skelette auszugraben etc. Erst Ende März 1911 verließen wir Ssingida endgültig. Unser Weg führte in einem großen Bogen nach SO zu der katholischen Missionsstation St. Leo und von hier durch das östliche Turu nach N. Das Gelände steigt langsam nach O zu bis gegen 1650 m an, ohne deswegen im mindesten seinen Ebenheits-Charakter zu verändern. Umso mehr waren wir überrascht, als wir eines Tages unerwartet das Ende dieses Hochlandes erreichten. Eben noch hatten wir die Anordnung erteilt, das Marschtempo zu beschleunigen, und im nächsten Augenblick schon macht die Spitze ängstlich halt. Wir eilen nach vorn und werden gewahr, daß wir uns am Rande einer Steilstufe befinden, die jäh über 100 m hinunterführt. Keine Zone energischer Zertalung, nicht eine einzige tiefe Talschlucht hatte uns verraten, daß wir die ganzen letzten Tage schon hart am Rande dieser Stufe entlang gewandert waren: unvermittelt grenzt das einförmige Turu-Hochland an die große scharf geformte Steilstufe, die die Landschaft Turu im Osten abschließt! — Mühsam ging es nun den blockgespickten Abhang hinunter. Bald kreuzten wir einen notdürftig ausgehauenen Weg, der nichts anderes als die Straße von Ssingida nach Kondoa-Irangi sein konnte. Da wir nach Nordturu zu marschieren geplant hatten, blieb nichts anderes übrig, als die Turu-Stufe bald wieder hinaufzuklettern, mochten auch die Träger mit einigem Recht über die Kraftvergeudung murren. Oben, nahe dem hier errichteten Heliographenposten, in 1810 m Seehöhe schlugen wir unser Lager auf und schauten nun nach NO wiederum über die Turu-Hochfläche hinweg. Aber das Relief hier unterscheidet sich doch in einem wichtigen Punkt von dem im Süden. Dort steigt die Hochfläche ganz allmählich gegen den Stufenrand an, hier vermittelt eine neue von NO nach SW streichende ca. 150 m hohe Stufe den Übergang von der östlichen, gegen 1800 m hochgelegenen Randpartie zu dem ca. 1550—1650 m hohen Turu-Hochland, und zahlreiche scharf eingekerbte Wasserrisse arbeiten daran, diese Stufe zu zernagen und ein gleichmäßiges Gefälle herzustellen.

Vom Lager am Heliographen-Posten ging es in den nächsten Tagen nach NO-Turu hinein. Es war dasselbe Auf und Ab über leichtgewelltes Busch- und Grasland, derselbe Wechsel sumpfiger Schwarzerde-Niederungen und rötlicher Granitwellen, der uns schon aus dem übrigen Turu zur Genüge bekannt ist. Nachdem wir zum Schluß noch die Kalkbrüche in einer Schwarzerde-Mulde beim Jumben Ssiki besucht und auch dem periodischen Salzsee Tonge einen Besuch abgestattet hatten, entschlossen wir uns, nunmehr geradenwegs nach O vorzustoßen und das Gebiet am großen Salzsee Balangida zu untersuchen. Der Hinmarsch war von großer Wichtigkeit für unsere topographischen und morphologischen Kenntnisse des nordöstlichen Turu. Wir stiegen zunächst jene schon am Heliographenlager beobachtete Stufe hinauf, erreichten einen schmalen Hochlandsstreifen von ca. 1800 m Seehöhe und kletterten dann zwei rasch aufeinander folgende Steilstufen hinunter; die erste führt auf ca. 1650 m hinunter, die zweite ungleich gewaltigere von hier auf ca. 1400 m. Die im Süden einheitliche Turu-Stufe ist hier also in zwei große Staffel-Absätze aufgespalten. Durch lichten, menschenleeren Akazienbusch ging es nun nach N. Zur linken begleitet uns fortgesetzt die Turu-Stufe, die wir nun schon so oft gequert haben, aber auch zur Rechten steigt in 8—10 km Entfernung eine wenn auch niedrigere Stufe auf. Wir marschieren also in einer großen, beiderseits von Steilstufen flankierten Senke. Nach einigen Stunden haben wir das Südufer des Balangida-Sees erreicht und schlagen in einem Schirmakazien-Hain unser Lager auf. Die Siedepunktsbestimmung ergibt eine Seehöhe von 1390 m.

Nach der trostlosen Einförmigkeit des Turu-Hochlandes erschien uns die Landschaft hier unten wie ein kleines Paradies. Seen besitzt ja auch die Hochfläche von Turu, aber sie wirken unfreundlich, weil die Umgebung kahl und öde und überreich an nackten Felsen ist. Anders der Balangida-See. Ein Kranz gewaltig ausladender Schirmakazien umsäumt die schmale aber langgestreckte Wasserfläche, die sich am Fuße der Turu-Stufe unabsehbar weit (über 15 km) nach NO ausdehnt und erst am Fuße des machtvoll aufstrebenden Gurui-Kegels ihr Ende zu erreichen scheint. Riesige Herden von Gnus, Antilopen, Gazellen, Zebras und Straußen kommen hierher zur Tränke, furchtlos und zutraulich wie in einem großen Tierpark; sehr spärlich vertreten ist die Vogelwelt, umso zahlreicher aber Muscheln und Schnecken und Schlangen und große, grünschwarze Skorpione, denen wir auf Schritt und Tritt begegneten.

Die Untersuchung des Balangida-Sees und seiner Umgebung litt leider darunter, daß sowohl Gutsch wie ich selbst mit einem lästigen Magen- und Darmübel und leichtem Fieber zu kämpfen hatten. Immerhin konnte ich zwei große Tagestouren unternehmen, die eine längs des Ostufers, die andere am Westufer entlang. Es ergab sich, daß der Balangida-See zu dem nämlichen Typus wie die Turu-Seen zu stellen ist: sehr salzig, nicht mehr als knietief und je nach den Regenverhältnissen sehr schwankend in seinem Ausmaß. Welche Gestalt diese Senke einst gehabt haben mag, läßt sich nicht sagen; in der Gegenwart wird sie jedenfalls von den feinen Detritusmassen, die die Flüsse in der Regenzeit hineinschwemmen, mehr und mehr ausgefüllt, und ein bald schmälerer, bald breiterer öder Schlickstreifen umsäumt die Seefläche (Taf. 3 Abb. 5).

Nachdem auch die topographischen Arbeiten zum Abschluß gekommen waren, brachen wir Mitte April vom Balangida-See wieder auf. Unser Ziel war nunmehr die Militärstation Mkalama in der Landschaft Issansu-Iramba. Abermals kletterten wir die Turu-Stufe hinauf, kreuzten noch einmal den bereits oben erwähnten horstartigen Hochlandsstreifen in etwa 1800 m Seehöhe und marschierten dann auf neuen Pfaden durch das wohlbebaute Nord-Turu über Muanga (Seehöhe 1600 m) — Lessu — Mangi — Kikuka nach Igwe (Seehöhe 1550 m). Auf diesem Marsch passierten wir kurz vor dem Lager Kikuka den langgestreckten, seichten Molia-Busi-Salzsee, ein nördliches Glied jener langen Seenkette, die vom Kindai-See im Süden bis hier heraufstreicht und sich im Westen an jene oben bereits einmal erwähnte ca. 75 m hohe Stufe anlehnt. — Vom Lager Igwe marschierten wir sodann auf einem bisher noch von keinem Weißen betretenen Pfad, durch dichten Busch und Akazienwald nach NNW, erreichten am Abend das Lager beim Jumben Mgelua von Ijambi (Seehöhe 1510 m) und gelangten von hier in einem anstrengenden Neun-Stunden-Marsch auf holprigen Pfaden durch felsiges, gebirgiges Gelände zu der Militärstation Mkalama.

c. Von Mkalama durch das Hochland von Issansu ins Land der Wakindiga.

In der Südost-Ecke einer weiten kesselartigen Senke von ca. 1100—1200 m Seehöhe steigt der kleine Felshügel auf, der das schmucke Stationsgebäude trägt (Seehöhe 1290 m). Eine gewaltige Steilstufe rahmt diesen Kessel im W ein (Taf. 4 Abb. 6), und felsige Höhen schließen ihn nach S und O ab; nur nach NNW öffnet sich die riesige Senke, und der Blick schweift hinunter zur Wembere-Niederung und über die weite Steppenebene hinweg, bis er sich in der Unendlichkeit des flimmernden Dunstmeeres verliert. — Zerstreut liegen die Felder und Temben der Waïssansu und Waïramba, zweier Brüderstämme, die im Kessel von Mkalama einander berühren. Vereinzelte Affenbrotbäume, die regellos über die weite Fläche ausgestreut sind, verleihen, jetzt noch im Schmuck ihrer mächtigen Laubmasse, der Landschaft ein freundliches und anmutiges Gepräge. Von den Höhen ziehen sich zahlreiche Täler herunter und sammeln sich auf der Kesselsohle in großen nach der Wembere-Steppe gerichteten Flußadern, deren jetzt trocken liegende, vielgewundene Sandbetten wie lange gelbe Bänder aus dem Grün aufleuchten. Im Westen breitet sich am Fuße des Stationshügels das geräumige Händlerdorf aus (Taf. 4 Abb. 7), im Osten liegen die Soldatenhäuser und der viereckige Marktplatz, den die Kaufhäuser der Inder und Araber einsäumen.

E. Obst phot.

Abb. 6. Blick von den Issansu-Bergen auf Mkalama. Im Hintergrund steigt die Ost-Iramba-Bruchstufe auf.

E. Obst phot.

Abb. 7. Blick von der Station Mkalama über das Händler-Dorf; im Hintergrund die Issansu-Berge.

Verlag: L. Friederichsen & Co., Hamburg. Lichtdruck von Knackstedt & Co., Hamburg.

Von Mkalama aus unternahmen wir wiederum eine Reihe von Ausflügen, um Land und Leute zu studieren. Vor allem aber bereiteten wir uns hier auf den Zug nach NO ins Land der rätselhaften Jägernomaden-Völker Wahi, Wanege und Wakindiga vor und genossen hierbei die liebenswürdigste Unterstützung des Stationschefs Oberleutnant von Blumenthal (gest. 1913 in Tanga). Kurz bevor wir uns Mitte Mai zum Aufbruch rüsteten, entschloß sich leider mein Reisegefährte W. Gutsch, die Expedition zu verlassen und über Irangi-Iraku-Massai-Steppe nach Usambara zu gehen, um sich dort eventuell anzusiedeln. Da ich seine Gründe anerkennen mußte, blieb mir nichts weiter übrig, als in die Trennung einzuwilligen. Von nun ab lastete also nicht nur die gesamte wissenschaftliche Arbeit auf mir allein, sondern ich mußte überdies auch die technische Leitung übernehmen und verlor vor allem einen lieben, heiteren Reisegenossen, dessen Gesellschaft über manchen unvermeidlichen Ärger hinweggeholfen hatte. Mit einem herzlichen Händedruck schieden wir am 19. Mai 1911 voneinander.

Der Weg führte zunächst auf das mit Granitfelsen buchstäblich besäete Hochland von Issansu hinauf (Taf. 19 Abb. 33), das wir in zwei Tagen durchquerten; am dritten Tage marschierten wir dann in etwa 1450 m Seehöhe durch dichten Dornbusch bis zum oberen Rand einer großen Stufe, der Westwand des Hohenlohe-Grabens. Vorsichtig die Lasten auf dem Kopf balancierend, stiegen die Träger den rund 100 m hohen Stufenhang hinunter und schlängelten sich dann in langer Linie durch übermannshohes Gras nach NO. Die Sonne stand schon tief, als wir daran denken konnten, das Lager aufzuschlagen; Wassermangel hatte uns immer wieder zum Weitermarschieren gezwungen. Die Nacht verlief unruhig. Löwen umkreisten fortgesetzt das Lager und näherten sich trotz der Lagerfeuer wiederholt so bedenklich, daß die Träger Lärm schlugen. Auch am nächsten Tage folgten sie uns, und die Spitze unserer Karawane machte mehr als einmal entsetzt halt, weil das laute Gebrüll die allzu große Nähe der Löwen verkündete. Dann zog ich aus, um uns mit Gewalt Platz zu schaffen, und wiederholt funkelten mir die Augen eines alten Löwen aus dem hohen Gras entgegen. Leider war uns der Jagdgott nicht günstig gesinnt. Wohl hatten wir drei Löwen schwer angeschossen, aber dennoch waren die Tiere in dem hohen Gras entkommen, und sie zu verfolgen, wäre allzu leichtsinnig gewesen.

Am folgenden Tage erreichten wir nach beschwerlichem Marsch

durch die sengend heiße, weglose Graswüste den Jeida-Sumpf, das hydrographische Zentrum des Hohenlohe-Grabens, und schlugen am Jeida-Bach das Lager auf (1310 m Seehöhe). Da die Umgebung des Jeida-Sumpfes von einer Fülle von Wildpfaden durchzogen war, das Jeida-Gebiet also für Jägervölker geradezu ein Dorado sein mußte, schickte ich Kundschafter aus, um nach menschlichen Bewohnern Umschau zu halten. Nach mehreren Stunden kehrten einige mit der erfreulichen Nachricht zurück, sie hätten auf einem kleinen Hügel nur eine reichliche halbe Stunde südlich vom Lager ein Wakindiga-Kamp entdeckt und überbrächten die Einladung der Wakindiga, sie aufzusuchen. Mit Stoffen, Perlen und Tabak beladen traten wir bald den Weg an. Prächtiger, in der tiefgründigen Roterde üppig gedeihender Schirmakazien-Wald nahm uns auf. In vielen Windungen steuerte der Weg — ein Wildpfad — seinem Ziele entgegen. Endlich standen wir am Fuße des Hügels und erklommen die mit eckigen Quarztrümmern in allen Größen besäete Höhe. Ein widerlicher, kaum erträglicher Gestank, ein wahrer Berg abgenagter Knochen von Giraffe, Gnu, Hartebeest etc. kündigten die Nähe der Wakindiga an. Und dann stand man plötzlich vor einem Komplex höchst primitiver Hütten, umringt von Männern, Frauen und Kindern, die in einer an Schnalzlauten überreichen Sprache den Fremdling begrüßten. Nachdem meine Geschenke ausgeteilt waren, machte ich mich daran, die Wakindiga und ihre Wohnstätten genauer zu betrachten. Pygmäen waren diese Menschen jedenfalls nicht, wenn auch einige wohl das Prädikat kleinwüchsig verdienten. Ihre materielle Kultur schien gar nicht so übermäßig geringer als die der Nachbarn zu sein, ja einige Individuen verrieten im Körperbau, Schmuck etc. eine offensichtlich sehr nahe Verwandtschaft mit den Waïssansu. Nur zu bald erfuhr ich, daß diese Verwandtschaft wohlbegründet war: mehr als die Hälfte der Bewohner dieses Kamps waren gar keine Wakindiga, sondern Waïssansu, die zu faul sind, daheim Ackerbau zu treiben, oder die wegen irgend welcher Vergehen der Nähe der Militärstation Mkalama zu entfliehen trachteten! Das war denn doch ein allzu unsicherer Boden für Wakindiga-Forschungen. Schweren Herzens mußte ich mich entschließen, mich in diesem Kamp mit einigen allgemein orientierenden Fragen zu begnügen und alle wirklichen Forschungen auf die Zeit zu verschieben, wo wir ein echtes Wakindiga-Lager antreffen würden. Zum Glück erbot sich einer der hiesigen Kindiga-Männer, mich in ein anderes Kamp zu führen, dessen Bewohner ausschließlich

Wakindiga seien. Als Ort dieses Lagers wurde eine Stelle am Mangola-Fluß nahe dem Njarasa-See genannt.

Bevor ich mich wieder auf den Heimweg machte, hielt ich von dem höchsten Punkte des Baragu, wie die Wakindiga diesen Hügel nennen, Umschau über die Landschaft, die sich zu meinen Füßen ausbreitete. Wie die Steilufer eines Fjords ragen die beiden nach NO konvergierenden Flanken des Hohenlohe-Grabens aus der im Mittel wohl 8 km breiten Grabensohle auf, und das wogende Grasmeer der Niederung brandet gegen den Schirmakazienwald, der besonders von der östlichen Wand bis weit in die Grabensohle hinabsteigt. — Während man auf der westlichen Stufe schon mit bloßem Auge allenthalben anstehenden Fels entdeckt, breitet sich im Osten eine mehrere Meter mächtige Roterde-Schuttdecke wie eine schützende Hülle über das Gestein aus. — Spuren menschlicher Tätigkeit fehlen in dem großartigen Landschaftsbilde völlig; dagegen gewahrt man in dem Gras der Grabensohle riesige Herden von Zebras, Gnus und Hartebeestern, Antilopen, Gazellen und Straußen, hier und dort wohl auch einmal den ungetümen Koloß eines Nashorns, aber für den Gesamteindruck spielt die Tierwelt doch eine sehr untergeordnete Rolle. Es sind interessante Klexe in dem großen Gemälde, dessen spezifischer Ton durch die Oberflächengestaltung und das Pflanzenkleid bestimmt wird.

Am nächsten Tage brachen wir vom Jeida-Lager wieder auf; zum zweiten Male ging es in die Grassteppe der Grabensohle hinein, diesmal nach NNO. Braunschwarzer rissiger Boden wechselte mit kleineren und größeren sandigen Flächen ab, übermannshohes schilfiges Gras mit niedrigen Grasbüscheln und Busch. Unendliche Mengen von in der Sonne geblichenen Schneckenschalen, teils dieselben, teils andere Arten als ich vor Monaten in Turu und am Balangida-See gesammelt, bedeckten den Boden; Wildherden bis zu hundert Stück und mehr weideten friedlich in der unmittelbaren Nähe der Karawane. — Zwischen den Gidedu- und Tatuigo-Bergen erreichten wir schließlich die gegenüberliegende Westwand des Hohenlohe-Grabens, der wir in den nächsten Tagen in nordöstlicher Richtung bis fast zum Nordende des Hohenlohe-Grabens folgten, um dann schließlich nach NNW umzubiegen und die etwa 150 m hohe, steinige, mit unfreundlichem Dornbusch bekleidete Stufe hinaufklettern. Von oben eröffnete sich uns eine sehr interessante Fernsicht. Dasselbe Relief, das wir eben im Hohenlohe-Graben auf uns hatten wirken lassen, wiederholt sich hier: eine riesige Niederung mit einzelnen

Tümpeln, den Relikten des z. Z. fast völlig ausgetrockneten Njarasa-Sees, wird von zwei Stufen eingerahmt, die auch hier wieder von SW nach NO streichen. Aber die Niederung ist hier fast 15 km breit, ihre Längserstreckung ungleich gewaltiger als im Hohenlohe-Graben, und die Stufenhänge, besonders die Westwand, sind schroffer und höher als dort. — Durch dichten Busch bahnten wir uns einen Weg durch das felsige Gelände. Unser Führer versuchte verschiedentlich, unter irgend einem Vorwand zu entwischen; aber die Achtsamkeit meiner Leute vereitelte jeden Fluchtversuch. Bald ging es wieder herab, von über 1400 m auf 1200 und schließlich 1100 m: wir hatten die Sohle des Njarasa-Grabens erreicht. Und nun beschleunigten wir unsere Schritte, und eine gewisse Erregung ergriff uns alle: würden wir wirklich zu einem Wakindiga-Lager gelangen und die rätselhaften Jägervölker in ihrer ganzen Ursprünglichkeit belauschen können? Noch vergingen zwei endlos scheinende Stunden; dann standen wir am Ufer des Mangola-Flusses kurz vor seiner Einmündung in den Njarasa-See. Ein paar zu einer Art Hütte zusammengestellte Zweige und einige Feuerstellen deuten das ersehnte Lager an, aber — das Nest ist leer. Schon vor Wochen mußte dieses Kamp verlassen worden sein! — — Was tun? Ich selbst durfte natürlich auf keinen Fall auf die Suche gehen, versicherte mir doch der Führer, daß seine Landsleute schon beim Herannahen von Waïssansu blindlings die Flucht ergreifen würden. Den Führer allein auszuschicken, ging ebenso wenig an, denn er wäre ohne Zweifel auf Nimmerwiedersehen verschwunden. Es blieb also nur übrig, den zuverlässigsten Träger als Mkindiga auszustaffieren, d. h. ihm auch noch das Lendentuch und seinen Perlenschmuck abzunehmen, und ihn mit dem Jeida-Mkindiga auf die Suche zu schicken.

Drei bange Tage vergingen. Ich versuchte meine Unruhe dadurch zu meistern, daß ich meine Kissansu-Studien fortsetzte und vor allem topographisch arbeitete, denn dazu lud unser gegenwärtiges Lager ja förmlich ein. Zwei gewaltige Vulkankegel, Lemagrut und Oldeani, die südlichsten Ausläufer im Hochland der Riesenkrater, schließen die Niederung im NO ab; steil und schroff ragt die westliche Wand wie eine Riesenmauer aus der Grabensohle auf und reicher gegliedert und weniger hoch der östliche Stufenhang. Das einförmige Blaugrau all dieser gewaltigen Erhebungen bildet einen überaus wirksamen Hintergrund zu der Mannigfaltigkeit der Farbentöne, die der Grabensohle ein so sonderbares immer wieder fesselndes

E. Obst phot.

Abb. 8. Blick von der Höhe der nordöstlichen Wembere-Flanke in die Grabensohle hinunter. In der Mitte, durch das Gebüsch gezeichnet, der Mangola-Fluß; rechts die Mumba-Berge.

E. Obst phot.

Abb. 9. Erstes Lager im Lande der Wakindiga.
30. Mai — 13. Juni 1911. (Seehöhe 1370 m).

Verlag: L. Friederichsen & Co., Hamburg. Lichtdruck von Knackstedt & Co., Hamburg.

E. Obst phot.

Abb. 10. Wakindiga-Horde in ihrem Lager.

E. Obst phot.

Abb. 11. Bruchstufe in Ost-Iramba.

Verlag: L. Friederichsen & Co., Hamburg. Lichtdruck von Knackstedt & Co., Hamburg.

Gepräge verleihen: das lichte Grün des Dornbuschs, der sich, hier und dort von grauen Felsen durchbrochen, von den Stufenhängen bis zur Grabensohle hinunterzieht, das Dunkelgrün des den Mangola-Fluß einfassenden Gesträuchs, das Rostbraun der aus der Grabensohle aufragenden Mumba-Berge, die vielen grünen, braunen und gelblich-roten Töne der teils mit Gras bedeckten, teils vegetationslosen, an Salzwasser-Tümpeln reichen Niederung und endlich das düstere Grau der Staubwolken, die vom Ostwind gepeitscht am Fuße der westlichen Wand dahinrasen (Taf. 5 Abb. 8).

Am vierten Tage endlich kamen die Späher zurück und mit ihnen zwei Wakindiga-Männer, die beiden männlichen Insassen eines ganz in der Nähe unseres Hinweges aufgespürten Kamps. Kräftige, untersetzte Gestalten waren es, die mir jetzt im Adamskostüm entgegenkamen, scheu und unsicher, den Bogen und die riesigen vergifteten Pfeile in der Hand. Beide, Vater und Sohn, erblickten in diesem Augenblick zum ersten Mal in ihrem Leben einen weißen Mann und betrachteten mich daher gewiß mit nicht geringerem Interesse als ich sie. An eine längere Unterhaltung war zunächst natürlich nicht zu denken; dazu hatten unsere beiden Gäste viel zu viel Neues und Wunderbares zu sehen. Ich schenkte ihnen Fleisch und Tabak und freute mich sehr, noch im Laufe des Tages ihr Zutrauen wachsen zu sehen. — In der Frühe des nächsten Morgens ging es nun wieder auf den Horstklotz zwischen Wembere-Njarasa-Graben und Hohenlohe-Graben hinauf, und nach einigen Stunden war das erste echte Wakindiga-Lager erreicht (Taf. 5 Abb. 9 und Taf. 18 Abb. 31, 32). Zwischen Felsen versteckt erheben sich inmitten eines dornigen Buschdickichts drei 1.50 bis 1.70 m hohe Hütten, die an Einfachheit und Nüchternheit selbst die auf dem Baragu-Hügel noch übertreffen. Die gesamte Bewohnerschaft des Lagers lernen wir auf Taf. 6 Abb. 10 kennen: den Alten, der sich nach dem Tode seiner Frau sein eigenes Enkelkind zum Weib genommen hat, daneben aber auch noch mit der von seinem Bruder ererbten Frau Kinder zeugt, seinen Sohn, dessen Weib alle Anzeichen starker Degeneration verrät, und sechs Kinder, deren Leiber nach der eben eingenommenen Beeren-Mahlzeit unförmig aufgequollen sind.

Wochen emsigen Studiums folgten nun. Mehrere andere Kindiga-Familien, die von meiner Freigebigkeit irgendwie erfahren haben mochten, fanden sich ein. Das Lager wuchs auf 8 und 10, endlich gar auf 12 Hütten an. Notizbuch und Bleistift stets in der Tasche, begleitete ich die Männer auf der Jagd, folgte den Frauen, wenn sie mit den Kindern Beeren sammeln oder Wurzeln graben gingen, und saß abends beim Lagerfeuer mitten unter den Wakindiga, ein interessantes afrikanisches Tabakskollegium! — Im Laufe der Wochen gelang es mir auf diese Weise, das Vertrauen der Wakindiga zu gewinnen und die Grundzüge ihrer Sitten und Gebräuche sowie ihrer komplizierten Schnalzlauten-Sprache zu ermitteln. Ich werde hiervon im zweiten Teile meines Reiseberichts ausführlich zu handeln haben und beschränke mich hier auf einige skizzenhafte Bemerkungen.

In der Gegenwart leben nur noch insgesamt etwa 100 Wakindiga einschließlich der Weiber und Kinder; die Wahi und Wanege sollen nach den Erzählungen der Wakindiga bereits völlig ausgestorben sein. Als scheues Jägernomaden-Völkchen bewohnen die Wakindiga die Gebiete zwischen Hohenlohe- und Njarasa-Graben, und deutlicher noch als bei den umwohnenden Völkern wird hier bei dem primitiven Kindiga-Völkchen die Abhängigkeit des Menschen von der Natur offenbar. In der Trockenzeit leiden die Wakindiga wenig Not. Das Wild ist dann ja an die wenigen Wasserstellen im Lande gebunden, die natürlich jedem Kindiga-Mann genau bekannt sind. Man braucht sich also nur in der Nähe der Wasserstellen aufzuhalten, um Wild in Hülle und Fülle schießen zu können, und nur wenn das Wasserloch erschöpft ist, heißt es, mit Sack und Pack eine neue Wasserstelle aufzusuchen. Dann aber kommt, vom Anfang November bis Ende März reichend, die Regenzeit. Nun findet das Wild überall Wasser und Weideland zur Genüge, kann also innerhalb weiter Gebiete wechseln, und die Kindiga-Horden müssen dem Wild mit Weib und Kind folgen, oft viele, viele Tage lang. Ein solch unstetes Nomadenleben erfordert natürlich die denkbarste Einschränkung im Hausrat. Die Hütten werden schnell aus ein paar abgebrochenen oder heruntergebogenen Zweigen hergerichtet und ähneln häufig vielmehr einem südafrikanischen Windschirm als einer wirklichen Hütte; dann und wann begnügt man sich auf den Jagdwanderungen wohl auch damit, in den Klüften und Höhlungen eines Felshaufens Unterschlupf zu finden. Betten existieren natürlich nicht; man legt sich auf den Erdboden oder, wenn man ein solches besitzt, auf ein Gnu-, Hartebeest- oder Giraffenfell. Küchengeräte fehlen gleichfalls vollkommen; das Fleisch wird notdürftig am Lagerfeuer geröstet und dann mit Haut und Haaren vertilgt. Kochtöpfe — von den Issansu erhandelt — fand ich lediglich am Baragu. So bleiben eigentlich zum ständigen Mitnehmen nur die Waffen übrig, ein Bogen von riesiger Spannweite und mehrere größtenteils vergiftete Pfeile, die der Kindiga-Mann ohne Köcher in der linken Hand trägt.

Da es sich bei den Wakindiga ohne Zweifel um einen letzten Rest einer interessanten Völkerfamilie handelt, verwendete ich die größte Sorgfalt auch auf die Feststellung der anthropologischen Verhältnisse. Leider waren nur drei Skelette auszugraben, da die Wakindiga in der Regel die Toten einfach in der Hütte liegen lassen oder in den Busch werfen und dann schleunigst das Lager verlassen. Zum Ersatz habe ich alle mir zugänglichen Individuen über 8—10 Jahre mit möglichster Sorgfalt gemessen. — Sehr zeitraubend waren endlich auch die sprachlichen Untersuchungen, deren wichtigste Resultate ich bereits in meinem 2. vorläufigen Bericht[1]) mitgeteilt habe und über die später Herr B. Struck als Fachmann urteilen wird.

Da nach Verlauf von vier Wochen das Wasser im ersten Wakindiga-Lager immer spärlicher zu werden begann und im Interesse der nie ruhenden topographischen und morphologischen Arbeiten eine Ortsveränderung erwünscht war, entschloß ich mich, mein Lager an die nächste Wasserstelle weiter im S zu verlegen. Von hier unternahm ich größere Exkursionen nach O bis zu den Ssipunga-Bergen an der Ostflanke des Hohenlohe-Grabens und nach W quer durch die Sohle des Njarasa-Grabens bis fast zum Westufer des z. Z. völlig ausgetrockneten Njarasa-Sees (Taf. 20 Abb. 36). Ins Standquartier zurückgekehrt, setzte ich die völkerkundlichen Studien weiter fort. Ich hatte im Laufe der Wochen schon so viel von der Sprache der Kindiga-Leute gelernt, daß ich jetzt nicht mehr des Kissansu zur Vermittlung bedurfte, sondern wenigstens die elementarsten Unterhaltungen in der Schnalzlautensprache der Kindiga führen konnte. So hoffte ich, nunmehr erst recht fruchtbringend arbeiten zu können. Leider kam es anders. Die Wasserstelle in der Nähe unseres Lagers war nicht allzu ergiebig und drohte in der Folgezeit gänzlich zu versiegen. Alles Suchen im Umkreis von einigen Stunden war vergeblich, und zu der etwa zehn Stunden weit entfernten nächsten sicheren Wasserstelle zu ziehen, weigerten sich die Kindiga-Leute, die des leidlich seßhaften Lebens in unserem Lager längst überdrüssig waren. Was war da zu tun? Um meine Untersuchungen so lange wie möglich fortsetzen zu können, gedachte ich, unseren Wasser-

[1]) Mitt. d. Geogr. Ges. in Hamburg Bd. XXVI Heft 1 p. 29 u. ff.

verbrauch nach Möglichkeit einzuschränken, und erreichte von den Wakindiga das Versprechen, bestimmt so lange bei mir zu bleiben, bis dieses Wasserloch erschöpft sein würde. Eine schwere Zeit begann nun, wo alles darauf ankam, nach Möglichkeit mit dem ohnedies sehr raren Wasser zu sparen. In den ersten Tagen wurde jedem Träger und jedem von den Wakindiga eine Minimalmenge Wassers abgemessen, und abends ein Posten an das Wasserloch gestellt, um vor allem die allnächtlich diese Wasserstelle besuchenden Löwen und Leoparden zu verscheuchen. An Waschen oder gar Baden durfte natürlich längst nicht mehr gedacht werden. — In der Folgezeit aber mußte der Wasserbedarf noch weiter eingeschränkt werden, sollten meine Kindiga-Studien zu einem leidlichen Abschluß gebracht werden. Jeder von uns — und ich durfte natürlich keine Ausnahme machen — beugte den Kopf alle paar Stunden einmal in das Wasserloch hinab und schlürfte das stinkige, grünschwarze Naß ein, ohne dabei das schlammige Wasser aufzurühren. Als Nahrung diente von nun ab lediglich frischgebratenes Fleisch, ein Beafsteak von Gnu, Hartebeest, Giraffe oder was ich sonst gerade schoß. Die Folgen dieser mir durch die Umstände aufgezwungenen Lebensführung stellten sich dann auch nur zu bald ein. Eine schwere Blutruhr warf mich nieder, Fieber stellte sich ein, und bald waren meine Kräfte derartig erschöpft, daß ich mich nicht mehr auf den Füßen halten konnte. Mehr als einmal gab ich die Hoffnung, Europa wiederzusehen, auf. — Zur Ehre der Wakindiga sei es gesagt, daß sie mich in dieser Not nicht im Stich ließen. Einige gingen sogar in ihrer Fürsorge so weit, mit einigen Töpfen zu der nächsten Wasserstelle zu laufen und in zwölfstündigem Eilmarsch frisches gutes Wasser herbeizuschaffen! Dank ihnen, innigen Dank auch Herrn Medizinalrat Dr. Gutsch-Karlsruhe, dessen Medikamentenkasten sich jetzt ganz besonders bewährte, aufrichtigen Dank endlich auch der Firma Maggi für die ausgezeichneten Suppenwürfel, denen ich nicht zum wenigsten meine Erhaltung verdanke. — — Nur langsam ging es dann wieder bergauf. Soweit es meine Kräfte irgend erlaubten, arbeitete ich an den Kindiga-Studien und freute mich, auch die sprachlichen Untersuchungen allmählich notdürftig zu Ende führen zu können. Aber erneute Dysenterie-Anfälle warfen mich dann auch wieder einige Tage danieder, und da im Wakindiga-Land eine endgültige Heilung schwerlich zu hoffen war, meine Leute immer mehr unter der furchtbaren Wassernot litten, so mußte ich mich Mitte Juli 1911 wohl oder übel dazu entschließen, den Rückmarsch nach Mkalama anzutreten. Nach achtwöchiger Abwesenheit traf ich am 16. Juli dort wieder ein.

Unter der wahrhaft rührenden Pflege des Kommandanten von Mkalama, Oberleutnant von Blumenthal, erholte ich mich schneller als ich zu hoffen gewagt hatte. Nach Ablauf von vier Wochen konnte ich bereits wieder größere Spaziergänge unternehmen und nach weiteren zwei Wochen schon wieder daran denken, mich für die großen Märsche der nächsten Monate zu rüsten. In den ersten Septembertagen 1911 besuchte ich dann noch einmal das zentrale Issansu, brachte meine morphologischen und ethnographischen Studien in dieser Landschaft zum Abschluß und grub zur Klärung der anthropologischen Verhältnisse 22 vollständige Skelette aus. Dann aber nahm ich mit herzlichstem Dank endgültig Abschied von Herrn von Blumenthal, der meine Forschungen so außerordentlich gefördert hatte. Die Bereisung der Landschaft Iramba bildete das Programm der nächsten Wochen.

d. Wanderungen durch die Landschaften Iramba und Ussure und Rückkehr nach Turu.

Von allen Seiten schleppten Waïssansu und Waïramba Vorratsgetreide zum Stationsgebäude (Boma), als wir am 9. September Mkalama verließen. Auf der großen Straße nach Muansa ging es in den ersten Stunden im Kessel von Mkalama langsam abwärts der Wembere-Steppe entgegen, bis ein Wegweiser (!) — ein seltsamer Fremdling in afrikanischer Buschwildnis — das Abzweigen des Weges nach Sekenke verkündete. Eine Stunde marschierten wir nun noch durch lichtes Dorngestrüpp nach W, dann schlugen wir am Ufer des Dulumo, der Hauptwasserader des Mkalama-Kessels, in 1070 m Seehöhe das Lager auf. Üppiger Uferwald säumt das ca. 35 m breite, flache, sandige Bett des Dulumo ein, aber kein Tropfen Wasser fließt jetzt am Ende der Trockenzeit zur Wembere-Steppe hinab, und nur durch unentwegtes Graben konnte genügend Wasser gewonnen werden.

Am nächsten Tage ging es weiter nach WSW. Sobald wir den Uferwald des Dulumo durchquert hatten, erblickten wir im S wieder die gewaltige Stufenmauer von Ost-Iramba, die uns gestern bereits den ganzen Tag hindurch zur Linken begleitete (Taf. 6 Abb. 11). Eine knappe Stunde darauf erreichten wir das Nordende jener Stufe oder vielmehr diejenige Stelle, wo diese annähernd N—S streichende Stufe mit scharfem Knick in die Richtung ONO—WSW umbiegt:

auch im N und W wird Iramba von einer markanten Steilstufe begrenzt. Unmittelbar am Fuße der Nord-Iramba-Stufe wanderten wir dann in den nächsten Tagen weiter nach WSW. Unzählige Rinnsale zerfurchen die mit mannshohem Dornbusch nur notdürftig bekleidete Stufe; aber sie alle stehen offensichtlich erst im Anfang ihrer Wirksamkeit und Entwicklung. Es sind noch mehr Regenrunsen als ausgesprochene Täler, und keine dieser Scharten vermittelt einen leidlich bequemen Aufstieg auf das festungsartige Iramba.

Am dritten Tage wandten wir uns dann weiter nach W in die Wembere-Steppe hinein und erreichten am Spätnachmittag den am Rande der Steppenniederung gelegenen Ort Sekenke, in dessen Nähe der erste und bisher einzige deutschkoloniale Goldbergbau betrieben wird (1090 m Seehöhe). Aufs freundlichste nahmen mich die europäischen Bergwerksbeamten bei sich auf und zeigten mir den Betrieb in allen Einzelheiten. Bald standen wir an den Grabungsstellen, wo der überaus goldreiche Gangquarz (bis zu 150 gr Gold pro t) gebrochen wird, bald begleiteten wir die mit dem kostbaren Erz beladenen zweirädrigen Ochsenkarren zum Pochwerk, wieder einandermal besuchten wir die Cyankali-Anlage oder sahen die riesigen Buren-Ochsenwagen das zur Feuerung der Pochmaschine verwandte Buschholz von weit her heranschleppen. Schade, daß die Erzmengen nur beschränkte sind und die Goldproduktion in Sekenke daher noch nicht ganz den Betrag von 1 Million Mark jährlich erreicht. Aber immerhin, es ist doch ein Anfang, und es wäre dringend zu wünschen, daß deutsche Kapitalisten, durch die Erfolge Sekenkes ermuntert, endlich Geldmittel für die geologisch-bergmännische Erforschung Deutsch-Ostafrikas bereit stellen möchten. Manch wertvolle Golderzlagerstätte harrt in Deutsch-Ostafrika ohne Zweifel noch der Entdeckung und Erschließung.

Am 14. September brach ich von Sekenke in der Richtung nach SO auf. Unmerklich steigt das von vielgewundenen Flußbetten zerschnittene Gelände nach O zum Fuße der West-Iramba-Stufe an. Wie man an den Flußeinschnitten erkennt, bauen riesige, von Iramba herabgeschwemmte Schottermassen den Boden auf; nur im tiefsten Liegenden und nur in der Nähe Sekenkes erscheinen auch hier noch die humusreichen Ablagerungen der Wembere-Niederung. Beim Jumben Mulingi, unmittelbar am Fuße der Iramba im W abschließenden Steilstufe, schlugen wir für heute in 1190 m Seehöhe unser Lager auf. Aber Ruhe war uns in dieser Nacht nicht beschieden. Ein

B. Obst phot.

Abb. 12. Die Hochfläche von Zentral-Iramba. (Seehöhe 1500—1600 m).

B. Obst phot.

Abb. 13. Befestigter Heliographen-Berg auf der Hochfläche von Iramba.

Verlag: L. Friederichsen & Co., Hamburg. Lichtdruck von Knackstodt & Co., Hamburg.

heftiger N-Sturm erhob sich in den späten Abendstunden und dauerte die ganze Nacht mit solcher Stärke an, daß schließlich das Sonnensegel meines Zeltes abgerissen wurde und das eigentliche Zelthaus nur mit Hülfe sämtlicher Träger gehalten werden konnte. Wir waren froh, als endlich die ersten Sonnenstrahlen erschienen und uns zum Aufbruch mahnten.

Steil und schroff wie eine Festungsmauer erhob sich vor uns die gewaltige Iramba-Stufe. Eine Pavianherde zeigte uns einen Pfad hinauf, aber er war so steil, daß ich manchmal fürchtete, alle unsere Anstrengungen möchten vergeblich sein. Mühsam gings hinauf, Schritt für Schritt. Zur rechten und zur linken sahen wir Flußscharten von der Hochfläche herabkommen, aber ihr Längsprofil ist alles andere als ausgeglichen: das Wasser fällt in mehreren über 50 m hohen Wasserfällen die Steilstufe hinunter. Endlich ist die Höhe erreicht. Die Träger setzen ihre Lasten einen Augenblick ab, um sich von der ungeheuren Anstrengung des Aufstiegs auszuruhen. Und sie haben Grund dazu, denn der Stufenhang zeigt größtenteils einen Neigungswinkel von über 40 ^{0} und führt steil von 1190 m auf über 1500 m hinauf! Während meine Leute rasten, halte ich Umschau hier oben. Eine endlose Hochebene dehnt sich nach O und S zu aus, mit ihrer monotonen Einförmigkeit und Kahlheit, ihren breiten Muldentälern und zahlreichen Felsbergen auf den ersten Blick an Turu erinnernd (Taf. 7 Abb. 12, 13). Und wie in Ost-Turu die schwach modellierte Hochfläche unmittelbar bis an die Steilstufe heranreicht, so besteht auch hier in West-Iramba nicht der mindeste Übergang von der greisenhaften Hochebene zu der jugendlichen, scharfgeschnittenen Steilstufe, und die breiten, flachen Muldentäler der Hochfläche gehen am Rande der Stufe unvermittelt in tief eingekerbte Schluchtentäler über. — Vorwärts ging es dann auf der Hochebene weiter nach SO. Dürftiges Gras und niedriges Gebüsch bedecken den Boden; nur ganz vereinzelt unterbricht ein kleines, jetzt längst abgeerntetes Hirsefeld und eine niedrige erdfarbene Tembe die Einförmigkeit der Landschaft. Rinder und Ziegen knabbern an dem stehen gebliebenen Stroh des Getreides. — Am Nachmittag bogen wir nach S um und folgten einem kleinen Nebental des Kironda bis zu seiner Einmündung in den Hauptfluß. Auf dem Hofe der Farm Kirondatal des Herrn Lieblinger schlugen wir dann endlich unser Lager auf (Seehöhe 1410 m).

In den folgenden Tagen durchzogen wir die Hochfläche von Iramba in der Generalrichtung NO über Manakiúngi (Seehöhe 1520) und Kimága (Seehöhe 1640 m) bis zum Heliographen-Berg im äußersten Osten Irambas (Seehöhe 1790 m). Was wir bei dieser Wanderung sahen, erinnerte auch in der Folgezeit immer wieder an Turu: das fast ebene Gelände, die Dürftigkeit des Pflanzenkleides, die vielen markanten Felsberge (Taf. 7 Abb. 13), die greisenhaften Täler etc. In der Tat ist Iramba nur die nordwestliche Fortsetzung von Turu, ein im O, N und W von Steilstufen eingerahmtes Hochland, das, auch hierin wieder Turu vergleichbar, in seiner Gesamtausdehnung langsam von W nach O und von N nach S ansteigt. — Die Bewohner Irambas unterscheiden sich jedoch durch eine ganze Reihe von Eigentümlichkeiten von den Wanjaturu, sind dagegen mit den Waïssansu aufs engste verwandt. Traten uns in Turu sehr häufig Individuen mit geradezu hamitischem Gesichtstypus entgegen, so finden wir hier in Issansu und Iramba Menschen, deren Körperbau in all und jedem den reinen Neger verrät. Auch die Sprache weicht von der der Wanjaturu erheblich ab und wird durch eine Reihe merkwürdig altertümlicher Formen gekennzeichnet. In den Sitten und Gebräuchen finden sich gleichfalls recht viel Unterschiede, obgleich die Wirtschaftsform hier wie dort dieselbe ist: Ackerbau und Rinderzucht. Als besondere ethnologische Eigentümlichkeit der Waïramba und Waïssansu mag hier nur der recht merkwürdige Sonnenkultus erwähnt sein, von dem ich die erste Kunde nach Europa bringen konnte. Indem ich behauptete, abermals schwer erkrankt zu sein und mich in meiner Not an den Gott der Waïramba wenden zu wollen, gelang es mir zunächst, einmal Zeuge eines solchen Sonnenopfers zu sein; bei einer Wiederholung des Opfers glückte es mir dann auch noch, alle Phasen dieses Sonnenkultus unauffällig auf der Platte festzuhalten: das Erdrosseln des Opfertieres, das Weissagen der Priester aus den Eingeweiden, das eigentliche Sonnenopfer und die seltsam an unser Abendmahl erinnernde Schlußzeremonie.

Unsere letzte Rast auf der Hochfläche von Iramba lag am Fuße des Heliographen-Berges in 1790 m Seehöhe. Eine prachtvolle Aussicht auf den Mkalama-Kessel und die Issansu-Berge eröffnete sich von dem Gipfel dieses stark befestigten Berges; stundenlang zeichneten wir dort oben und peilten zum Staunen der schwarzen Soldaten, die für derartige Arbeiten so gar kein Verständnis besitzen. Am nächsten Tage stiegen wir dann die Steilstufe Ost-Irambas hinunter ins Tal des Dulumo. Meine Träger waren an unbequeme Wege und ein fortwährendes Hinauf und Hinunter gewiß schon gewöhnt, aber der heutige Abstieg brachte selbst meine stärksten und arbeitsfreudigsten Leute zum Murren. Auf eine Entfernung, die auf die Horizontale projiziert noch nicht 600 m ausmachen würde, galt es einen Abfall von 1800 auf 1300 m zu überwinden! Dazu kam, daß hier kein einigermaßen annehmbarer Weg vorhanden war, sondern ein ganz primitiver, wenig begangener Negerpfad benutzt werden mußte, der ohne viel Windungen direkt in die Tiefe hinunterführte. Der Böschungswinkel schwankte ständig zwischen 30 und über 50°! Um die einzelnen Lasten bequem zu zweit tragen zu können, hatten die Träger jede Kiste an eine Stange angebunden, und kreischend und fluchend holperten und stolperten sie nun mit ihren Bündeln den steinigen Abhang hinunter. Ich war glücklich, als ich bei der Rast am Dulumo und hernach im Lager beim Jumben Dambo (Seehöhe 1310 m) feststellen konnte, daß alle Lasten unversehrt geblieben waren.

Mein Plan ging dahin, in den nächsten Tagen bald wieder nach Iramba hinaufzuklettern, um weiter im S die Hochfläche noch einmal völlig zu durchqueren. Im Interesse der topographischen und morphologischen Forschungen mußte ich an diesem Gedanken unbedingt festhalten; andererseits verlangten aber die Träger mit einigem Recht ein wenig Schonung. Ich marschierte daher in den folgenden Tagen in ganz kleinen Tagesmärschen am Fuße der Ost-Iramba-Stufe entlang nach S, kreuzte abermals den Dulumo und seinen großen meridionalen Quellfluß, den Mpola, und stieg dann erst vom Jumben Masunga aus (Seehöhe 1370 m) wieder auf die Hochfläche von Iramba hinauf. Die Ost-Iramba-Stufe verflacht sich im Süden sehr schnell und besitzt an der jetzigen Kreuzungsstelle nur noch eine relative Höhe von etwa 150 m. Der Aufstieg bereitete daher keine große Mühe. — Die gewaltige, einförmige Iramba-Hochebene nahm uns nun von neuem auf; ebenes Land so weit das Auge schauen kann. Sandige und felsige Strecken machen hier gelegentlich tiefgründigen Schwarzerdeniederungen Platz, ein Beweis, daß bei der Verebenung des Landes nicht nur Abtragung, sondern auch Aufschüttung wirksam war. Seltsam nehmen sich die ungetümen Felskolosse aus, die überall aus dem Boden wachsen, gelegentlich sogar inmitten der Schwarzerdeflächen. — In etwa 1500 m Seehöhe geht es ständig und ohne jeglichen Wechsel des Reliefs nach SW. Kahle Miombowälder, die so ungemein an Buchenwaldungen daheim im Frühjahr oder Spätherbst erinnern (Taf. 21 Abb. 37), wechseln mit lichten Akazienbeständen ab. Die Sonne brennt unbarmherzig;

um 10 Uhr zeigt das Thermometer im Schatten bereits über 32° C. Mein Befinden ist nicht das beste; schon seit Tagen sind mir die Füße so bleiern schwer, und der Kopf schmerzt. Heute will mir nun das stundenlange Marschieren ganz und gar nicht behagen. Kurz nach 12 Uhr muß ich eine längere Rast anordnen, weil meine Füße mich nicht mehr tragen wollen. Hernach schleppe ich mich wieder eine halbe Stunde, werfe mich erschöpft in den Schatten eines Akaziengebüschs, versuche noch einmal vorwärts zu kommen, muß mich aber bald wieder hinlegen. Ich weiß nur noch, daß ich meinem Koch den Befehl gab, eiligst bis zum nächsten Lagerplatz Sagenda in Ussure zu marschieren und mich später von dort abzuholen; von dann ab ist die Erinnerung wie ausgelöscht. Als ich wieder aufwachte, war es früher Morgen, und ich lag in meinem Feldbett. Ein bärtiger, mir ganz unbekannter Mann beugte sich zu mir herab, gab mir zu trinken und flüsterte mir in Kisuaheli zu: „Schlimmes Fieber, in der Nacht so heiß, und er zeigte auf das Thermometer bei 41.6°. Ich habe gewacht, muß nun aber weiter."— Ich schlief von neuem ein, und als das Fieber vorüber war, war mein gütiger Pfleger wirklich verschwunden, ohne daß ich ihm hätte die Hand drücken können. Meine Jungen erklärten mir, es sei ein Italiener gewesen, der abends gleichfalls in Sagenda eingetroffen wäre, ins Zelt gekommen sei und dann die ganze Nacht an meinem Bett gewacht habe. Afrikanisches Buschleben!

Einige Tage Rast mußte ich mir in Sagenda (Seehöhe 1420 m) gönnen, um den Malaria-Anfall, ohne Frage eine unliebsame Folge des Aufenthalts in Sekenke, ganz zu überwinden. Dann ging es mit neuem Mut vorwärts, jetzt aber in der Richtung nach OSO. Über stets fast ebenes Gelände hinweg führte der Pfad durch trostloses Miombo- und Akaziengestrüpp; nur dann und wann stießen wir auf vereinzelte Hirsefelder und Weideland. Unmerklich gelangten wir so aus dem Lande der Wakimbu (Ussure) nach Turu hinein, bis dann endlich die Vegetation immer offener wurde, riesige Weideländereien sich zu beiden Seiten des Weges dehnten und ungetüme Granitfelshaufen häufiger und immer häufiger wurden. Noch ein letzter Tagemarsch, und wir sahen von der Höhe einer kleinen Stufe das weite Salzfeld des ehemaligen Ssingida-Sees in der Sonne glänzen und die weißen Wände der Militärstation aufleuchten.

Einige Ruhetage in Ssingida folgten. Wieviel unfreundlicher war das Aussehen der Landschaft Turu jetzt in der Trockenzeit als damals Ende der Regenzeit, als wir von Ssingida aufbrachen:

das Gras allenthalben verdorrt, gelb und grau wie der Boden, der hier und dort in seiner ganzen Nacktheit hervorlugt; die Felder abgeerntet, aber noch bedeckt von dem gelbgrauen Hirse- und Maisstroh, das die Sonne dörrt, die Granitfelsen ebenso grau und, jetzt jeglichen Gebüschs beraubt, noch trostloser, öder als vor Monaten. Der Ssingida-See, damals eine weite Wasserfläche, belebt von Flamingos, Gänsen, Enten und zahlreichen anderen Vögeln, jetzt in eine öde Salzwüste verwandelt, in der die Wanjaturu in Scharen das gegenwärtig kostbarste Handelsprodukt ihres Landes aufsammeln.

e. Von Ssingida nach Kondoa-Irangi.

Nachdem ich in Ssingida noch eine astronomische Ortsbestimmung dieses wichtigen Routenknotenpunkts ausgeführt hatte, brach ich Mitte Oktober 1911 von der Hauptstadt der Landschaft Turu nach O auf, um nun die Erforschung des Ostflügels meines Gebiets in Angriff zu nehmen. Langsam steigt die einförmige Turu-Fastebene nach O zu an, bis der Fuß einer von unzähligen Wasserrissen zerkerbten Stufe erreicht ist. Der ca. 200 m hohe Stufenhang ist verhältnismäßig flach geböscht und bereitet der langen Karawanenschlange nicht übermäßig viel Schwierigkeiten. Nun gehts in ca. 1800 Meter Seehöhe auf jener oben bereits des öfteren erwähnten Plateaufläche weiter nach O. Und während wir hier in der sengenden Sonnenglut durch niedriges Akaziengestrüpp marschieren, fühle ich mit aller Deutlichkeit abermals die tückische Malaria herannahen. Bald flimmert es mir wieder vor den Augen, der Kopfschmerz wird unerträglich, und die Beine versagen mehr und mehr den Dienst. Mit der äußersten Anstrengung schleppe ich mich noch eine Viertelstunde weiter, aber dann bin ich am Ende meiner Kräfte und lasse mich in den Schatten eines Dornbuschs sinken. Mein Junge hält geduldig zwei Stunden bei mir aus, dann rüttelt er mich, schaut mich mit so viel Anteilnahme sprechenden Augen an und meint schüchtern: „Das Lager ist gewiß nur noch eine Stunde weit entfernt.“ Also stehe ich wieder auf, nehme Kompaß und Uhr zur Hand, und weiter gehts. Ich kann nur mit größter Mühe Zeit und Richtung, Temperatur und Luftdruck ablesen und bin sehr glücklich, als wir endlich von dem hier 1880 m hohen Rand des Turu-Hochlandes auf die Tiefscholle zu unseren Füßen herunterschauen können und nahe am Fuße der Steilstufe die leuchtende Zeltwand hervorlugen sehen. Eiligst geht es nun den felsbesäeten steilen Abhang über

250 m tief hinunter, noch eine kleine halbe Stunde auf leidlich ebenem Gelände weiter nach O, und dann ist glücklich das Zelt erreicht. Ich werfe mich sogleich ins Bett, lasse mir das Thermometer reichen und lese hernach ab 40.8°! — Während mich das Fieber unbarmherzig hin und her wirft, trifft, um das Übel zu vollenden, die Nachricht ein, der nächstwohnende Jumbe weigere sich, uns heute noch Mehl reiben zu lassen. Ich lasse den Jumben ans Bett rufen, schimpfe ihn weidlich aus, drohe mit sofortiger Meldung an die Station Ssingida und erlange endlich sein Versprechen, binnen einer Stunde für Mehl zu sorgen. Dann sinke ich aufs äußerste erschöpft zurück, und die Zeit bis zum nächsten Mittag ist wiederum aus meinem Gedächtnis ausgelöscht.

Zum Glück nahm mich dieser zweite Malaria-Anfall nicht so mit wie der erste in Ussure. Schon am folgenden Nachmittag versuchte ich aufzustehen und fühlte mich so kräftig, daß ich beschloß, sofort weiterzumarschieren. Sehr groß sollte der heutige Tagesmarsch natürlich nicht ausfallen, aber der große Lagerplatz beim Jumben Ilunde, nach dem früheren Häuptling noch heute einfach Kwa Mgori (beim Mgori) genannt, konnte ja auch nur wenige Stunden entfernt sein. Das Marschieren bekam mir wider Erwarten sehr gut. In einer halben Stunde erreichten wir die zweite, fast 350 m hohe Staffel (Taf. 8 Abb. 14), mit der die Turu-Scholle zur Senke des Mpondi-Flusses abfällt, wanderten dann noch über zwei Stunden in der moorigen alluvialen Mpondi-Niederung und erreichten kurz nach der Überschreitung des z. Z. fast völlig wasserlosen Mpondi das ersehnte Lager Kwa Mgori (1300 m Seehöhe).

Die nächsten Tage füllte der Marsch auf der Karawanenstraße nach Kondoa-Irangi aus. Kurz hinter Kwa Mgori beginnt das Gelände langsam wieder nach O anzusteigen. Es ist das Schuttvorland einer großen Stufe, die, annähernd N—S streichend, schon lange den Horizont im O begrenzt. Mühsam gehts durch Dorngestrüpp und lichten Miombowald den fast 200 m hohen Stufenhang hinauf. Und was folgt dann oben? Eine Hochfläche, die auf den ersten Blick an die Fastebenen drüben im W, an Turu und Iramba erinnert! Auch hier wieder flaches, aber durchaus felsiges Gelände, niedrige xerophile Buschvegetation und hier und dort ein einzelner markanter Felsberg. Nur in der Seehöhe unterscheidet sich dieses Gebiet von Turu—Iramba; befanden wir uns dort ständig in 1550 bis 1600 m mittlerer Höhe, so durchziehen wir hier Gebiete mit 1350—1400 m mittlerer Seehöhe. — Unvergeßlich ist mir der Aus-

E. Obst phot.

Abb. 14. Blick vom Lager Kwa Mgori nach W auf die Turu-Bruchstufe.

E. Obst phot.

Abb. 15. Das Mukondówa-Tal in West-Irangi.

Verlag: L. Friederichsen & Co., Hamburg. Lichtdruck von Knackstedt & Co., Hamburg.

blick von den Felshügeln am Lager Madjani zwei Tage darauf (Seehöhe 1380 m). Soweit das Auge nach N, O und S schauen kann, die weite, weite Fastebene, am Horizont in lichtem Graublau die reich gegliederten Höhenzüge von Uassi, Ost-Irangi und Ussandaui, in der Mitte, etwa 20—25 km entfernt der gewaltige Klotz des Ssuaga-Ssuaga-Berges, umgeben von zahlreichen kleineren, aber ebenfalls steil und schroff aus der Ebenheit aufragenden Felshügeln. Vergebens hält man nach menschlichen Siedelungen Umschau. Einförmiger, leblos scheinender und tatsächlich fast menschenleerer Busch überzieht die ganze Landschaft: ein typisches Grenzgebiet.

In Eilmärschen ging es durch das nach Regen lechzende Buschland weiter nach O. Nach einem Marsch von über 25 km lagerten wir am 12. Oktober in 1440 m Seehöhe am Südfuß des Ssuaga-Ssuaga-Berges. Es war einer der trostlosesten Lagerplätze, die mir seit dem Aufenthalt bei den Wakindiga vorgekommen war. Unter einem Affenbrotbaum, der seine kahlen dicken Äste wie nach Regen flehend gen Himmel reckte, wurde das Zelt aufgeschlagen, ein wenig abseits des staubigen, graubraunen Weges, inmitten starren öden Dornbuschs. Das Rasthaus ist längst von Wind und Wetter und den Termiten zerstört, so daß die Träger sich am Zelt und im Gebüsch eine Ruhestätte für die Nacht herrichten müssen. Wasser gibt es hier gar nicht; über zwei Stunden mußten meine Leute laufen, um einige Töpfe schmierigen, stinkigen Wassers herbeizuholen. Zum Glück entdeckten wir zwei kleine Temben nahe der Straße und erhielten wenigstens etwas Mehl für den Mehlbrei (ugali) der ausgehungerten Träger. — Nachmittags stattete ich dem Ssuaga-Ssuaga-Berg einen Besuch ab. Er ist von dem nämlichen Typus wie der oben geschilderte Kiringa: ein über 200 m rel. hoher Felsberg, der aus demselben Gneis besteht wie die Ebenheit ringsherum und von konzentrischen Ringen nach außen zu immer feiner werdenden Destruktionsschuttes umgeben ist.

Der nächste Tagesmarsch führte uns bereits in die Landschaft Irangi hinein, und damit in eine nicht nur ethnographisch, sondern auch morphologisch neue Provinz. Schon etwa eine Wegstunde hinter dem Ssuaga-Ssuaga-Lager begann sich das Relief merklich zu ändern. Der Mongoloma und seine Nebenflüsse sowie die zahlreichen anderen westlichen Zuflüsse des Bubu haben sich tiefe Täler in die Hochfläche eingegraben und die Fastebene in ein regelrechtes Bergland verwandelt. Vorüber ist der weite Horizont, vorüber die monotone Einförmigkeit des Geländes. Hinauf und hinunter führt der Weg, bis man dann endlich in das breite Sohlental des Bubu-Flusses selbst hinabsteigt. Ich kann nicht leugnen, daß ich enttäuscht war, als ich den Bubu überschritt. Nach den Karten hatte ich mir unter diesem mehrere hundert km langen, ein Riesengebiet entwässernden Fluß, einen Strom etwa von den Ausmaßen der Elbe oder wenigstens der Weser vorgestellt; und wie sah er nun in Wirklichkeit aus? Eine etwa 300—500 m breite, z. T. sumpfige Niederung, eingerahmt von etwa 150—250 m hohen Talwänden, das war alles; nicht die Spur von einer eigentlichen Flußrinne, viel weniger denn fließendes Wasser! Selten ist mir die Regenarmut meines Forschungsgebiets und der landschaftliche Gegensatz dieser Gebiete gegenüber den immerfeuchten Tropen so offenbar geworden wie hier beim Passieren des Bubu-Tales. — Nach kurzer Rast stiegen wir den linken Talhang des Bubu hinauf und marschierten dann noch einige Stunden, dem Mukondowa-Fluß aufwärts folgend, durch steiniges, vielzerschluchtetes Gneisgebiet weiter nach O. Es war schon Spätnachmittag, als wir endlich nach einem Marsch von über 45 km die Inderstraße von Kondoa-Irangi erreichten (Taf. 9 Abb. 17) und schließlich jenseits des Mukondowa in unmittelbarer Nähe der Verwaltungsgebäude das Zelt aufschlugen (Seehöhe 1360 m).

Ich hatte ursprünglich geplant, nur etwa eine Woche in Kondoa-Irangi zu bleiben und dann den großen Rundweg nach N anzutreten; mein Gesundheitszustand zwang mich aber leider, die Rast in Kondoa Irangi auf mehrere Wochen auszudehnen. Trotz aller Diät war nämlich die Dysenterie noch immer nicht ganz überwunden, und das häufig schlechte Wasser hatte das seine getan, den Heilungsprozeß immer wieder zu verzögern. Dazu stellten sich in Kondoa-Irangi plötzlich wieder des öfteren Fieberanfälle ein, die mich im Verein mit der Ruhr derart schwächten, daß eine längere Ruhepause unbedingt geboten erschien. Mit aufrichtigem Dank gedenke ich der rührenden Pflege, die mir der stellvertretende Bezirksamtmann Herr Altmann und dessen Gattin sowie die drei Offiziere von Kondoa-Irangi in dieser Zeit zu Teil werden ließen. Sie versorgten meine Küche stets mit frischem Gemüse, brachten mir Erfrischungen aller Art und ließen mich so bereitwillig an ihren Geselligkeiten teilnehmen, als ob ich von jeher zu diesem Kreis gehört hätte. Wie dankbar empfindet ein Reisender nach monatelanger Buschwanderung eine solche Gastfreundschaft!

Die unfreiwillige Muße in Kondoa-Irangi benutzte ich, um die während des Marsches naturgemäß etwas vernachlässigten

schriftlichen Arbeiten zu erledigen und vor allem die nähere Umgebung des Ortes zu studieren. Eine Fülle des Interessanten gab's da zu schauen. Schon der Ort selbst ist für den Geographen von Interesse. Er besteht aus der „Eingeborenenstadt" auf dem rechten und dem „Europäerviertel" auf dem linken Ufer des Mukondowa-Flusses; eine eben vollendete steinerne Brücke sorgt für gefahrlose Verbindung der beiden Siedelungen auch während der Regenzeit. Dem Auge bietet natürlich die „Eingeborenenstadt" am meisten des Neuen und Bunten. Da wandern wir durch wohlbeschattete Akazienalleen oder durch die mit Dattelpalmen eingesäumte Geschäftsstraße, wo sich eine Araber- und Inder-Dukha (Laden) an die andere reiht, stehen dann einmal vor einer der großen, wenn auch ganz primitiv gebauten Moscheen, an denen Kondoa-Irangi reicher ist als jeder andere Ort meines Forschungsgebietes, oder verweilen in der Nähe der Markthalle und belauschen dort das bunte Leben und Treiben der Händler und Käufer, die laut und mit mannigfach nüancierter Gebärdensprache um Zuckerrohr oder Tabak, Bataten, Bananen, Perlen und tausenderlei anderes feilschen. Dabei bietet sich uns zugleich Gelegenheit, die Bewohner Kondoa-Irangis kennen zu lernen. Es sind nur zum kleinen Teil Eingeborene im strengsten Sinne des Wortes d. h. Waïrangi. Die große Mehrzahl rekrutiert sich vielmehr aus Zugewanderten; fast alle Völker und Stämme Deutsch-Ostafrikas sind dort vertreten: Inder und Araber, Suaheli, Wanjanwesi etc., ein richtiges kleines Babel. — — Ein Gegenstand fortgesetzter Studien war mir weiterhin der Mukondowa-Fluß, der wasserreichste aber nicht längste Quellfluß des Bubu. Sein etwa 4 m tiefes Bett ist in die eigenen Alluvionen eingeschnitten, ein Beweis offenbar für die auch aus anderen Beobachtungen zu schließende nachträgliche Tieferlegung des ganzen Bubu-Systems. Als ich Mitte Oktober nach Kondoa-Irangi kam, hatte die Regenzeit noch nicht begonnen; von Wasser war daher im Mukondowa-Tal kaum die Spur. Während meines Aufenthalts setzte dann aber die Regenzeit mit gewaltigen Gewittergüssen ein. In wenigen Stunden kam der Fluß ab, das ganze Flußbett füllte sich mit gewaltig sich überstürzenden Wassermassen, riesige Gesteinsblöcke, die zuvor wie festverankert im Flußbett lagen, begannen sich abwärts zu bewegen, eine primitive Holzbrücke wurde fortgerissen, kurzum ein Bild außerordentlicher Macht und Kraft (Taf. 9 Abb. 16). Und nach wenigen Stunden war dann das ganze Schauspiel wieder vorüber, die Wasser verliefen sich, und Ruhe und Friede kehrten wieder ein, wo eben noch der kraftvollste Kampf getobt hatte.

f. Streifzüge durch die Landschaft Irangi.

Es wurde fast Mitte November, ehe ich mir die im N unvermeidlichen großen Märsche wieder zumuten durfte. Mit Sehnsucht erwartete ich den für die Träger bestimmten Abmarschtag, denn niemand empfindet wohl die Kostbarkeit der Zeit mehr als ein Forschungsreisender. Endlich, endlich hoben die ca. 60 Träger die Lasten auf, der Karawanenführer tutete auf seinem Antilopenhorn, und fort ging es mit einem herzlichen Lebewohl an alle Zurückgebliebenen. Der Weg führte zunächst durch wohlbebautes Land nach NO. Längs breiter, sandiger, z. Z. völlig trocken liegender Flußbetten stiegen wir in das reich verästelte Quellgebiet des Mukondowa-Flusses hinauf und erreichten jenseits einer kleinen Höhe den Haubi-See, an dessen Nordufer wir unser Lager aufschlugen (Seehöhe 1690 m). Topographische und morphologische Arbeiten hielten uns zwei Tage hier fest. Prachtvolle Studien über die klimatische Abwandlung der Erosion in diesem periodisch trocknen Tropengebiete ließen sich gerade hier anstellen, wo alle Hänge von tausenden und abertausenden von Wasserrissen zerfurcht und zerrillt sind und gelegentliche Regengüsse uns die ungeheure Gewalt der zwar seltenen, dann aber auch um so stärkeren Niederschläge gleichsam wie in einem großartigen Experiment kennen lehrten. Der Haubi-See selbst übte wenig Anziehungskraft aus. Er ist ein ovalgestalteter, abflußloser, seichter und leicht salziger See mit weiten sumpfigen und verschilften Uferstreifen, für Mensch und Tier nahezu gleich unbrauchbar. Im Verhältnis zu der kleinen Seefläche erscheint das von ca. 100—150 m hohen Hängen eingerahmte Haubi-Becken außerordentlich viel zu groß, und da jegliche Anzeichen einst größerer Ausdehnung des Sees fehlen, so muß das geräumige Becken offenbar durch Weitung einer einst kleineren Hohlform entstanden sein. Tatsächlich ist die Zerstörung und Abtragung der Beckenwände auch in der Gegenwart der charakteristische morphologische Zug in der Haubi-Landschaft.

Vom Haubi-See nahmen wir dann am 16. November Kurs nach SO. Bald nach Überschreitung der Randhöhen des Haubi-Beckens gelangten wir in das Lalamba-Tal, dessen Quelltrichter offensichtlich mit Ungestüm gegen den Haubi-See vordringt. Die jugendlichen Formen verlieren sich jedoch schnell, und schon nach einer halben Stunde zeigt das Tal reife bis überreife Formen. In mächtigen Windungen zieht sich das wasserlose Sohlental als über 50 m breites strohgelbes Band nach SO. Die flachen Talhänge sind mit einer

E. Obst phot.

Abb. 18. Blick vom Ssioha-Berg nach NW, Landschaft Irangi. (Seehöhe ca. 1700 m).

E. Obst phot.

Abb. 19. Blick auf die Massai-Bruchstufe; im Vordergrund einer der zahlreichen Rumpfberge der Massaisteppe.

Verlag: L. Friederichsen & Co., Hamburg. Lichtdruck von Knackstedt & Co., Hamburg.

nur sehr dürftigen Pflanzendecke überzogen und bieten den gelegentlichen schweren Regengüssen allenthalben vorzügliche Gelegenheit, den in der Trockenzeit durch die Verwitterung gelieferten Schutt abzutragen und frisches Gestein bloßzulegen. Man kann in diesen Gebieten geradezu von morphologischen Jahreszeiten sprechen, denn in einem fortwährenden Kreislauf wechseln Schuttproduktion in der Trockenzeit und Schuttabfuhr in der Regenzeit miteinander ab. Und der splittrige, leicht zerstörbare Gneis, aus dem Irangi aufgebaut ist, macht den Gegensatz der beiden morphologischen Jahreszeiten besonders eindrucksvoll.

Nach einigen Stunden bogen wir aus dem Haupttal ab, stiegen die linke Talflanke hinauf und erreichten am Spätnachmittag das Lager beim Jumben Mbaru (1700 m Seehöhe). Unmittelbar beim Lager erhebt sich ein seltsamer markanter Berg von etwa 300 m relativer Höhe, der Ssióha. Sein Gipfel bildete das Ziel meiner Unternehmung am nächsten Vormittag, und die Mühen des Aufstiegs wurden reichlichst belohnt durch ebenso glänzende wie überraschende Fernsicht. Nach S, W und N zu überschauten wir wie nie zuvor den eigentlichen Kern der Landschaft Irangi, ein langsam nach O zu ansteigendes, verhältnismäßig dicht besiedeltes Hochland, in das unzählige, teils zum Mukondowa, teils zum Lalamba gerichtete Flußbetten eingesenkt sind (Taf. 10 Abb. 18). Die Wasserscheide verläuft im wüsten Zickzack, bald greifen die einen gelben Bänder weit nach O, bald die anderen weit nach W hinüber. Durch die extensive Feldwirtschaft der Waïrangi ist das Land seines ursprünglichen Pflanzenkleides fast völlig beraubt. Wo nicht Felder und Weideländereien sich ausbreiten, hat sich eine dürftige Gebüschvegetation entwickelt, zu spärlich, um alle nackten Stellen des Bodens zu verhüllen. Im Gegensatz zu Turu und Iramba spielt der gewachsene Fels im Landschaftsbild gar keine Rolle; die leichte Verwitterbarkeit des Gneises läßt alle Erhebungen sich in einem mächtigen Schuttmantel hüllen. — Einen sehr wirksamen Gegensatz zu der Landschaft im W bildete nun aber das Gebiet östlich vom Ssióha-Berg. Mit einer gewaltigen Steilstufe von mehreren hundert Metern bricht das Hochland von Irangi zu einem Flachland von seltsamer Oberflächengestaltung ab. Tischförmig eben sieht dieses Flachland„ die Massai-Steppe, aus; aber hier und dort tauchen aus dieser Ebenheit markante Berge auf, bald kleiner, bald größer, alle aber so steil und schroff, als seien es kleine Vulkankegel, die erst nachträglich der Ebenheit aufgesetzt worden wären. Immer wieder zog uns dieses seltsame Landschaftsbild an, und der Blick schweifte von neuem von der bisher kaum bekannten Steilstufe über die weite, unabsehbare Ebene bis hin zum fernen Osten, wo eine letzte Berggruppe im Dunst der endlosen Steppe verschwindet.

Neue Aufgaben waren uns durch den Blick vom Ssióha-Berg gestellt, in Sonderheit die topographische Festlegung und morphologische Erforschung jener Steilstufe von Ost-Irangi, die die bisherigen Karten kaum auch nur angedeutet hatten. Wir marschierten daher vom Lager Mbaru geradenwegs auf den Stufenrand los, stiegen dann auf halsbrecherischem Pfad die der Ost-Iramba-Stufe vergleichbare steile, steinige Stufe von ca. 1750 zu ca. 1250 m hinunter und schlugen am Fuße der Stufe, der ich den Namen Massai-Stufe gab, beim Irangi-Jumben Mieka das Lager auf (1280 m Seehöhe). Als ich am nächsten Morgen aus dem Zelt trat, überfluteten die ersten Strahlen der Morgensonne den machtvollen Stufenhang. Es war ein köstlicher Anblick. Als ob bei einem gewaltigen Beben die Erdkruste geborsten und in Schollen vertikal bewegt worden wäre, so präsentierte sich die riesige, fast meridional verlaufende Steilstufe, deren oberer Rand weiter im Norden noch in den Morgennebeln verborgen lag (Taf. 10 Abb. 19). Das fließende Wasser hat der mit lichtem Gebüsch bekleideten Stufe noch nicht viel von ihrer Schroffheit rauben können. Nur kurze, tiefgekerbte aber schmale Narben überziehen den Steilhang; vergebens späht man nach einer einigermaßen bequem nach Irangi hinaufführenden Flußscharte. -- Über die Ausdehnung der Stufe nach S vermochte ich vom Lagerplatz aus keine genaue Aufklärung zu erhalten; ich verschob diese Feststellung auf spätere Monate, wo ich auf dem geplanten Marsch von Kondoa-Irangi nach Burungi sowieso das Südende dieser Stufe kreuzen müßte. Im Norden schien die Stufe in etwa 15 km Entfernung ihre Richtung zu ändern. Den Verlauf bis dorthin und die Art der Umbiegung festzustellen und dabei morphologische Studien zu treiben, mußte die nächste Aufgabe sein.

So rüsteten wir zum Aufbruch vom Lager Mieka und marschierten an dem ca. 75 m hohen Quarzitberg Kitsimbikili vorbei nach N und dann am Fuße der Massai-Stufe entlang bis zum Lager beim Jumben Issudja (Seehöhe 1310 m). Diese Gegend war bis zur Zeit der deutschen Besitzergreifung wegen der räuberischen Überfälle durch die Massai nahezu unbesiedelt; gegenwärtig aber drängt sich Tembe an Tembe, und neue Familien steigen aus dem Irangi-Hochland hier herunter, um am Fuße der Stufe ihre

Hirse- und Maisfelder anzulegen und die Viehherden tageweit in die grasreiche Massai-Steppe hineinzutreiben. Und noch ein anderer Umstand lockt Scharen von Fremden vorübergehend oder wohl auch dauernd hierher: der Eisenerzreichtum des Landes. Aus dem Gneis der Massai-Stufe spülen die Wasser das schwarze Erz heraus, Frauen suchen die Flußbetten ab und schütteln den Flußsand so lange, bis sich das schwere Eisenerz am Boden der Schüssel ansammelt, und die Männer endlich verhütten das Erz in primitiver Weise mit Hülfe von Holzkohle und mehreren Stempelschalengebläsen. Das so gewonnene Roheisen wird zum Teil an Ort und Stelle verschmiedet, zum anderen Teil an die Schmiede des Irangi-Landes und der benachbarten Landschaften verhandelt.

Nachdem wir die Eisengewinnung und primitive Eisentechnik — die einzige Stelle dieser Art in meinem Forschungsgebiet — in allen Einzelheiten studiert hatten, wandten wir uns weiter nach N und erreichten in einigen Stunden das Ende des meridional streichenden Teiles der Massai-Stufe. Fast rechtwinklig biegt hier die Stufe in die Richtung OSO—WNW um, und alle Beobachtungen führen zu dem Schluß, daß diese Umbiegung wie die Stufe überhaupt tektonischer Natur sein muß. Weiter ging es nun am Fuße der Stufe entlang. Zur linken begleitete uns der immer höher anschwellende Stufenhang, zur rechten zunächst einige Streifen Felder und dann die endlose einförmige Steppe. Beim Jumben Naria, am Fuße der höchsten Stelle des Stufenhangs, schlugen wir endlich für heute das Zelt auf (Seehöhe 1320 m).

Am nächsten Tage unternahm ich eine Ersteigung des Stufenhangs, um von oben Fernpeilungen größeren Stils anzustellen und die maximale Höhe der Stufe zu bestimmen. Ein Weg aufwärts existierte natürlich nicht, und wir ahnten schon, daß unser Ziel nur mit größter Anstrengung zu erreichen sein würde. So schlimm, wie es hernach wurde, hatten wir uns die Kraxelei aber doch nicht vorgestellt. Durch lichtes Gebüsch ging es zunächst den Schutthang hinauf. Mächtige Gneisblöcke schauten hier und dort aus der Verwitterungserde heraus. Wollte man sie aber als Stütze benutzen, so gaben sie nicht selten nach, und mehr als einmal kollerte dieser oder jener von uns unter dem Gelächter der übrigen wieder ein Stück hinunter. Dann aber, nach etwa 400 m, begann die Region des gewachsenen Felsens, und nun wurden die Anstrengungen noch größer. Fast senkrecht stiegen die Felswände empor; dann und wann mußten wir einer auf die Schultern des anderen steigen und den letzten hinaufziehen, ein anderes Mal wieder, um überhaupt weiter zu kommen, wie Gemsen auf winzig schmalen Graten entlang klettern. Mit ein paar Scherzen vertrieb ich die gelegentlich aufsteigende Unlust meiner wenigen Begleiter und kam wirklich, sogar ohne irgendwelche Beschädigung der Instrumente hinauf. Noch eine halbe Stunde leichteren Anstiegs durch mannshohe Farndickichte, und wir standen auf dem ersehnten Gipfel des Mukóngka. Die Siedepunktsbestimmung ergab eine Seehöhe von 2120 m, d. h. eine relative Höhe des Stufenhanges von fast genau 800 m! — Auf dem Gipfel selbst war leider keinerlei Aussicht. Wir standen inmitten eines moos- und flechtenreichen, feuchtigkeitstriefenden Höhenwaldes mit Juniperus procera als Leitbaum. Die Temperatur betrug nur 18.1 ° C, so daß wir froh waren, ein wenig unterhalb eine lichte Stelle zu finden und aus der fröstelnden Kühle herauszukommen. Überwältigend war der Ausblick, den wir von dort aus genossen. Im N und O dehnt sich die anscheinend tischförmig flache Massai-Steppe unabsehbar weit aus, und einige markante Berge steigen wie Inseln aus dem Grasmeer der Steppe auf; im W und NW aber zieht sich die dort wieder meridional streichende Massai-Stufe, geradlinig wie mit dem Lineal gezogen, dahin, die Steilküste des Festlandes, gegen die die Graswogen des Steppenmeeres branden. — Der Abstieg zum Lager nach Beendigung der umfangreichen Peilarbeiten mag hier übergangen werden. Es war mehr ein Hinunterpurzeln als ein regelrechtes Absteigen, für mich aber dennoch von großer Bedeutung, weil es mir gelang, einige völlig in den Stufenhang hineingegrabene, jetzt allerdings schon recht zerfallene und vom Gebüsch überwucherte Temben zu entdecken. Ich erfuhr hernach im Lager von einigen älteren Männern, daß man früher diese Bauweise hier allgemein geübt habe, um sich vor den Massai möglichst zu verstecken.

Den nächsten Tag füllte die Rückkehr nach dem Lager am Haubi-See aus. Wir marschierten am frühen Morgen der Stufe folgend nach WNW, rasteten gegen Mittag beim Jumben Matundu (Seehöhe 1360 m) und stiegen von hier die Stufe empor. Selten habe ich die sonst so braven und ausdauernden Waïrangi-Träger so von Herzen schimpfen und fluchen hören, wie bei diesem fast 500 m hohen Anstieg. Der Pfad war in der Tat ganz besonders scheußlich und steil, und dazu kam, daß ein Regenschauer den glimmerreichen Gneis im höchsten Maße schlüpferig gemacht hatte. Aber als wir die Höhe glücklich erreicht hatten und in das Haubi-Becken hinunterschauten, war alle Mühe und Plage schnell vergessen, und mein Versprechen, zwei Ziegen schlachten zu lassen und einen Rasttag einzuschalten, brachte bald wieder die alte Fröhlichkeit in die Reihen der mir sehr zugetanen Träger hinein.

Mit frischen Kräften traten wir zwei Tage darauf, am 23. November 1911 den Marsch nach W an, lagerten beim Jumben Salimu (Seehöhe 1540 m), am folgenden Tag beim Jumben von Borissa (Seehöhe 1510 m) und erreichten am 25. November die kleine Siedelung Schangaha, die einem Akiden Issele des Jumben von Borissa untersteht (Seehöhe 1470 m). Was wir auf dieser Wanderung durch den nördlichen Teil von Irangi sahen, fügt sich durchaus in das Bild, das wir oben von dem mittleren Teil dieser Landschaft entworfen haben. Unzählige reich verästelte Flüsse und Bäche, meist ausgesprochene Sohlentäler, haben die Gneis-Hochfläche in ein welliges Bergland verwandelt. Nur von hoher Warte aus erkennt man an der Konstanz der Gipfelhöhen die fastebene „Uroberfläche", von der der gegenwärtig wirksame Zerstörungsprozeß ausgegangen ist. Das Flußnetz ist ungewöhnlich engmaschig, so außerordentlich engmaschig, daß man vielfach für die allernächste geologische Zukunft Anzapfungen größten Stils voraussagen möchte. Reiche Zerfurchung und Zerrillung der meist schon flachgeböschten Talhänge ist auch hier das morphologische Charakteristikum, und da die Regenzeit jetzt tüchtig im Gange war, so bot sich uns allenthalben vorzügliche Gelegenheit, die Schuttabfuhr und allmähliche Entblößung des gewachsenen Felsens zu studieren. Daß wir dafür aber auch tagtäglich bis auf die Haut durchnäßt wurden, war die Schattenseite dieser Begünstigung unserer morphologischen Studien durch die Witterung.

Die Besiedelung des nördlichen Irangi ist offensichtlich spärlicher als weiter im Süden. Zwischen den einzelnen Feldkomplexen dehnen sich manchmal stundenweite Buschdickichte aus, die schon ganz deutlich die Nähe der ja stets durch Buschödland markierten Landschaftsgrenze verraten. Dieser Grenzcharakter kommt naturgemäß auch in der Bevölkerung recht deutlich zum Ausdruck. Bei den Jumben Issudja, Matundu und Borissa trafen wir noch fast ausschließlich Waïrangi, die an ihrem Negerkörper und ihrer Bantusprache unschwer zu erkennen sind. In Schangaha dagegen mischten sich bereits Waïrangi sehr erheblich mit den Bewohnern der nördlich anstoßenden Landschaft Uassi, und beim Jumben Salimu, in unserem bislang nördlichsten Lagerort, überwog das hamitische Uassi-Element bereits so stark, daß man diese Jumbenschaft besser schon zur

Landschaft Uassi als zu Irangi stellt. Daß dieser Mischungsprozeß erst ganz jungen Datums ist und auf die Pazifizierung des Landes infolge der deutschen Besitzergreifung zurückzuführen ist, konnte auch hier überall mit Sicherheit festgestellt werden.

g. Die Landschaften Uassi und Ufiomi.

Der nächste Tag führte uns nach N durch die Grenzbuschzone in die Landschaft Uassi hinein. Tief eingeschnittene Täler kommen von O herab und senken sich dem Bubu zu, der annähernd parallel unserer Marschrichtung in großen eingesenkten Mäandern nach S fließt. Das Fehlen einer Talsohle verleiht diesen östlichen Bubu-Zuflüssen im Gegensatz zu der Mehrzahl der Flüsse in Irangi ein recht jugendliches Gepräge und nimmt der Landschaft das Schwerfällige, Monotone, das sie in Irangi charakterisiert. Nach einem anstrengenden fortgesetzten Auf und Ab erreichten wir am Spätnachmittag, wiederum pudelnaß, das Lager beim Akiden Gelé (Seehöhe 1700 m).

Hart am Rande der Massai-Stufe marschierten wir am folgenden Tage weiter nach N bis zum Akiden Kissaga in Ssalanka (Seehöhe 1660 m). Tiefe Talfurchen dringen vom Bubu bis hierher vor; Talschluchten von ganz jugendlichem Aussehen zerfurchen aber auch die nahe Massai-Stufe und gestatten dann und wann einen Ausblick in die weite, weite Steppe. Zu diesem reich bewegten Relief gesellt sich als weiteres landschaftliches Merkmal von Uassi ein nach N und W zu immer gewaltiger werdender Höhenwald von Juniperus procera, dessen mächtige Stämme vielfach mit Moos und Flechten bepolstert sind (Taf. 11 Abb. 20). Dieser prächtige, fast unberührte Hochwald überraschte uns zunächst sehr, denn auf der Englerschen Vegetationskarte in Hans Meyers „Deutsches Kolonialreich“ ist er nicht eingezeichnet, und auch sonst fanden wir ihn in der Literatur nirgends erwähnt; er war mithin unsere Entdeckung, wenngleich sein Vorhandensein den benachbarten Militär- und Missionsstationen möglicherweise bekannt gewesen ist. Auch ethnographisch ist dieses Waldgebiet von einigem Interesse, denn es ist das Invasionsgebiet der Waassi. Ich will mich an dieser Stelle nicht in Spekulationen über den Ursprung und die Geschichte dieses kleinen Hamiten-Volkes verlieren, so viel aber steht bestimmt fest, daß die Waassi von Ssalanka erst seit ganz kurzem in ihr heutiges Wohngebiet gelangt sein können. Die Felder tragen noch allenthalben den Stempel außerordentlicher Jugendlichkeit, vielfach verraten sie sich sogar durch die noch herumliegenden Juniperus-Stämme direkt als ganz frische Rodungen.

Seltsamerweise finden sich in der Waassi-Kolonie von Ssalanka auch etwa 10 Wanjamwesi-Familien, deren Kegeldachhütten oder Giebeldachhäuser hier im absoluten Machtbereich der Tembe recht eigentümlich anmuten.

Unter strömendem Regen traten wir am 28. November den Weitermarsch von Ssalanka an. Schon seit zwei Tagen regnete es fast ununterbrochen, und der bleierne grauschwarze Himmel ließ kaum auf einen baldigen Witterungsumschlag hoffen. — Tiefe Kerbtäler ziehen sich selbst noch von weit östlich Ssalanka zum Bubu hinunter; man meint, ihr Quellgebiet müsse den oberen Rand der Massai-Stufe von W her fast erreichen. Und tatsächlich finden wir zwischen diesen so weit nach O hinübergreifenden Bubu-Zuflüssen und den Kerbtälern der Massai-Stufe eine winzig schmale Wasserscheide, so schmal, daß sich einem die Vorstellung sehr nahe bevorstehender Anzapfung geradezu aufdrängt. — Während wir bergauf, bergab und wieder bergauf die verschiedenen Täler kreuzten, regnete es unbarmherzig weiter. Dem Walde mag dieses Übermaß an Feuchtigkeit gewiß recht gewesen sein, uns aber wurde es allmählich gar zu ungemütlich. Die Wege waren schlüpferig, die Aussicht gering, und das Papier des Routenbuchs so durchweicht, daß der Bleistift mehr ritzte als schrieb. — — Endlich gings steil fast 500 m die Massai-Stufe hinunter und mit einem kleinen Bogen aus dem geräumigen Kisesse-Kessel hinaus zum Lager beim Jumben Pangani am Rande der Massai-Steppe (Seehöhe 1240 m). Feucht war es zwar auch hier noch gehörig, und das Bettzeug war selbst bis zum Abend noch nicht getrocknet; aber wir waren aus dem nebelreichen, von Feuchtigkeit triefenden Wald heraus und schöpften aus dem Blick in die offene Massai-Steppe die Hoffnung auf einige angenehmere Tagesmärsche.

Am frühen Morgen des 30. November brachen wir von Kisesse auf, kreuzten den seltsamen Kirite-Vorsprung der Massai-Stufe und marschierten dann am Fuße der hier im Norden wesentlich niedrigeren und auffallend stark zerschluchteten Stufe bis zum Lager Kikore (Seehöhe 1240 m). Diese Siedelung ist von einigem ethnologischen Interesse. Schon wenn man sich dem Lagerplatz nähert, fallen einem die ungewöhnlich zahlreichen Giebeldachhütten auf, neben denen die wenigen Temben völlig verschwinden. Belauscht man die Bewohner, so hört man sofort, daß hier weder Kiassi noch Kifiomi noch Kirangi gesprochen wird, sondern eine fremdartige Bantusprache. Wie mir der Ortsvorsteher Mohamadi und seine Begleiter am Nachmittag ausführlich erzählten, handelt es sich hier um eine Wamakúa-Kolonie. Die Leute wissen noch sehr gut, daß ihre Vorfahren aus dem Süden Deutsch-Ostafrikas hierher eingewandert sind und daß ihre Sprache am meisten mit der der Wangoni verwandt ist. Die ursprünglichen Einwanderer seien, so berichtete man mir, hauptsächlich Jäger gewesen und hätten einst in der Massai-Steppe unerschöpfliche Jagdgründe gefunden. Besonders ergiebig sei die Elefantenjagd gewesen. Allmählich wäre dann aber der Wildreichtum in der Massai-Steppe geschwunden, und die Jagd überdies durch die deutsche Verwaltung erschwert bezw. verboten worden. Unter dem Zwang der Umstände seien daher die Wamakúa, dem Beispiel der umwohnenden Völkerstämme folgend, nach und nach zum Ackerbau übergegangen. Noch heute leben in Kikore einige Jäger, deren Geschicklichkeit und Gewandtheit im Anschleichen an das Wild weithin berühmt ist; die große Menge der Wamakúa aber ernährt sich durch den Anbau von Rothirse. Viehzucht ist wegen der hier besonders starken Tsetseplage unmöglich.

Fast alle Wamakúa von Kikore sind Mohammedaner, und eine kleine und primitiv gebaute, aber peinlich saubere Moschee zeugt davon, daß hier der Islam nicht nur Tünche ist, sondern tatsächlich tiefer eingedrungen ist. Wie ich erfuhr, gewinnt der Mohammedanismus in der Umgebung ständig an Boden trotz der so überaus nahen christlichen Missionsanstalt in Ufiomi. Unverhohlen gab mir der mualimu (Lehrer) zu, daß die islamitische Propaganda von Kondoa-Irangi ausginge und daß man ungeachtet aller Bemühungen der katholischen Missionsanstalten in Kondoa-Irangi und in Ufiomi des Erfolges sicher sei. Ich wage nicht, diese Behauptung anzuzweifeln, denn ohne Frage operieren die islamitischen Missionare außerordentlich viel geschickter als die christlichen, ganz abgesehen davon, daß der Glaubensinhalt des Islam den primitiven Völkern erheblich mehr zusagt als der des Christentums. Die christlichen Missionsanstalten werden allenthalben im Zentrum eines größeren Stammes gegründet. Das hat gewiß den Vorteil, daß die Missionare bequem mit vielen Individuen zusammenkommen; die Schattenseite dieser Methode aber ist, daß bei den Christianisierungsarbeiten der Widerstand einer großen Masse zu überwinden ist. Wird glücklich einmal dieser oder jener bekehrt, so wird er dadurch der großen Mehrzahl seiner Volksgenossen entfremdet, äußerlich — durch Änderung der Bekleidung — wie innerlich. Tagtäglich spürt er und seine Familie im Verkehr mit der großen Masse der heidnischen

Volksgenossen diese Trennung von dem Volksganzen, und nur eine seltene Charakterstärke wird ihn davor bewahren, am Ende wieder zu dem Glauben und den Sitten seiner Väter zurückzukehren. Der Erfolg der christlichen Missionen ist daher im allgemeinen ein nur recht bescheidener. Anders die islamitischen Missionare. Sie beginnen ihre Tätigkeit mit Vorliebe in ganz kleinen Stämmen oder in völlig isolierten Kolonien größerer Stämme und tragen, erst nachdem sie hier festen Fuß gefaßt haben, die islamitische Propaganda langsam in größere Volksmassen hinein. So erklärt sich die intensive islamitische Missionstätigkeit gerade bei den versprengten Wamakua in Kikore, und ebenfalls nur vom Standpunkt dieser Taktik ist es zu verstehen, daß trotz dem moscheenreichen Kondoa auf dem dichtbevölkerten Hochland von Irangi eine mohammedanische Propaganda so gut wie völlig fehlt, dafür aber mit um so mehr Energie die Islamisierung der isolierten kleinen Waïrangi-Kolonien am Fuße der Massai-Stufe betrieben wird. Die Vorzüge dieser Methode liegen auf der Hand. Hat man in einem großen Volke fünf oder sechs Familien für das Christentum gewonnen, so ist damit noch nicht viel erreicht. Bekennen sich aber in einer kleinen Kolonie von etwa zehn Familien fünf bis sechs zum Islam, so nimmt auch der Rest sehr bald den Mohammedanismus an, und ein kleines aber festes Bollwerk ist geschaffen.

Am Fuße der bewaldeten Massai-Stufe entlang führte uns der Weg am 1. Dezember 1911 weiter nach N bis zum Lager nahe der Missionsanstalt in Ufiomi (Seehöhe 1370 m). Schon von weitem leuchten die beiden weißen, kreuzgekrönten Ecktürme des Missionshauses dem Wanderer entgegen, und dahinter erhebt sich, das Einerlei der Massai-Stufe unterbrechend, der gewaltige von OSO nach WNW langgestreckte Ufiomi-Berg, dessen Gipfel mindestens 1000 m über den Standort aufragen und in dichten Höhenwald eingehüllt sind. Ein Blick auf die Gesteinsbrocken nahe beim Lager läßt kaum einen Zweifel darüber bestehen, daß dieser imposante Bergriese vulkanischen Ursprungs ist. Das ganze östliche Ufiomi bis weit hinein in die Massai-Steppe besteht aus jungvulkanischen Gesteinen, deren Fruchtbarkeit die weiten, weiten Felder und die wohlgefüllten Getreidevorratskörbe in den großen, sauberen Temben der Wafiomi bezeugen. Aber auch der Berg selbst besteht, wie wir dann feststellen konnten, größtenteils aus Nephelinit und nephelinitischen Aschenmassen, in die allenthalben bald kleinere, bald größere Trümmer kristallinen Gesteins (Gneis, Quarzit etc,) eingebettet sind. Je mehr wir uns in die Untersuchung der Gesteine vertieften, um so lebendiger wurde in uns die Vorstellung vom Werden des gigantischen Berges. Eine gewaltige Explosion muß sich einst hier am Rande der Massai-Steppe ereignet haben. Die schon vorhandene Massai-Stufe wurde an dieser Stelle im wahrsten Sinne des Wortes in die Luft gesprengt, und die Trümmer des kristallinen Gesteins mischten sich mit dem aufdringenden nephelinitischen Magma und den emporgeschleuderten vulkanischen Aschen, die sich immer höher und höher aufschichteten und einen Riesenkegel aufbauten, von dem der heutige Ufiomi-Berg lediglich eine kümmerliche Ruine darstellt (Taf. 12 Abb. 21).

Nur mit Mühe zügelte ich meine Begierde, schon am nächsten Tage den Ufiomi-Berg zu besteigen, um die Gipfelpartie zu erforschen und von oben zu peilen. Aber es gab zunächst dringendere Arbeiten, die einen Aufschub nicht vertrugen. Dahin gehörte in erster Linie eine astronomische Ortsbestimmung, die in den jetzt gerade klaren Nächten erledigt werden mußte, weil später — wir befanden uns ja in der Regenzeit — der Himmel möglicherweise bewölkt sein konnte. Des ferneren galt es, der katholischen Mission einen Besuch abzustatten, und von den Patres einige Ratschläge für die Wanderungen in Ufiomi und für die Besteigung des Vulkanberges zu erbitten. Mit außerordentlicher Gastfreundschaft wurde ich von den Missionaren empfangen, und einige angenehme Stunden knüpften sich an diesen Besuch. Ich besichtigte die Kirche, die von emsigem Fleiß zeugenden Werkstätten, die kleine Straußenfarm, die Ställe und Felder und den prächtigen Garten, in dem Pfirsiche und Äpfel, Kartoffeln und Bataten, Baumwolle, Kaffee etc. aufs üppigste gedeihen. Der jungvulkanische Boden muß in der Tat von erstaunlicher Fruchtbarkeit sein, und da die Missionare eine ständig und reichlich fließende Quelle am Abhang des Berges gefaßt und das Wasser nach ihrem Grundstück geleitet haben, so ist an nichts Mangel. Schade, daß die mangelhaften Transportverhältnisse ein intensives Ausnutzen der von der Natur hier so reichlich gespendeten Güter unmöglich machen.

Nachdem ich am 3. Dezember erst noch einige der im O sehr häufigen kleinen parasitären Krater besucht hatte brachen wir in der Frühe des 4. Dezember zu der Besteigung des Ufiomi-Berges auf. Wir steuerten zunächst auf eine mächtige Schlucht los, die mit fast senkrechten Wänden in die Südflanke des Berges eingegraben ist. Dann ging es auf der rechten Flanke dieser Schlucht in die Höhe, stundenlang durch lichten Busch und Buschwald, bis

E. Obst phot.

Abb. 21. Der Ufiomi-Vulkan vom Ufer des Bassoda-Sees aus gesehen.

E. Obst phot.

Abb. 22. Der Gurui-Vulkan. Im Vordergrund einer der zahlreichen parasitären Krater, die den Südfuß des Gurui umsäumen.

Verlag: L. Friederichsen & Co., Hamburg. Lichtdruck von Knackstedt & Co., Hamburg.

uns in etwa 2000 m Höhe der echte, von Feuchtigkeit triefende, moos- und flechtenreiche Höhenwald aufnahm. Da wir uns allenthalben erst einen Pfad bahnen mußten, und der Boden überaus schlüpferig war, kamen wir nur sehr, sehr langsam vorwärts. Noch heute höre ich das Keuchen und Klagen der Träger und die wiederholten Versicherungen des Fiomi-Führers, es ginge beim besten Willen nicht weiter. Natürlich durfte ich nicht nachgeben, und nach einer gehörigen Rast ging es dann auch jedesmal trotz allem Stöhnen ein Stückchen weiter bergauf. Mit außerordentlicher Anstrengung ward endlich die Gipfelregion erreicht. Wir bogen jetzt nach W ab und marschierten am Rande des flach schüsselförmig eingesenkten, längst völlig erloschenen Kraters bis zum Hauptgipfel im äußersten W, wo wir inmitten von Adlerfarn-Dickichten einen Platz für das Zelt und die Küche rodeten. — Während dann die Träger, fröstelnd in Wolldecken gehüllt, ihren Hirsebrei verzehrten und sich dabei die abenteuerlichsten Reiseerlebnisse erzählten, kochte ich mit meinem Danckelmann-Apparat ab. Die Messung ergab, übereinstimmend mit einer zur Kontrolle am nächsten Morgen ausgeführten Siedepunktbestimmung, eine Seehöhe von 2415 m.[1])

Als ich am nächsten Morgen aus dem Zelt trat, war die ganze Gipfelregion in dichten Nebel gehüllt. Die dicken Podocarpus-Stämme mit ihren ungetümen Moospolstern und langwallenden Flechtenbärten, die fast mannshohen Ptiridium-Stauden und all die übrigen Bäume und Sträucher, Gräser und Moose, die wie ein Pflanzenpelz das Erdreich hier oben verhüllen und schützen (Taf. 22 Abb. 38 und 39), alles war besät mit Tausenden von Wassertröpfchen, als hätte es wer weiß wie stark geregnet. Und doch war alles nur das Werk der Nebelmassen, die während des größten Teils des Jahres tagtäglich hier oben wallen und wogen und deren Feuchtigkeit der Erzeuger und Erhalter des Höhenwaldes ist. — Da an topographische Arbeiten jetzt nicht zu denken war, benutzten wir die Morgenstunden zum Sammeln der charakteristischen Gewächse, streiften kreuz und quer durch die Pflanzendickichte hindurch und kehrten, völlig durchnäßt natürlich, zum Zelt zurück. Gegen 10 Uhr lichteten sich die Nebel

---

[1]) Dieser höchste Gipfel des Ufiomi-Berges ist ident mit dem Höhenpunkt 2444 m der Jaegerschen Karte (Mitt. aus den deutschen Schutzgeb. Ergänzungsheft Nr. 4, 1911). Die von Jaeger noch weiter westlich eingezeichneten, als „konstruierte Punkte" markierten Gipfel existieren in Wirklichkeit garnicht. Der Ufiomi-Berg ist tatsächlich fast nur halb so groß, wie auf der Jaeger'schen Karte dargestellt ist.

ein wenig und ermöglichten, wenigstens dann und wann, einen Ausblick auf die Landschaft zu unseren Füßen. Im NW streicht die gewaltige Mauer der Iraku-Stufe geradlinig wie ein Lineal nach N; an ihrem Fuße dehnen sich die Wasserflächen des Lawa-ja Sssereri und des Manjara-Sees aus, die beiden großen Salzseen der Flachlands-Landschaft Umbugwe. Nach SW zu schweift der Blick über die von dem schlauchförmigen Bassoda-See erfüllte grabenartige Senke und weiter über gebirgiges Gelände bis hinüber wiederum zur Iraku-Stufe, die auch hier den Horizont wie eine Riesenmauer abschließt. — Nachdem die wichtigsten und sicher erkennbaren Punkte angepeilt waren, rüsteten wir langsam zum Aufbruch. Der Nebel hatte sich zu einem feinen Sprühregen verdichtet, als wir gegen 1 Uhr zur Freude der elend frierenden Träger der kühlen Höhenregion — die Temperatur betrug jetzt zur Mittagszeit nur 18 ^{0} C — Lebewohl sagten. Auf einem neuen Pfade stiegen wir nach S ab, erreichten endlich den lichten Busch der unteren Hangpartie und marschierten dann nach W bis zum Lager beim Jumben Seidi am Nordende des Bassoda-Sees (Seehöhe 1370 m).

Die folgenden Tage waren dem Studium der Bassoda-Senke gewidmet. Ihre Entstehung konnte zwar nicht mit aller zu wünschenden Sicherheit ergründet werden, aber die meridionale Richtung der die langgestreckte Senke einschließenden Höhenzüge (parallel der Massai-Stufe!), die gleichbleibende Seehöhe der Niederung (1370—1390 m = Seehöhe des Lagers in Ost-Ufiomi) und der morphologische Charakter der in den Bassoda-See mündenden Flüsse sprechen entschieden für eine tektonische Entstehung. Der Bassoda-See selbst, eine abflußlose, in der Mitte über mannstiefe, leicht salzige Wasseransammlung, dürfte vermutlich durch Anstauung eines ehemaligen Flusses infolge der Eruptionen des Ufiomi-Vulkans entstanden sein. — Nachdem wir im W des Sees den 1800 m hohen Gitsimi-Vulkan erforscht und südöstlich vom Lager Seidi die gleichfalls 1800 m hohen vulkanischen Bambaai-Berge untersucht hatten, wanderten wir um die West- und Süd-Seite des Bassoda-Sees herum und kehrten von hier nach unserem Standquartier in Ost-Ufiomi zurück.

h. Von Ufiomi in die Massai-Steppe hinein.

Nach mehrtägiger dringend notwendiger Rast unternahmen wir in den Tagen vom 9.—15. Dezember 1911 eine Exkursion in die Massai-Steppe hinein bis zum Oldonjo Ssambu, dem größten

J. B. OBERNETTER HELIOGR.

E. OBST PHOT. MIT CHROMO-JSOLAR-TROCKENPLATTE (AGFA)

Abb. 23. Die Ssambu-Berge (Oldonjo Ssambu) in der Massai-Steppe.

der inselartig aufragenden Berge. Dieser Vorstoß in das wege- und wasserlose Grasmeer war von größtem wissenschaftlichen Nutzen, wird mir aber auch für alle Zeiten als einer der anstrengendsten Abschnitte meiner Reise in Erinnerung bleiben. Gleich der erste Tag brachte einen Marsch von über 10 Stunden. Kleine parasitäre Krater erhoben sich anfangs links und rechts vom Wege. Nach Verlauf von etwa zwei Stunden aber war das Ende des vulkanischen Ufiomi-Gebiets erreicht, und wir traten in die Region der kristallinen Gesteine ein, eine Region, die sich nach O bis zum Steilabfall des Ostafrikanischen Hochlandes zum Küstenvorland erstreckt. Weites offenes Grasland nahm uns auf, aber an Stelle der tischförmig ebenen Fläche, als die uns die Massai-Steppe von weitem bisher stets erschienen war, stießen wir zu unserem Erstaunen auf ein recht merklich gewelltes Gelände. Die Höhenunterschiede zwischen dem langgestreckten Rücken und den ganz flachen, aber mehrere km breiten, meist sumpfigen Talmulden sind gewiß nicht groß, aber wenn man wie wir diese Wellen senkrecht zu ihrer Längserstreckung quert, entgeht einem das Auf und Ab um 50—100 m natürlich auf keinen Fall. — Am späten Nachmittag erreichten wir das Tal des nach N fließenden Tarangire, ebenfalls eine breite, flache, von Schuttmassen erfüllte Talmulde, in die sich aber der Tarangire ein etwa 5 m tiefes Bett eingesägt hat. Auf dem östlichen Ufer schlugen wir für heute in 1130 m Seehöhe das Zelt auf.

In den folgenden Tagen marschierten wir weiter nach O. Wieder gings einen Rücken hinauf, wieder in eine riesige, flache, versumpfte Talmulde hinunter und abermals hinauf. Schon etwa 10—12 Kilometer vom Oldonjo Ssambu entfernt beginnt die gewaltige, außerordentlich flachgeböschte Schutthalde, die den Berg allseitig umsäumt. Wie bei den Bergen des Turu-Iramba-Hochlandes sind es am äußersten Rande zunächst Sande und Kiese, in die bei weiterer Annäherung an den Berg immer größer werdende Gesteinstrümmer eingestreut sind. Aber, wie gesagt, die Neigung dieses Schutthanges ist so überaus gering und stetig, daß das menschliche Auge das allmähliche Ansteigen kaum erfassen kann (Taf. 13 Abb. 23 und Taf. 23 Abb. 40). Erst durch die Aneroide und die Siedepunktsbestimmungen wurden wir gewahr, daß wir nach und nach von ca. 1150 m bis auf 1350 m und schließlich gar 1490 m emporgestiegen waren. Aus diesem Schuttfußhang steigt nun mit markantem Absatz der rein felsige Oldonjo Ssambu bis zu einer Seehöhe von 1890 m, d. h. genau 500 m relativ auf. Von dem höchsten Gipfel, den wir, von Fels zu Fels kletternd, mit vieler Mühe erklommen, genossen wir einen prächtigen Überblick über die Landschaft im Umkreis von über 50 km. Wohin das Auge schaut, überblickt es zunächst die weite fastebene Steppe, deren Relief von hier oben gesehen wiederum so glatt und einförmig eben erscheint, daß man fast an der Existenz der in den vorangegangenen Tagen fortwährend gequerten Wellen zweifeln möchte. Während die hier und dort mit markanten Felsbergen in allen Größen besetzte Ebenheit nach O zu schier unermeßlich weit reicht und das Auge kein Ende abzusehen vermag, ist im N, W und S eine scharfe Grenze gezogen. Im N sind es die großen vulkanischen Kegelberge nordöstlich vom Manjara-See: Essimingor (2300 m), Burko (2300 m), Mondul (2500 m) und Meru (4500 m); im W und S aber bildet die Massai-Stufe einen mauerartigen Abschluß, und der abgestumpfte Kegel des Ufiomi-Vulkans, ein Fremdling innerhalb dieses Stufenwalls, grüßt als alter Bekannter hier herüber. — — Ist dieser Blick in die Ferne ein mehr ästhetischer Genuß, so bietet die Betrachtung der näheren Umgebung vielerlei von hohem wissenschaftlichen Wert. Man erkennt, daß der Oldonjo Ssambu nur ein Glied, das mächtigste Glied einer größeren Familie von Bergen ist, die sämtlich auf dem nämlichen Sockel aufruhen; und die sehr zahlreichen Flußbetten, die sich zwischen diesen einzelnen Erhebungen hinschlängeln, verraten mit nicht mißzuverstehender Sprache, daß alle diese Berge einst zusammengehangen und eine einzige Erhebung gebildet haben. Die zahlreichen markanten Berge, die wir in der Massai-Steppe und sonst getroffen haben, sind also nur Reste einst größerer Erhebungen. Und da die klimatisch abgewandelte Erosion gegenwärtig offensichtlich sowohl an der weiteren Zerlegung der Großerhebungen als auch an der Zerstörung der kleinen, eben abgeschnürten Berge arbeitet, so beobachtet man hier Werden und Vergehen zugleich. Ein wesentlicher Fortschritt in der Erkenntnis der Genesis dieser Berge ist durch diese Beobachtungen ohne Frage erreicht, aber noch sind bei weitem nicht alle Fragen gelöst. Wenn die markanten Felsberge eine Phase eines großartigen Destruktionsprozesses darstellen, welche Kräfte bestimmten dann gerade diese Felspartien zum zeitweiligen Überdauern, was gab gerade diesen Bergen eine erhöhte Widerstandskraft? Und wodurch kommt der schroffe Absatz dieser Berge gegen die umgebende Ebenheit zustande? Auch zu diesen Punkten konnte wertvolles morphologisches Material gesammelt werden, aber es würde zu weit führen, schon an dieser Stelle in eine zusammenhängende Erörterung über alle diese Probleme einzutreten; im zweiten Teil des Reiseberichts werden wir uns ausführlich darüber aussprechen.

Der Rückweg vom Oldonjo Ssambu nach Ufiomi wäre der Expedition beinahe zum Verhängnis geworden. Ich hatte vom Gipfel des Oldonjo Ssambu im N einen kleinen Tümpel erspäht und den Kurs dorthin genommen. In dem wüsten Buschland aber, in das wir sehr bald hineingerieten, mußte ich offenbar die Richtung verfehlt haben. Wir marschierten bis zum Spätnachmittag, ohne die ersehnte Wasserstelle zu erreichen, und auch die Hoffnung, Massai-Hirten zu treffen, erfüllte sich nicht. Bereits etwas verstimmt, schlugen wir schließlich mitten im Busch das Lager auf und suchten von hieraus das Gelände im Umkreis von mehreren Stunden nach Wasser ab. Alles vergeblich. Es dunkelte schon, und noch hatten die Träger seit früh um 5 Uhr trotz der glühenden Hitze des Tages keinen Schluck Wasser bekommen. Auch mich plagte der Durst, aber ich mochte die Feldflasche mit der letzten Wasserreserve nicht an den Mund setzen, wo meine Braven rings um mich herum Durst litten. Obwohl meine Füße bereits heftig schmerzten — wir waren auch heute wieder seit dem frühen Morgen ununterbrochen unterwegs — machte ich mich noch einmal auf den Weg, nachdem ich den Inhalt meiner Feldflasche unter die Durstigsten verteilt hatte. Dicht verfilzter Dornbusch stellte sich uns entgegen; aber da ich an der Richtung unbedingt festhalten wollte, zwängten wir uns hindurch, wenngleich mir die Hände blutig gerissen wurden und mancher Kleiderfetzen in den Dornen hängen blieb. Eine Stunde lang — mich deuchte es eine Ewigkeit — ging es so im Zickzack nach O, vorn der Koch mit der Laterne, hierauf mein Junge mit dem Gewehr, dann ich und am Schluß der Askari und einige Träger mit Gefäßen. Noch immer von Wasser keine Spur. — — Doch da, was ist das? Quaken dort nicht Frösche? Gespannt lauscht alles hin. Kein Zweifel mehr, und mit Hurra gehts auf das Froschsignal los. Nach wenigen Minuten stehen wir an dem Tümpel, legen uns platt auf den Bauch und saugen das erquickende Naß ein. Daß es eine grünschwarze Schlammbrühe ist, sehen wir zum Glück nicht, und der Modergeruch kann uns wenig anhaben. Schnell werden noch die mitgebrachten Gefäße gefüllt, und dann gehts langsam wieder heimwärts. Die Sterne und die Rufsignale der im Lager Verbliebenen führten uns glücklich wieder ins Camp zurück.

Am nächsten Tage ließ ich alle Träger unter Führung des Askari zur Wasserstelle gehen. Ich selbst begab mich auf die Jagd, denn wenn nun auch glücklich für Wasser gesorgt war, so blieb noch immer die Sorge um feste Nahrung. Man wird meinen, es wäre doch praktischer gewesen, größere Vorräte an Wasser und Mehl mitzunehmen, um aller Ernährungssorgen ledig zu sein. Das ist gewiß richtig; allein das Mitnehmen größerer Vorräte hätte eine wesentliche Verteuerung der Exkursion zur Folge gehabt, und das ließen meine ohnedies sehr knappen Geldmittel absolut nicht zu. Ich mußte mich notgedrungen darauf verlassen, daß sich in der ja eigens deswegen auserwählten Regenzeit auch in der Massai-Steppe hier und dort Wassertümpel finden würden und daß es mir bei dem von allen Seiten gerühmten Wildreichtum der Massai-Steppe wie einst bei den Wakindiga gelingen würde, für Fleischnahrung zu sorgen. Wie schwierig sich die Wasserbeschaffung gestaltete, haben wir oben gesehen; noch viel schlechter aber erging es mir auf der Jagd. Ich war vom frühen Morgen bis zum späten Nachmittag im Busch, sah auch dann und wann einige Hartebeester, Oryx-Antilopen usw. aber ehe ich mich schußbereit machen konnte, war das Wild auf und davon. Müde gehetzt kehrte ich schließlich ins Lager zurück — ohne Fleisch. Als dann am Abend auch der gleichfalls zur Jagd ausgezogene Askari ebenso resultatlos zurückkam, mußte ich mich wohl oder übel dazu entschließen, die letzten Vorräte zu verteilen und meinen ursprünglichen Plan, bis zum Oldonjo Kissale im N vorzustoßen. aufzugeben. Es war eine herbe Enttäuschung für mich, als ich am folgenden Morgen unter dem Zwang der Umstände die Parole ausgeben mußte: in Eilmärschen zurück nach Ufiomi. — — Und nun dieser Rückmarsch! Keiner von uns besaß mehr irgend etwas Eßbares, von Wild heute weit und breit keine Spur, und der Ufiomi-Berg noch so mattgrau, noch so unendlich fern! Über zehn Stunden marschierten wir ohne Pause, dann kamen wir an ein Wasserloch, tranken und legten uns sogleich zum Schlaf nieder, um das Knurren des Magens nicht noch weiter zu spüren. Am frühen Morgen des nächsten Tages nahm jeder schnell noch einen Schluck Wasser, und fort gings dann geradenwegs auf den Ufiomi-Berg los. Unbarmherzig brannte die Sonne auf uns herab, aber wir machten selbst Mittags an einem Wassertümpel nur eine ganz kurze Pause; der Hunger trieb uns trotz Durst und Müdigkeit immer wieder zur Eile an. Nach 13 stündigem Marsch — über 40 km! — langten wir endlich, endlich mit wundgelaufenen

Füßen in Ufiomi an, erschöpft bis zum Äußersten, schmachtend vor Durst und Hunger.

i. Von Ufiomi nach dem Gurui und dem Ende von Turu- und Iraku-Stufe; Rückkehr nach Kondoa-Irangi.

Nur einen einzigen Rasttag konnte ich mir und den Trägern gönnen. Jeder Tag kostete Geld, auch die Ruhetage, und meine Barmittel gingen bereits erschrecklich zur Neige, obwohl noch weite Gebiete zu erforschen und zeitraubende Untersuchungen zu erledigen waren. Schon am Morgen des 17. Dezember 1911 marschierten wir darum wieder von Ufiomi ab, nachdem wir den gastfreundlichen Patres für immer ein herzliches Lebewohl entboten hatten. Es ging nach N an zahlreichen parasitären Kratern vorbei und dann ein Stückchen den Ostabhang des Ufiomi-Berges hinauf bis zu einem kleinen Tembenkomplex des Jumben Gwansáwe von Hariámbi (Seehöhe 1390 m). — Weite Felder ziehen sich auch hier bis zum Rande der Massai-Steppe hinunter. Es sind fleißige und sympathische Menschen diese Wafiomi, die in Sprache, Sitten und Gebräuchen und vor allem im Körperbau auf den ersten Blick leidlich rein erhaltenes Hamitenblut verraten. Ihre großen und sehr sauber gehaltenen Temben mit den gewölbten Lehmdächern sind ohne Frage die freundlichsten und behaglichsten von all den Wohnstätten, die ich bei den verschiedenen Völkerschaften meines Forschungsgebiets kennen gelernt habe. Ihr Vieh ist allenthalben in glänzendem Zustand, ihre Felder strotzen von Fruchtbarkeit. Möglich, daß diese Wohlhabenheit auch von Einfluß auf das ethische Leben dieses Volkes gewesen ist, jedenfalls fand ich nirgends ein so harmonisches Verhältnis zwischen den beiden Geschlechtern, nirgends ein so herzliches Familienleben wie gerade in Ufiomi. Von einem Ausbeuten der Frauen als Arbeitstiere kann hier nicht im mindesten die Rede sein. Die Felder hacken der Mann und die älteren Jungen; die Pflege der Rinderherden, ja sogar das Melken liegt gleichfalls dem Manne ob, und nur die Reinhaltung der Tembe, das Beschaffen von Wasser und Holz und die Wartung der Kinder ist ausschließlich Sache der Frau.

Als wir am nächsten Morgen aufbrechen wollten, erlebten wir ein Schauspiel von überwältigender Größe. Die Morgenluft war so klar und sichtig, daß der Blick nach NO weit, weit in die Massai-Steppe hineinschweifen konnte. Und dort drüben am fernen Horizont sahen wir nun, erst noch verschwommen, dann immer deutlicher, gewaltige Kegelberge mit blendend weißer Schneekappe: den Meru und den zweigipfligen Kilimandscharo! Minutenlang schaute ich unentwegt zu den Bergriesen hinüber und genoß das herrliche Schauspiel der Schneeberge, und selbst die sonst gewiß nicht sehr begeisterungsfähigen Waïrangi-Träger konnten den Blick nicht wenden von dieser nie zuvorgeschauten Erscheinung. Was mag dabei in den Köpfen dieser Menschen vorgegangen sein, die bisher stets in ihren Temben dahingedämmert hatten und mit der Expedition zum ersten Mal überhaupt aus ihrer eng begrenzten Heimat hinausgekommen waren?

Von Hariambi aus führte uns ein schmaler, wenig begangener Pfad am 18. Dezember an der Nordost-, Nord- und Nordwestflanke des Ufiomi-Berges entlang um den Berg herum. Tausende von bald kleineren, bald größeren Wasserrissen zerfurchen hier den mit lichtem Gebüsch bekleideten Boden. Ihr Quellgebiet liegt, wie man deutlich beobachten kann, allenthalben an der unteren Grenze des die Gipfelregion überziehenden Nebelwaldes, so daß sich hier stundenlang vorzügliche Gelegenheit bot, den Einfluß des Pflanzenkleides auf die Destruktionsintensität zu studieren. Es kann kein Zweifel darüber bestehen, daß infolge des verschiedenartigen Pflanzenkleides auf dem Gipfel und an den unteren Hangpartien der Ufiomi-Berg unter dem Einfluß von Wind und Wetter außerordentlich mehr an Umfang denn an Höhe einbüßt. — Unser Lager schlugen wir heute am Nordende des Bassoda-Sees wiederum beim Jumben Seidi auf (Seehöhe 1370 m).

Noch am Abend dieses Tages meldete sich ein großer Teil der Träger fußkrank, und wie ich mich überzeugte, bedurften alle in der Tat dringend der Schonung. Die schlimmen Märsche in der Massai-Steppe hatten noch allenthalben auch bei den Trägern ihre Spuren hinterlassen, und der Marsch um den Ufiomi-Berg herum in dem scharfen, kratzigen Aschengestein war gleichfalls alles andere als ein Spaziergang gewesen. Mehrmals waren wir bis über 1800 m hoch aufgestiegen, dann wieder auf 1400 m hinabgeklettert, in eine tiefe Talschlucht hinunter, die andere Wand wieder hinauf usw. Ich selbst war beim Passieren einer solchen Talschlucht über 5 m abgerutscht und hatte mir die Haut an Gesicht und Händen arg zerschunden und den linken Fuß verstaucht. Ein größerer Marsch wäre also schon meinetwegen nicht möglich gewesen; da nun aber auch mehr als die Hälfte der Träger marschunfähig war, mußte ich wohl oder übel schon wieder einen Rasttag einschalten. Zugleich aber entschloß ich mich zu einer allerdings nicht sehr bedeutungsvollen Kürzung des Programms. Ich hatte ursprünglich geplant, vom Lager Seidi noch eine Rundtour nach N bis Köthersheim am Südende des Manjara-Sees zu unternehmen und bei diesem Vorstoß in die Landschaft Umbugwe eine mehrmalige Kreuzung der horstartigen Ssangaï-Höhen auszuführen. Da diese Bergländer, das Nordende der Massai-Stufe, völlig unbesiedelt sind, so wären neue Gewaltmärsche wiederum unvermeidlich gewesen. Solche Anstrengungen aber konnte ich meinen Leuten gegenwärtig nicht zumuten, ohne zu riskieren, daß mir dieser oder jener mitsamt seiner Last liegen blieb. Da überdies, wie ich erfahren hatte, der durch seine sehr sorgfältigen Routenaufnahmen bekannt gewordene Bezirksamtmann. Sperling im August 1908 bereits eine Durchquerung dieser Höhenzüge ausgeführt hatte, und ich selbst von mehreren Standorten aus die wichtigsten topographischen Züge dieses Gebiets durch Fernpeilungen festgelegt hatte, so glaubte ich ohne wesentlichen Schaden auf diesen Vorstoß nach N verzichten zu dürfen.

Mit frischen Kräften ging es also am 21. Dezember anstatt nach N zunächst am Ostufer des Bassoda-Sees entlang und dann innerhalb der Bassoda-Senke weiter nach S bis zum Lager Kwa Majunga in der Uassi-Unterlandschaft Bongka (Seehöhe 1390 m). Wir befanden uns hier am äußersten Südende der grabenförmigen Bassoda-Senke. Bewaldete Höhen schließen die Niederung im O, S, und W ab, und zahlreiche tiefe Talschluchten mit ganz jugendlichen Merkmalen ziehen sich allerseits von diesen Höhen zur Sohle der Bassoda-Senke herab. Der Gegensatz der gewaltigen Kerbtäler in den umrandenden Höhen zu den breiten, vielgewundenen Auentälern in der Bassoda-Niederung ist ein überaus schroffer und plötzlicher. Unmöglich kann also die Bassoda-Niederung als Unterlauf der jugendlichen Flanken-Flüsse aufgefaßt werden; vielmehr handelt es sich hier ohne Frage um eine tektonisch angelegte Hohlform. Der Einbruch des Bassoda-Grabens ist das Primäre; er erst gab Veranlassung zur Entstehung der randlichen Talschluchten.

Jn der Frühe des nächsten Tages sah ich mich zunächst etwas in Bongka um. Die Bewohner stellen ein buntes Allerlei dar. Da sieht man Waassi- und Waïrangi-Temben mit platten Lehmdächern, dort einige Wafiomi-Temben mit gewölbten Lehmdächern, an anderer Stelle wieder die Giebeldachhütten der Wanjamwesi. Ein jeder Stamm wird von einem eigenen landsmännischen Akiden „regiert“, doch versteht es sich von selbst, daß der Wanjamwesi-Akide als der intelligenteste eine Art Oberherrschaft ausübt. Ackerbau und Viehzucht — letztere allerdings zum geringeren Teile — scheinen gute Erträge zu liefern; wenigstens schließe ich das aus der Anwesenheit eines Inders, der sonst seinen Kramladen gewiß nicht hier, fern von den großen Verkehrsstraßen des Landes eröffnet hätte. — Gegen 11 Uhr brach ich zu einem Ausflug nach der Südostflanke des Bassoda-Grabens, den sogenannten Gára-Bergen, auf. Durch prächtigen Juniperus-Hochwald ging es stundenlang sehr, sehr steil hinauf, bis endlich der höchste Gipfel der aus Gneis aufgebauten Höhen erreicht war (Seehöhe 1860 m). Peilarbeiten hielten uns einige Stunden hier oben in dem flechtenbehangenen Nebelwald auf. Die langgestreckte Bassoda-Senke mit der schlauchförmigen Seefläche im N und die umrandenden Höhen sowie die markanten Geländepunkte in weiterer Entfernung waren just angepeilt und das Panorama gezeichnet, als ein Gewitterregen von außergewöhnlicher Heftigkeit einsetzte. Im Nu waren wir bis auf die Haut durchnäßt und mußten nun pudelnaß und fröstelnd durch den einsamen Wald zum Lager zurückkehren.

Da ich in Erfahrung gebracht hatte, daß von Bongka ein Pfad direkt zum Bubu hinunterführte, und gerade dieses Gebiet auf den bisherigen Karten noch als weiße Stelle übrig geblieben war, gab ich am nächsten Morgen die folgende Losung aus: Der größte Teil der Karawane marschiert auf dem direkten Wege nach Ssalanka und schlägt dort das Zelt auf; ich selbst gehe mit einigen wenigen Trägern von Bongka nach W zum Bubu hinunter und treffe spät abends gleichfalls in Ssalanka ein. — Mit nur 5 Trägern trat ich gegen 6 Uhr den Marsch nach W an. Nachdem wir die sumpfige Sohle des Bassoda-Grabens durchquert hatten, galt es zunächst, die Südostflanke der Grabensenke zu erklimmen. Das war eine schwierige Arbeit, denn zahlreiche tiefeingekerbte Täler ziehen sich hier zum Bassoda-See hinunter, und von einem Weg ist kaum etwas zu sehen. Unausgesetzt ging es bergauf, bergab, und war man glücklich aus einer tiefen Talschlucht heraus, so sah man von oben lediglich in ein neues tiefes Kerbtal hinunter. Nach Verlauf von zwei Stunden war dann glücklich die Höhe erreicht. Nun ging es durch schattigen Juniperus-Hochwald auf offensichtlich sehr selten benutztem Pfad weiter nach W. Der ganzen Landschaft fehlt hier oben die stürmische Unruhe, die Jugendlichkeit, wie wir sie zuvor am Rande des Bassoda-Grabens kennen gelernt haben: das Gelände ist fast eben, und die wenigen Täler, die sich hier nach SO herabziehen, sind 10—20m breite Talmulden, leuchtend grüne Wiesenbänder inmitten des einförmigen Waldes. In der fünften Marschstunde erreichten wir das Ende dieser greisenhaften Hochfläche und stiegen eine gegen 150 m hohe Stufe zum Bubu-Tal hinunter. Papyrus-Dickichte bezeichnen hier in dem etwa 15 m breiten Sohlental die Rinne, in der das Wasser nach starken Regengüssen abfließt (Taf. 26 Abb. 45). Gegenwärtig lag alles völlig trocken; kaum war durch Graben so viel Wasser zu gewinnen, daß wir unseren Durst stillen konnten. — Während die Träger rasch ein wenig Hirsebrei kochten, streifte ich in der Umgebung herum, um vor allen Dingen die Talform genauer zu studieren. Das Bubu-Tal stellt sich hier, wie wir schon sagten, als ein typisches Sohlental dar. Auffallend und zunächst nicht ganz leicht zu erklären ist der Gegensatz der beiden Talhänge. Die linke Flanke ist etwa 150 m hoch, verhältnismäßig steil und schroff, die rechte dagegen wesentlich niedriger und außerordentlich viel sanfter. Dürfen wir etwa in diesem Relief die Einwirkung des Baerschen Gesetzes erblicken? Der Gedanke liegt wohl nahe, allein vielerlei Bedenken dagegen fallen einem sogleich ein: die Geringfügigkeit der Wassermengen, die äquatoriale Breite, die ja den Einfluß der Erdrotation auf ein Minimum reduziert, usw. So bleibt also nur eine andere Erklärung übrig, nämlich die, daß der linke Talhang eine Bruchstufe darstellt, an deren Fuße der Bubu einst in höherem Niveau entlang floß, um sich dann nach und nach tiefer einzusägen. Für diese Hypothese sprechen eine Reihe von Beobachtungen, auf die hier nicht näher eingegangen werden kann; aber einen strikten geologischen Beweis hierfür vermögen wir nicht zu erbringen. In petrographisch so einförmigen Gebieten wie dem unsrigen spielt eben die Morphologie eine ungleich wichtigere Rolle als die Geologie, und Wahrscheinlichkeitsrechnung tritt notgedrungen an die Stelle des sicheren Beweises.

Kurz nach 2 Uhr brachen wir von unserem Rastlager am Bubu wieder auf, stiegen den linken Talhang hinauf und marschierten dann geradenwegs in der Richtung nach Ssalanka. Stunde auf Stunde verrann, ohne daß der weite, weite Juniperus-Hochwald ein Ende erreichte. Dann und wann unterbrachen breite, saftig grüne Muldentäler oder flach geböschte Sohlentäler das Einerlei des Waldes. Rinderherden nomadisierender Wamangati benutzten diese grasigen Talmulden als Weideland, und es scheinen vorzügliche Weideplätze zu sein, denn die Rinder waren von erstaunlicher Größe, viel gewaltiger als die schmächtigen Buckelrinder etwa der Wanjaturu oder der Waïrangi. Wieder nahm uns dann der lautlose Wald auf. Die Sonne näherte sich schon bedenklich dem Horizont, und noch immer hatte der Führer auf meine Frage nach Ssalanka nichts anderes als ein schüchternes: bali, bali, buana (weit, weit, Herr)! — — Um $1/2$ 7 Uhr mußte ich wegen der eintretenden Dunkelheit die topographischen Arbeiten abbrechen. Ein weißes Tuch ward schnell an einen Ast angebunden, um die Stelle später wiederzufinden, dann gings eiligst weiter. Zwei Träger blieben schließlich liegen und jammerten entsetzlich, sie müßten nun sterben vor Ermüdung oder in dem weiten Wald verdursten und verhungern. Ich ließ sie liegen; nur vorwärts, immer weiter. — — Kurz vor 8 Uhr sahen wir im Walde vor uns ein Licht hin und her tanzen. Wir riefen, und hell schallte es uns zurück. Es waren Leute meiner Karawane, die uns von Ssalanka entgegenkamen! Mit einem Jauchzer übergaben die mit mir gewanderten Träger ihre Lasten den Genossen aus Ssalanka und schickten andere zu den im Walde Liegengebliebenen. Noch eine kleine Viertelstunde dann und der Wald lichtete sich endlich, endlich: wir hatten nach einem Tagesmarsch von 14 Stunden glücklich die Felder von Ssalanka erreicht.

In der Stille der kleinen Waldsiedelung feierte ich das Weihnachtsfest 1911. Und wenn auch alles um mich herum gewiß nicht weihnachtlich war, so zauberte doch die gerade zu den Festtagen hier eintreffende Post — seit über 8 Wochen die ersten Nachrichten wieder von daheim — eine Art Weihnachtsstimmung hervor. — — Nachdem ich die abgebrochene Route vom 24. Dezember bis ins Lager geführt hatte, nahm ich am 27. Dezember Abschied von den Waassi-Kolonisten von Ssalanka und wanderte, abermals das Uassi-Hochland querend, auf vielgewundenem, von Gestrüpp fast ganz verdecktem Pfad zum Bubu hinunter. Mein Plan ging dahin, von dem in 1510 m Seehöhe gelegenen Lager am Bubu talaufwärts bis zu unserer früheren Raststelle zu marschieren, um auf diese Weise die topographischen Aufnahmen zu kontrollieren. Der Versuch mißlang jedoch. Nachdem wir eine kurze Strecke in der von übermannshohen Papyrus und Schilf geradezu überwucherten Talaue aufwärts gewandert waren, gelangten wir in ein solches Schluchtengewirr, daß es bei dem Mangel jeglicher Fernsicht nicht möglich war, mit Sicherheit Haupt- und Nebental zu unterscheiden. Unser Führer riet, die bisherige Richtung NW beizubehalten, und schwor steif und fest, in zwei Stunden am früheren Rastlager zu sein. Wie wir leider erst zu spät merkten, hatten wir uns damit gerade für das

Falsche entschieden. Das Bubutal biegt hier mit scharfem Knick nach N um, und die Schlucht, die wir ohne Weg und Steg weiter und weiter nach NW verfolgten, war eines der hier sehr zahlreichen Nebentäler. — Meine Begleiter schimpften den Führer weidlich aus, aber ich vermochte trotz aller Enttäuschung nicht in ihren Chor miteinzustimmen; in dem weglosen Pflanzendickicht, das jegliche Aussicht versperrte, sich zu verlaufen, erschien mir wirklich als entschuldbares Versehen. Wir machten schließlich im Quelltrichter dieser Seitenschlucht kehrt und bahnten uns durch wüsten Dornbusch einen Weg zum Lager zurück.

Da mir die Kontrolle der Routenaufnahmen einen erneuten Zeitaufwand von 5—6 Stunden nicht zu lohnen schien, befahl ich, im Lager angekommen, sofortigen Aufbruch. Durch Dorngestrüpp ging es nun nach SW, bis wir gegen 2 Uhr den oberen Rand einer etwa 100 m hohen Stufe erreicht hatten und von hier einen prächtigen Ausblick auf den gigantischen Gurui-Vulkan genossen. Bis zu 3400 m Höhe ragen die Gipfel dieses schon arg zerschluchteten Vulkankegels aus einer weiten grasigen Ebenheit auf. Parasitäre Krater umsäumen besonders den Südfuß und tragen mit ihren kleinen ring- oder hufeisenförmigen Wällen und den bis zu 30 m tiefen Kraterlöchern einen recht eigenartigen Ton in das Landschaftsbild hinein. — Unter freudigem Halloh stiegen die Träger die verhältnismäßig sanftgeböschte Stufe hinunter; dann ging es noch eine kleine halbe Stunde nach W, bis der erste kleine parasitische Krater erreicht war, auf dessen Wall wir für heute unser Lager aufschlugen (Seehöhe 1610 m).

Der Tagesmarsch am 29. Dezember führte uns durch die Region der parasitären Krater nur wenige km weiter nach SW (Taf. 12 Abb. 22). Morphologische und petrographische Studien verzögerten das Vorwärtskommen sehr, und nicht gerade zur Freude der Träger wanderte immer wieder eine neue Serie von Gesteinsproben in die unergründlichen Tiefen der hierfür bestimmten Kisten. Aber es gab auch wirklich gar zu viel des Interessanten zu sehen. Krater reiht sich an Krater, und ihre basaltischen Tuffmassen enthalten nicht nur die verschiedenartigsten Mineralien, sondern beherbergen zugleich eine große Anzahl von Trümmern des durchbrochenen Gesteins. Eine ganze Musterkarte von Gneisen, Quarziten und anderen kristallinen Schiefern ließ sich hier zusammentragen und gewährte einen guten Einblick in den Charakter des unter den vulkanischen Massen begrabenen Grundgebirges.

Und noch ein weiterer Umstand nötigte uns hier zu langsamem Vordringen, schließlich gar zu zweitägiger Rast. Mein Plan war von jeher dahin gegangen, am Südfuß des Gurui entlang zu marschieren und von hier nach W bis zum Nordende der Turu-Stufe und weiter bis zum Ssipunga-Kessel am Südende der Iraku-Stufe vorzudringen. Diese ganze Gegend aber, das wußten wir, war so gut wie menschenleer. Was bestenfalls anzutreffen war, waren einige Tatoga- und Wamangati-Kraale, in denen man möglicherweise etwas Milch, sicherlich aber kein Mehl für die Träger bekommen konnte. Ich hatte daher schon früher in Kondoa-Irangi einen zum Gurui marschierenden Gouvernements-Förster gebeten, einige Sack Mehl für mich mitzunehmen und sie an einer nach der Jaeger-Karte verabredeten Stelle am Südost-Abhang des Gurui im Gebüsch niederzulegen. Von dem Auffinden dieser Säcke Mehl hing das Gelingen meiner weiteren Pläne ab. Da die verabredete Stelle vom Lager deutlich zu sehen war, schickte ich am 30. Dezember den Askari und einige Träger aus, aber es wurde Abend, ohne daß einer dieser Leute zurückkehrte. Die unheimlichsten Gerüchte kursierten im Lager. Die einen waren sicher, daß die ganze Schar sich am Gurui verstiegen habe und daß die bösen Berggeister niemand am Leben lassen würden; andere meinten, Löwen oder Elefanten hätten die Suchenden gewiß vernichtet, wieder andere, die Träger seien mitsamt dem Askari ausgerissen und ließen nun den Rest hier in der trostlosen Einöde verhungern. Ich hatte Mühe, die schlimmsten Sorgen zu bannen. Am nächsten Vormittag erschien endlich der Askari mit den Trägern: er habe noch vor dem Erreichen der befohlenen Stelle einen Mangati-Hirten getroffen, der ihm berichtete, das Mehl sei von einem am Balangida-See lebenden Tatoga-Mann gestohlen worden; er wäre daher sogleich dorthin aufgebrochen, habe aber den Dieb nicht auffinden können. — — Das war ein schwerer Schlag! Was nun tun? Ohne Mehl war ein weiteres Vordringen unmöglich. Also resultatlos umkehren? Da plötzlich — ich weiß nicht, wie es kam — stiegen mir Zweifel auf. Die Eingeborenen schwatzen so viel, daß man meist kaum die Hälfte für bare Münze nehmen darf. Wie, wenn der Mangati-Hirt einfach gefabelt hatte? Die nomadisierenden Mangati und Tatoga leben ja fast ausschließlich von Milch; wozu also sollte einer das Mehl geraubt haben? Und dann, jeder der von dem Mehl überhaupt etwas erfahren hatte, wußte doch, daß es von einer Amtsperson für einen mit Amtsschutz reisenden Weißen deponiert worden war. An dererlei Gut wagen sich in der Regel selbst die frechsten Räuber nicht heran. Kurzum, ich nahm einige Träger, marschierte zum Gurui hinüber und — fand in der verabredeten Schlucht das Mehl. „Du bist wirklich ein großer Herr", das war alles, was der verdutzt dreinschauende Askari beim Anblick der wohlgefüllten Säcke hervorbrachte. — — —Nun waren wir geborgen, denn wenn auch der Jnhalt einiger Säcke verdorben war, so genügte doch der Rest, um bei einiger Sparsamkeit die Durchführung meiner Pläne zu gestatten.

Nachdem ich den letzten Abend des Jahres 1911 bis Schlag 12 Uhr mit dem Ordnen und Etikettieren der Sammlungen, dem Übertragen der letzten Routen usw. verbracht hatte, traten wir am 1. Januar 1912 in fröhlichster Stimmung den Weitermarsch nach W an. Wieder folgte Krater auf Krater. Dann und wann schauten wir von der Höhe einer Kraterwand nach SW in eine große Niederung hinunter und erblickten in der Ferne die weite weißschillernde Wasserfläche des Balangida-Sees; aber zumeist drängten sich die Kraterhöhen und Kraterlöcher so eng aneinander, daß von Fernsicht nicht viel die Rede war. — Leider brachte dieser erste Tag im neuen Jahr neben vielen neuen Eindrücken auch Verdruß und ernste Gefahr. Zunächst verlor ich unterwegs mein Schlüsselbund und mußte meinen Jungen stundenweit zurückschicken. Als er uns endlich wiedereinholte und ich den photographischen Koffer aufschließen wollte, kam das erste große Übel: der Schlüssel brach ab, und ich mußte den bisher so glänzend bewährten Koffer erbrechen. Zum Glück haben sich die Platten trotzdem bis zum Schluß der Reise vorzüglich gehalten. — Das Schlimmere kam aber erst noch. Um Fernpeilungen vorzunehmen und Gesteinsproben zu sammeln, erstieg ich mit nur einem Träger den kleinen Waraïda-Hügel, an dessen Fuß wir lagerten. Kaum hatte ich oben mit dem Zeichnen des Panoramas begonnen, da plötzlich — ein unheimliches Gebrüll, und — — kaum 3 m von mir entfernt erhebt sich ein mächtiger Löwe. — — — Ich war zunächst wie gelähmt, unfähig mich zu bewegen oder zu schreien. Erst die Angstrufe des hinabeilenden Trägers befreiten mich aus der Hypnose der grünlich funkelnden Löwenaugen, und auch ich begann nun, den Abhang hinunterzuspringen. Wie ich, ohne zu stolpern oder zu fallen, von Fels zu Fels springend den Löwen im Rücken hinuntergekommen bin, weiß ich heute noch nicht. Nur soviel ist mir in Erinnerung, daß mich der gewiß recht egoistische Gedanke beherrschte: wenn schon ein Opfer sein muß, so mag der Löwe doch wenigstens den Träger, nicht mich nehmen. Aber der Löwe war großmütiger, als wir gedacht: er nahm keinen von uns beiden, und als wir hernach mit dem Gewehr in der Hand wieder hinaufkletterten, konnten wir feststellen, daß auch der „Wüstenkönig“ vorgezogen hatte, eiligst zu fliehen. So endete der 1. Januar 1912 mit dem beglückenden Gefühl, einer großen Gefahr entronnen zu sein, und neue Forscherlust quoll aus dankbarem Herzen empor.

Vom Waraïda-Hügel marschierten wir am 2. Januar weiter nach W, kreuzten die Turu-Stufe in ihrem nördlichsten Abschnitt und lagerten am Fuße der Iraku-Stufe in 1620 m Seehöhe. Zum letzten Mal genossen wir von hier den Anblick des erhabenen Bergriesen im O. Gewaltige Wunden hat das fließende Wasser bereits dem Körper des Gurui geschlagen. Allenthalben ziehen sich an den Flanken tiefe Kerben herunter, und das Wasser gräbt und wühlt unaufhörlich weiter, schwemmt riesige Schuttmassen zu Tale und legt neues Gestein bloß. Die Tage des Gurui sind gezählt, und wenn graue, schwermütig hin und her wogende Cumulus-Ballen seinen Gipfel einhüllen, so wird das Ganze zu einer unendlich melancholischen Klage über die unaufhaltsame Zerstörung. Als Fremdling ward der Gurui einst hier im Lande der Hochebenen und Stufen geboren; nun welkt er dahin, ein Opfer der gierig alle Unebenheiten austilgenden Natur.

Der folgende Tag führte uns bald am Fuße der Iraku-Stufe, bald längs ihrem oberen Rande nach SSW zum Ssipunga-Kessel, wo ich als erster Europäer in 1610 m Seehöhe das Lager aufschlug. Die Iraku-Stufe erreicht hier, ohne daß irgend ein Zusammenhang mit der Turu-Stufe bestünde, ihr Südende, biegt hakenförmig um und umschließt so eine kesselartige Niederung von etwa 5 km Durchmesser. In der grasigen, an Wassertümpeln und Sumpfstellen reichen Senke weiden ungeheure Scharen von Elen-Antilopen, Hartebeestern, Gazellen usw. Und alle diese Tiere sind so wenig scheu, so rührend zutraulich, daß es einem nicht leicht wird, die Büchse auf sie anzulegen. Aber es mußte sein, denn meine ausgehungerte Karawane verlangte energisch nach Fleisch. Zwei Hartebeester fielen zum unendlichen Jubel der Träger, die sich mit wahrer Raubtiergier auf das Fleisch stürzten; es schien, als wollten sie sich in einer einzigen Stunde für alle vorausgegangenen fleischlosen Tage schadlos halten. Was für Riesenportionen Fleisch haben nur in dem Magen eines afrikanischen Trägers Platz!

Vom Ssipunga-Kessel ging es dann weiter nach SSO, bis wir den oberen Rand der Turu-Stufe W vom Balangida-See erreichten. Dichter Dornbusch verlangsamte unser Marschtempo mehr und mehr, und als wir uns endlich zum Abstieg rüsteten, mußten erneut die

Buschmesser in Tätigkeit treten, um uns einen Weg zu bahnen. Schritt für Schritt mußte der Boden gegen den zäh verfilzten Dornbusch erkämpft werden, so daß mehrere Stunden vergingen, ehe wir glücklich am Fuß der Turu-Stufe standen. Eine kurze Rast gönnten wir uns dann am Südwest-Ufer des Balangida-Sees, an derselben Stelle, wo wir im März 1911 einige Tage gelagert hatten (Seehöhe 1390 m). Fast ein Jahr war seit dieser Zeit ins Land gegangen, Monate voller Arbeit. Vieles war glücklich erledigt worden, manche Pläne hatten unter dem Zwang der Umstände nicht ausgeführt werden können, und ein gut Stück Arbeit lag noch vor uns. Also weiter!

Langsam steigt das Gelände nach SO an gegen jene Stufe östlich vom Balangida-See, die wir einst beim Marsch von Ssingida nach Kondoa-Irangi bereits einmal gekreuzt haben. An ihrem Fuße, beim Jumben Makangire (Seehöhe 1470 m) errichteten wir unser heutiges Lager, schlugen uns dann am folgenden Tage durch dichtes Gestrüpp zur Straße Turu-Irangi durch und erreichten glücklich auf dem schon früher benutzten Weg am 7. Januar 1912 unser altes Standquartier Kondoa-Irangi.

Fast zwei Wochen brauchte ich, um den Bericht über die große Rundtour der letzten Monate fertigzustellen, Zelt und Stiefel wieder notdürftig instand setzen zu lassen, neue Träger anzuwerben usw. Nachdem wir dann am 18. und 19. Januar nochmals kurze Stichrouten nach N ausgeführt hatten, um die Verbindung unserer Lagerplätze Borissa und Schangaha mit Kondoa-Irangi herzustellen, brachen wir endlich am 20. Januar nach SW auf. Geplant war, unser Standquartier nunmehr nach Ussandaui zu verlegen und von hier aus vor allem zwei große Rundturen zu unternehmen: die erste sollte noch einmal nach dem östlichen Turu hinaufführen, die zweite von Ussandaui auf neuen Wegen nach Irangi und von dort über Burungi wiederum nach Ussandaui zurück.

k. Rundtour Irangi—Ussandaui—Turu—Ussandaui.

Längs des linken Ufers des Mukondowa-Flusses führte unser Weg am 20. Januar zunächst zum Jumben Ali (Seehöhe 1330). Wie üblich versammelte sich auch hier beim Lagerplatz eine große Schar der umliegenden Bewohner, die fröhlich schwatzend mit größtem Interesse all die tausend Sachen und Sächelchen betrachteten und besprachen, die eine wissenschaftliche Expedition mit sich führt. Zu meinem Erstaunen hörte ich hierbei neben dem mir bereits etwas geläufigen Kirangi einen fremdartigen Bantu-Dialekt und erfuhr, daß die Untertanen des Jumben Ali zur Hälfte Waïrangi, zur Hälfte Wamakua seien. Wir haben hier also wiederum einen sitzengebliebenen Rest jener Wamakua-Stämme vor uns, die in jüngster Vergangenheit aus dem südlichsten Ostafrika nach N gestürmt sind. Mit den Wamakua von Kikore (siehe oben S. 51/52) haben die beim Jumben Ali festgestellten Wamakua vor allem das eine gemeinsam, daß sie, wie sie selbst noch wissen, als Jäger ins Land gekommen und dann nach und nach Ackerbauer geworden sind. Bemerkenswert, wenn auch im Grunde in Anbetracht der geringen Zahl der fremden Eindringlinge eigentlich selbstverständlich, ist der auch hier offenbar werdende Umstand, daß sich die Wamakua nie in das Zentrum einer größeren Landschaft hineingewagt haben, sondern sich stets in den peripherischen Grenzzonen angesiedelt haben: die Wamakua des Jumben Ali im äußersten SW-Irangi im Grenzgebiet zwischen Irangi und Ussandaui, die Wamakua von Kikore im Grenzgebiet zwischen Uassi und Ufiomi.

In der Nähe des Jumben Ali kreuzten wir am nächsten Tag den Mukondowa- und den Bubu-Fluß, beides breite, jetzt trockenliegende Sohlentäler, und durchquerten dann das felsige, dünn besiedelte Busch-Grenzland zwischen Irangi und Ussandaui. Zahlreiche meist tief eingekerbte Täler ziehen sich hier nach O direkt zum Bubu hinunter oder nach S zum Mukinki-Katula, einem großen rechten Nebenflusse des Bubu. Sie haben das anscheinend einst fast ebene Gelände allenthalben zerschnitten und einen regellosen Wechsel von Hoch und Tief geschaffen. — Die Straße, einst eine vielbegangene Karawanenstraße, jetzt, wo Kondoa-Irangi fast alle Waren von der Station Dodoma der Ostafrikanischen Zentralbahn bezieht, stellenweise bereits arg verstrüppt, folgt einem nach SW gerichteten Tal, das sehr bald seinen jugendlichen Charakter verliert und schließlich als breites Muldental in die große Schwarzerde-Niederung des Mukinki-Katula einmündet.

Am Rande dieser z. T. sumpfigen Niederung, die sich längs des gesamten stufenartigen Nordrands von Ussandaui hinzieht, lagerten wir am 22./23. Januar in 1200 m Seehöhe. Dann ging es quer durch die Schwarzerde-Niederung hindurch, den etwa 75 m hohen Stufenrand von N-Ussandaui hinauf und durch hügeliges, an Granitfelsen überreiches Gelände weiter nach SW. In Kwa Mtoro, der ehemaligen deutschen Verwaltungsstation in Ussandaui (Seehöhe 1270 m), wo jetzt der einstige Befehlshaber Feldwebel a. D. Lincke als Farmer und Pflanzer residiert, hielten wir kurze Rast.

B. Obst phot.

Abb. 24. Blick von der Mission Kurjo nach Osten über das breite Sohlental des Holowa. — Landschaft Ussandaui.

B. Obst phot.

Abb. 25. Typisches Landschaftsbild aus Burungi.

Verlag: L. Friederichsen & Co., Hamburg. Lichtdruck von Knackstedt & Co., Hamburg.

Dann setzten die Träger die Lasten noch einmal auf, und fort gings wieder auf der holperigen, steinigen Straße, bis endlich der kleine Felshügel erreicht war, der das hellleuchtende Gebäude der Missionsanstalt Kurjo trägt. Hier schlugen wir in 1230 m Seehöhe das Zelt auf und bereiteten die Rundtour nach NW vor (Taf. 14 Abb. 24).

Dank der liebenswürdigen Unterstützung, die uns die Missionare von Kurjo angedeihen ließen, konnten wir bereits am 26. Januar wieder abmarschieren. Mein Ziel war vor allem, die Turu-Stufe nördlich von der Route von v. Prittwitz und südlich unserer eigenen früheren Marschlinie Turu-Irangi zu kreuzen und abermals, und zwar jetzt von SO her bis zur Missionsanstalt St. Leo in Ost-Turu vorzustoßen, um dort eine astronomische Ortsbestimmung vorzunehmen. — An dem ersten Tage durchquerten wir das etwa 1300—1500 m hoch gelegene, überaus felsige Bergland von NW-Ussandaui. Lichter niedriger Busch überzieht den größten Teil des Geländes; nur dann und wann trifft man auf Rodungen und vereinzelte Temben. Die Täler, die sich, hier außerordentlich eng aneinander gedrängt, meist nach Süden zum Mpondia hinunterziehen, sind fast ausnahmslos breite Sohlen- und Muldentäler. Zwischen ihren Talungen erheben sich, offensichtlich ein Produkt der Wühlarbeit der Flüsse, allenthalben mehr oder weniger isolierte Felsberge, deren besondere Eigentümlichkeit darin besteht, daß ihre Gipfel überall in annähernd demselben Niveau gelegen sind, nämlich 100—150 m über den Talflächen. Besteigt man den Gipfel eines der zahlreichen Felsberge und hält mit ein wenig geschlossenen Augen von oben Umschau, so wirkt diese Konstanz der Gipfelhöhen noch überwältigender. Die Talfurchen schließen sich dann für einen Augenblick, man schaut über eine weite Fastebene von etwa 1450—1500 m Seehöhe und beginnt mit immer steigender Gewißheit zu ahnen, daß das heutige Relief Ussandauis lediglich durch Zerfurchung und Zerschneidung dieser Fastebene entstanden ist. Unwillkürlich fliegen dann aber auch die Gedanken nach W hinüber, wo wir einstens in derselben Seehöhe über die dort aber noch nahezu unberührte Fastebene von S-Turu gewandert waren. Haben beide Gebiete einst einmal zusammengehangen, und welcher Entstehung ist dann die 15—20 km breite Mpondi-Senke, die heute die intakte Fastebene S-Turus von der zerschnittenen Fastebene Ussandauis trennt? Neue Probleme stürmen so auf uns ein; jeder Tag gibt neue große Rätsel auf.

Beim Lager Mdaki (Seehöhe 1300 m) hatten wir am 26./27. Januar bereits das Westende des eigentlichen Ussandaui erreicht, sowohl

linke Talhang des Mpondi, entstanden bei der Tieferlegung des einst möglicherweise in höherem Niveau fließenden Mpondi? Die Natur gibt uns keinen klaren Bescheid. Aber wir entsinnen uns, daß diese Stufe nichts weiter ist als die südliche Fortsetzung der östlich vom Balangida-See beobachteten Stufe, daß also auch sie weit über das Gebiet des Mpondi-Flusses hinausreicht, mithin nicht vom Mpondi geschaffen sein kann. Die Senke ist also offenbar tektonischen Ursprungs, ein Grabenbruch, auf dessen Sohle sich erst der träg dahinschleichende Mpondi entwickelt hat.

Ein lautes Halloh weckte mich aus meinen Grübeleien: die Spitze der Karawane hatte den letzten der Mpondi-Arme überschritten und stand am Fuße der Turu-Stufe, unschlüssig, ob man wirklich und wahrhaftig hier hinauf zu klettern wagen solle. Rasch sprang der Führer vor, zeigte auf einige Stellen weniger dichten Dornbuschs und war stolz, diesen Weg, wie er euphemistisch sagte, gefunden zu haben. Und nun begann wieder einmal die mühselige Kraxelei. Keuchend und ächzend kletterten die Wassandaui bergauf, langsam und immer langsamer. Sie alle waren das Lastentragen wenig gewöhnt, darum mußte man doppelte Geduld haben und noch einmal so viel Pausen einlegen wie sonst. Mein Koch, die Jungen, ich selbst, wir alle packten hier und dort einmal mit an, wenn der Pfad gar zu steil in die Höhe führte oder das Gewirr ungetümer Granitblöcke das Vorwärtskommen all zu sehr erschwerte. Endlich hatte das Steigen ein Ende, der obere Rand der Stufe — 1670 m Seehöhe — war erreicht, und alles warf sich erschöpft zu Boden und ruhte sich im Schatten des herrlichen Hochwaldes (Juniperus procera) aus.

Fast zwei Stunden gönnte ich meinen Leuten die verdiente Erholung, dann hieß es abermals die Lasten hochnehmen. Durch Juniperus- und Miombowald ging es jetzt auf fast ebenem Gelände noch etwa drei Stunden nach NW, bis der Buschwald sein Ende erreichte und die Felder und Wiesen des Jumben Murundo begannen. Die Dämmerung setzte schon erheblich ein, als wir bei den Temben des Jumben anlangten und dort in 1580 m Seehöhe das Lager aufschlugen.

Die nächsten Tagesmärsche führten uns kreuz und quer durch das südöstliche Turu und dann die Turu-Stufe wieder hinab zu unserem alten Lager Ilunde (Kwa Mgori) an der Straße Turu-Irangi. Noch einmal wieder prägte sich uns in diesen Tagen die monotone Einförmigkeit des von der Destruktion nahezu unberührten Turu-Hochlandes mit aller Gewalt ein. Man mag vom Lager Murundo oder vom Hof der Katholischen Mission St. Leo oder von den Temben des Jumben Kondeja Umschau halten, überall ist es dieselbe endlose, kahle, ungegliederte Ebenheit. Ein stärkerer Gegensatz zu dem von Tausenden von Bächen und Flüssen zerfurchten Bergland von Ussandaui ist in der Tat kaum denkbar!

Vom Lager Ilunde (Kwa Mgori, Seehöhe 1310 m) traten wir am 31. Januar den Rückmarsch nach Ussandaui an. Durch lichten Miombo- und Dornbusch ging es langsam die oben erwähnte Stufe im Osten des Mpondi hinauf, dann auf einer monotonen Hochfläche durch weites Ödland über Muporu (Seehöhe 1380 m) zum Lager beim Jumben Ssondja von Lalta (Seehöhe 1310 m), dem ersten Jumben im äußersten NW-Ussandaui, und von hier nach Kurjo zurück, wo wir am 2. Februar 1912 wohlbehalten eintrafen.

l. Rundtour Ussandaui—Irangi—Burungi—Ussandaui.

Zwei Tage darauf befanden wir uns mit neuen Trägern bereits wieder unterwegs, diesmal nach NO. Wir passierten den stufenartigen Nordrand von Ussandaui, erreichten an seinem Fuße die Temben des Jumben Ssongo von Boro, des gewaltigsten Regenzauberers der Wassandaui, und mußten uns wohl oder übel dazu entschließen, nach wenigen Marschstunden schon hier in 1190 m Seehöhe zu lagern, da ein mächtiger Gewitterregen uns alle bis auf die Haut durchnäßt hatte und jegliche Peilarbeiten unmöglich machte.

In der Frühe des 5. Februar ging es dann weiter nach NO. Wir passierten zunächst die breite sumpfige Aue, die sich vom Westabhang der Bangani-Mungema-Berge zum Mukinki-Katula hinunterzieht, kletterten dann auf schmalem Paßpfad über den etwa 100 m relativ hohen Boro-Felsberg und erreichten am jenseitigen Fuße des Berges in 1140 m Seehöhe die breite, völlig ebene Schwarzerde-Niederung des Mukinki-Katula. Der dichte Akazien-Busch, der diese moorige Aue größtenteils bedeckt, verhinderte leider jegliche Fernsicht; und da rechts und links vom Wege von irgend einem Gefälle nicht das Mindeste zu erkennen war, so waren wir nicht imstande zu entscheiden, ob die Niederung nach O oder nach W entwässert oder überhaupt abflußlos ist. Nur die Höhenzahl (1140 m) gab einen gewissen Anhalt und ließ vermuten, daß die früher weiter im W in 1180 m Seehöhe gekreuzte Senke nach O zum Bubu entwässere, der, nach den alten Karten zu urteilen, in derselben Breite eine Seehöhe von etwa 1130 m besitzen mußte. — Gegen Mittag wurden die den Mukinki-Katula im N einrahmenden Höhen erreicht. Ein offensichtlich sehr selten begangener Pfad führte uns den steinigen Abhang hinauf und durch lichten Miombo-Buschwald zu den Feldern und Temben des Akiden Mangia von Kunguru, wo wir gegen 2 Uhr in 1260 m Seehöhe den Lagerplatz bereiteten.

Ein tiefes Sohlental wies uns am folgenden Tag den Weg weiter nach NO. Durch stillen, öden Busch ging es langsam die linke Talflanke des Chorchori, eines nördlichen Nebenflusses des Mukinki-Katula, hinauf, bis endlich im Quelltrichter dieses Flusses, unmittelbar am Fuße des Gissaue-Berges die nächste Wassandaui-Kolonie erreicht war. Umringt von den einsamen Busch-Bewohnern, denen der Besuch eines Weißen eine angenehme und willkommene Unterbrechung ihres in monotoner Gleichförmigkeit verlaufenden Lebens bedeutete, umgeben auch von einer ganzen Schar von Kindern, die neugierig das Tun und Treiben der Expedition beobachteten und dazwischen wieder einmal an ihren Schnecken herumknabberten — lebende Schnecken werden hier allgemein als besonderer Leckerbissen verspeist —, ruhten wir uns hier ein wenig aus und rüsteten uns für die Besteigung des Berges. — Nach halbstündiger Rast machten wir uns dann wieder auf den Weg. Auf felsigem, überaus steilem Pfad schob sich die lange Trägerschlange den Abhang hinauf. Nach dreihundert Metern Anstieg wollten einige Träger schlapp machen, aber der Askari feuerte sie an, und weiter ging es hundert und abermals hundert Meter fast senkrecht hinauf. Askari und Koch, meine Jungen und ich selbst, wir alle griffen, wo es not tat, mit an und teilten so die gewaltigen Anstrengungen dieser Bergbesteigung redlich mit den Trägern. Die letzten 200 m schleppte ich gemeinsam mit einem Ssandaui-Mann an der besonders schweren Kiste mit den Gesteinsproben. Endlich, endlich ward schließlich die Heliographen-Station auf dem Gipfel des Gissaue erreicht.

Während die Träger sich niederhockten, ihren Mehlbrei kochten und mit den schwarzen Heliographen-Soldaten schwatzten, ging ich mit Skizzenbuch, photographischem Apparat und Kompaß zur Plattform, um die Früchte des mühseligen Aufstiegs einzuheimsen, und fürwahr, alle vorausgegangenen Strapazen wurden durch den köstlichen Fernblick reichlich belohnt. Von dem tief zerfurchten Bergland der näheren Umgebung schweift der Blick nach N und W über jene weite, monotone Fastebene, die wir einst auf dem Marsch von Ssingida nach Kondoa-Irangi durchquert haben. In einer breiten und immer breiter und sanfter werdenden Talmulde schlängelt sich der Mukinki-Katula auf dieser Ebenheit nach S und begleitet schließlich den stufenartigen

Absatz, mit dem das Ussandaui-Bergland aus der Ebenheit aufsteigt. Und was wir früher nur vermuten konnten, das wird jetzt durch den Blick vom Gissaue-Gipfel zur Gewißheit: der Mukinki-Katula zieht nördlich vom Boro und Bangani-Berg nach O und vereinigt sich dort in einer riesenhaft breiten Aue mit dem Bubu. — Aus der breiten Senke des Mukinki-Katula steigt im SW und S mit schroffem Absatz das Bergland von Ussandaui auf. Das zarte Distanzblau, in dem diese Höhen aus der Ferne hier herüber grüßen, verhüllt all die vielen Flußscharten und Kerben und läßt Ussandaui als geschlossenes Hochplateau erscheinen. Alle Gipfel bilden ein Niveau; nicht einmal der Duju ist mit Sicherheit zu erkennen, und blitzten nicht die fortgesetzten Blinksignale auf dem Ssongoro auf, so würde es unmöglich sein, die Lage dieses Berges in dem gleichmäßigen Gipfelniveau Ussandauis festzustellen. — — Reicher gegliedert erscheint das Relief im O. Die Berge von Irangi und Burungi begrenzen hier in leichtwelligem Auf und Ab den Horizont, und zwischen ihnen und der breiten Bubu-Mukinki-Katula-Aue erheben sich zahlreiche kleinere und größere Felshöhen, die wie ein versunkenes Gebirge mit schroffem Absatz aus der riesenhaft breiten Flußaue aufragen.

Nach umfangreichen Peilarbeiten und Feststellung der Seehöhe durch Siedepunktsbestimmung — 1860 m — gönnte auch ich mir eine kurze Rast, während der mir der Leiter der Heliographenstation, ein schwarzer Soldat, mit der ganzen Redseligkeit eines für seine Sache Begeisterten die Vorzüge der Lage dieser Station rühmte. Und in der Tat, man hat hier die von der Natur dargebotenen günstigen Verhältnisse voll und ganz ausgenutzt. Die Gissaue-Station vermittelt den heliographischen Verkehr zwischen Kilimatinde und Kondoa-Irangi und von Kondoa-Irangi mit Ssingida-Mkalama und von dort eventuell weiter nach Iraku. Selbst im Falle eines Aufstandes wird die Station auf dem Gissaue-Berg dieser ihrer wichtigen Aufgabe als Knotenpunkt der Heliographen-Linien gerecht werden können, denn man hat in jüngster Zeit wie alle Heliographenstationen so auch die auf dem Gissaue-Gipfel stark befestigt, und mit großen Proviantvorräten versehen, so daß dieser Punkt mit den primitiven Kampfmitteln der Eingeborenen tatsächlich nicht zu erobern sein dürfte.

Kurz nach 1 Uhr gab ich das Signal zum Aufbruch. Auf halsbrecherischem Pfad stiegen wir den Ostabhang des Gissaue-Berges hinunter, marschierten dann durch lichten Miombo-Buschwald etwa eine Stunde lang auf nahezu ebenem Gelände, um zum Schluß noch einen reich zerschluchteten Abhang von etwa 200 m Höhe hinabzusteigen. In Mukoko, einer kleiner Temben-Siedlung am Fuß dieser Stufe, schlugen wir endlich kurz nach 3 Uhr unter gewaltig ausladenden Schirmakazien unser Lager auf (Seehöhe 1300 m).

Ich hatte erwartet, auch hier eine kleine Ssandaui-Kolonie anzutreffen, und war daher nicht wenig erstaunt, als sich die Bewohner der umliegenden Temben als Wahehe entpuppten. Leider konnte ich trotz allen Bemühungen nichts Sicheres über die Geschichte dieser Siedlung und ihrer Bewohner erfahren. Tatsache ist nur, daß die Wahehe vor noch nicht allzu langer Zeit aus S hierher eingewandert sind. Aber wieviel Generationen diese Einwanderung zurückliegt, darüber waren sich die Wahehe durchaus nicht klar und einig. Es liegt natürlich nahe, diese so weit nach N versprengten Wahehe mit den gleichfalls aus S vorgedrungenen Wamakua in Verbindung zu bringen. Vielleicht haben sich einzelne Sippen der Wahehe beim Durchzug der Wamakua diesen angeschlossen und sind so nach N gekommen, um sich dann schließlich hier in den Grenzwildnissen zwischen Ussandaui und Irangi anzusiedeln. Aber, wie gesagt, das ist Hypothese. Werden wir jemals völlige Klarheit über diese Probleme erlangen?

Unter der Führung einiger prächtig gebauter Hehe-Jünglinge wanderten wir am 7. Februar weiter nach NO. Bald nahm uns die weite, ebene Talaue des Bubu-Flusses auf, und unser Pfad schlängelte sich nun in fortwährenden Windungen durch sehr dichten, verstrüppten Akazien-Busch, wahren „Urbusch", nach NO. Nach $2^1/_2$ Stunden lichtete sich dieser Dornbusch plötzlich, prächtige, hohe Schirmakazien stellten sich ein: wir hatten den Bubu erreicht. Aber o weh! In Irangi oder weiter nördlich mußte es vor kurzem stark geregnet haben, denn in dem sonst meist trocken liegenden Flußbett wälzten sich jetzt mächtige Wogen einer gelbgrauen Schlammbrühe nach SW[1]). Was tun? Warten, bis sich die Wassermassen verlaufen würden? Das konnte stunden-, aber auch tagelang dauern, und womöglich setzte inzwischen ein neuer Regen ein. Also lieber hindurch, koste es, was es wolle. Einer unserer Hehe-Führer erbot sich, den etwa 15—20 m breiten Fluß zunächst einmal zu durchschwimmen,

[1]) Die Wahehe meinten, und sie haben ohne Frage recht damit, daß die starke Trübung des Wassers ausschließlich durch den Mukondowa, den Hauptfluß Irangis, in den Bubu hinein gelange und daß der Bubu eigentlich nur abkomme, wenn starke Regengüsse in Irangi niedergegangen seien. Der Mukondowa-Fluß sei überhaupt der „Vater des Bubu".

um Tiefe und Gewalt des Wassers festzustellen. Die starke Strömung entführte ihn weit flußabwärts, und das Wasser erwies sich allenthalben erheblich über mannstief. An ein Durchwaten war also nicht zu denken. Ein Träger machte den sehr verständigen Vorschlag, eine der am Ufer stehenden Schirmakazien zu fällen und sie dann quer über den Fluß fallen zu lassen; sie würde gewiß bis zum gegenüberliegenden Ufer reichen und so eine primitive Brücke abgeben. Gesagt, getan. Bald schlugen fünf, sechs Äxte in melodischem Rhythmus gegen den Baumriesen, und nach Verlauf von zwei Stunden war der Stamm reif zum Umbrechen. Hätten wir jetzt Seile gehabt, um den Baum beim Fallen in die gewünschte Richtung zu ziehen, so wäre alles gut gegangen. Aber wir besaßen nichts derartiges und mußten uns damit begnügen, uns mit aller Gewalt gegen den fallenden Stamm zu stemmen. Der Erfolg entsprach unserer primitiven Technik: Der Baum stürzte um und — klatschte mit aller Gewalt ins Wasser, um bald darauf von den aufgeregten Wassermassen entführt zu werden. — — So also ging es nicht.

Während ich ratlos zu der gegenüberliegenden Uferwand hinüberschaute — der Bubu hat sich hier 4—6 m tief in seine eigenen Aufschüttungen eingegraben —, kam mir ein neuer Gedanke. Ich ordnete an, aus Akazienrinde ein primitives, mindestens 40 m langes Tau herzustellen. Die Schwimmer sollten hernach mit dem einen Ende an das andere Ufer gehen und dann nach und nach die an das Tau angebundenen Kisten und Träger hinüberziehen. Ich selbst würde als letzter das Tau diesseits festhalten und dann, wenn alles glücklich drüben wäre, nachgeschwommen kommen. Sofort gings an die Arbeit. Frisch abgeschälte Akazienrinde war schnell zur Stelle, und während einige Träger in den Busch gingen, um weiteres Rindenmaterial herbeizuschaffen, hockten sich andere am Ufer nieder und kauten, kauten und kauten mit Todesverachtung die Rindenstreifen, um sie geschmeidig zu machen. Stunde auf Stunde verrann, aber das Tau war immer noch nicht lang genug. Endlich gegen zwei Uhr nachmittags mochte es wohl langen, um die angehängten Lasten glücklich von einem Ufer zum andern zu befördern. Mit vielem Humor gingen die Träger an die Arbeit, banden die Kisten an, gaben den Drübenstehenden das Zeichen zum Anziehen, und fort gings. Als die große Mehrzahl der Lasten bereits glücklich am anderen Ufer stand, ereignete sich leider ein Unglücksfall. Das Tau riß, und die Kiste verschwand in dem noch immer reißenden Wasser. Trotz aller Bemühungen war und blieb sie verloren, und wie ich zu meinem besonderen Leid feststellen mußte, war damit ein wichtiger Bestandteil meiner Sammlungen ein Opfer der Fluten geworden: die Pflanzensammlung der letzten 7 Monate! Durch einen puren Zufall befand sich die besonders wertvolle Sammlung vom Gipfel des Ufiomi-Berges in einer anderen Kiste. und so blieb sie wenigstens erhalten. — Alles Trauern über den schweren Verlust nutzte natürlich nichts. Das Tau wurde schleunigst geflickt, und das Übersetzen nahm seinen Fortgang (Taf. 16 Abb. 27). Zappelnd und kreischend wurde schließlich Träger für Träger hinübergezogen, und als der letzte glücklich drüben anlangte, sprang ich ins Wasser und schwamm hinüber.

Während ich mich dann umkleidete, beschäftigten sich meine Gedanken unausgesetzt mit dem Bubu-Tal. Wo immer wir den Bubu bisher berührt hatten, war es ein normales Sohlental gewesen. Woher kommt hier nun plötzlich das riesenhaft breite Auental? Welche Ursachen verringerten hier plötzlich das Gefälle und ließen den Bubu die ungeheuren Massen von Sand und Kies, Ton und Lehm aufschütten, die in der jetzigen Bubu-Rinne aufgeschlossen sind? Und auf diese Periode intensiver Aufschüttung, mit der eine Vermoorung der obersten Schotterlagen Hand in Hand ging, muß dann wieder eine Zeit energischer Tiefenerosion gefolgt sein, denn, wie schon gesagt, hat sich der Bubu jetzt bereits wieder 4—6 m tief in seine eigenen Alluvionen eingeschnitten. Was ist die Ursache dieses morphologischen Wechselspiels? Beruht die energische Tiefenerosion der Gegenwart auf einem Klimawechsel, d. h. gaben reichlicher werdende Niederschläge dem Bubu-Fluß Kraft zu erneuter Tiefenerosion? Oder wurde die Erosionsbasis des Bubu-Flusses durch tektonische Vorgänge gesenkt und der Fluß dadurch zum Einschneiden in seine eigenen Schotterflächen befähigt? Probleme und immer wieder neue Probleme! Ihre Lösung war im gegenwärtigen Augenblick nicht möglich, doch blieb uns die Hoffnung, daß vielleicht die für Anfang März vorgesehenen Studien in S-Ussandaui Aufschluß geben würden.

Als wir kurz nach 3 Uhr nachmittags zum Weitermarsch antraten, setzte, um die Leiden des heutigen Tages voll zu machen, ein mächtiger Gewitterregen ein. Zwar waren wir nun alle im Nu wieder fast ebenso pudelnaß, wie wir kurz zuvor aus dem Bubu gestiegen waren, aber dennoch war ich froh, daß wir den Bubu hinter uns hatten, denn bei den nun wieder schnell steigenden Fluten wäre der Übergang noch schwieriger, wenn nicht unmöglich gewesen. — Ohne Sang und Klang — die Witterung drückte die Stimmung auch der Träger merklich herab— ging es jetzt durch das öde Buschland der linken Bubu-Aue nach NO, bis endlich am Spätnachmittag die Gneishöhen beim Jumben Sseliman von Kiali, unser heutiger Lagerplatz, erreicht waren (Seehöhe 1300 m).

In der Frühe des 8. Februar lachte die Sonne wieder fröhlich vom Himmel, und da die Träger nach dem heutigen Tagesmarsch entlassen werden sollten, so herrschte überall Freude und Lust. Unser Weg führte uns heute durch das Feld- und Weideland von SW-Irangi. Zahlreiche Täler ziehen sich hier nach W zum Bubu hinunter und zerlegen die Hochfläche in ein welliges Bergland. Die Vegetation ist allenthalben sehr spärlich. Niedriges, lichtes Gebüsch und weite Grasflächen herrschen vor; nur vereinzelt trifft man auf kleine, dürftig ausschauende Felder und niedrige, ärmliche Waïrangi-Temben. Um 10 Uhr erreichten wir die letzte Höhe vor Kondoa-Irangi, schauten wieder einmal in das prächtige Sohlental des Mukondowa-Flusses hinab (Taf. 8 Abb. 15) und langten dann gegen 11 Uhr glücklich und nun zum letzten Mal in unserem alten Lager in Kondoa-Irangi an.

Neue Träger wurden hier angeworben, einige Einkäufe besorgt, eine Reihe von Kisten mit Sammlungsgegenständen zur Bahn abgeschickt usw. Da wir in allem die liebenswürdigste Unterstützung aller Europäer genossen, so war es möglich, bereits am 11. Februar nach herzlicher Verabschiedung von den lieben, gastfreundlichen und allezeit hilfsbereiten Bekannten von Kondoa-Irangi wieder aufzubrechen. Wir marschierten diesmal auf der großen von Kondoa-Irangi nach der Küste führenden Karawanenstraße durch das bergige Gneisland des südöstlichen Irangi und durchquerten das Wasserscheide- Gebiet zwischen Mukondowa- und Kirema-Fluß. Langsam aber stetig steigt das mit spärlicher Gebüschvegetation notdürftig bekleidete felsige Gelände hier nach O bis zu mehr als 1600 m an. Ein Flußnetz von ganz außergewöhnlicher Engmaschigkeit hat allenthalben seine Furchen eingegraben und mehr oder weniger isolierte Felshöhen herauspräpariert. Und was am meisten auffällt, ist die Häufigkeit von Talwasserscheiden und sumpfigen Quellgebieten. Ganz offensichtlich dringt der Kirema raubend in das Gebiet des oberen Mukondowa ein und lenkt durch Anzapfung manche Wasserader zu sich hinüber, die einstens dem Mukondowa tributär war. — Kurz hinter Kijaga verläßt die Straße leider die mannigfach zerfurchte Hochfläche und senkt sich in einem breiten Muldental langsam von etwa 1630 m bis auf 1390 m beim Jumben Kidunda, unserem heutigen Lagerplatz. Um freien Überblick zu haben, mußten wir die

Talflanken hinaufsteigen und eine der felsigen Höhen erklimmen. Und da sahen wir, daß nur das Tal einen allmählichen Abstieg von Ost-Irangi nach Burungi schafft, die Hochfläche rechts und links davon aber mit markanter Steilstufe nach O abbricht.

Am Morgen des 12. Februar bogen wir von der Karawanenstraße nach rechts ab und stiegen ganz allmählich nach SO zum Tal des Kirema ab, dessen über 100 m breites, flaches Sandbett wir in 1250 m Seehöhe kreuzten. Dann ging es auf dem sanftgeböschten linken Ufer hinauf bis zu den Temben des Jumben Damass von Goïma, wo wir in 1440 m Seehöhe das erste Lager in der Landschaft Burungi bezogen. Prächtig ist die Aussicht von diesem Lager. Vor uns im SO und S steigt mit schroffem Absatz ein ungetümer Bergkoloß auf, der mich trotz der abweichenden Umrißformen auf den ersten Blick an den Oldonjo Ssambu in der Massai-Steppe erinnerte. Von den reichlich zerfurchten Flanken dieser Erhebung schweift der Blick nach N über ein einförmiges, fast ebenes Gelände, aus dem im NW mit scharfem Absatz die in den vergangenen Tagen passierte Stufe von SO-Irangi aufsteigt. Aber auch im W und SW hat das Auge freie Bahn und schaut dort über eine weite, absolut ebene Niederung hinweg, aus der in etwa 30—35 km Entfernung vereinzelte kleinere und größere Felshöhen und hinter diesen wieder der Gissaue und die Bangani-Mungema-Berge aufragen.

Unser weiterer Plan ging dahin, von Damass aus eine Rundtour nach N zu unternehmen, um die Oberflächengestaltung und den Bau von N-Burungi kennen zu lernen sowie den Übergang zur Massai-Steppe zu studieren. Ein Vorstoß bis zu unserem ehemaligen Lager beim Jumben Mieka sollte zugleich der Kontrolle unserer topographischen Aufnahmen dienen. — So zogen wir am 14. Februar zu neuen Forschungen aus. Über eine weite, einförmige Fastebene führt der Weg durch Eimabu nach Tandara (Seehöhe 1410 m) und von hier ohne Wechsel des Reliefs weiter nach N bis zum Jumben Mtoro von Kinduri am Rande der Massai-Steppe (1280 m Seehöhe). Die Landschaft gleicht in ihrer trostlosen Monotonie, den dürftigen Gebüsch- und Grasflächen und den breiten, flachen Talmulden bereits völlig der Massai-Steppe. Und die Abdachung dorthin ist so außerordentlich allmählich, daß das Auge die langsame Senkung von 1440 auf 1280 m nicht als solche zu erfassen vermag. Erst als wir etwa 10 km weiter nach N in die Massai-Steppe hinein marschiert waren und von dort rückwärts schauten, sahen wir, daß die im Mittel 1400—1450 m hochgelegene Fastebene von N-Burungi doch nicht überall ganz allmählich in die etwa 1280 m hohe Massai-Steppe übergeht, sondern ein wenn auch flachgeböschter Stufenrand von etwa 150 m relativer Höhe den Absatz der beiden Fastebenen gegeneinander markiert. In der Umgebung von Mtoro und Mieka ist dieser Stufenhang nur durch einige breite Talmulden nahezu völlig zerstört. — In scharfem Gegensatz zu dem greisenhaften Relief der Fastebene von N-Burungi steht die im W mit scharfem Absatz daraus aufragenden Stufe, die uns von Damass bis hierher begleitet hat: die Stufe von SO-Irangi. Mögen auch allenthalben mächtige Flußbetten Breschen in die steile Felsmauer gelegt haben, den Charakter der einheitlichen, machtvoll emporstrebenden Steilstufe haben sie noch nicht verwischen können. Und je mehr man sich in das Studium der Formen vertieft, um so näher rückt die Vermutung, die schließlich durch die Beobachtungen beim Jumben Mtoro und bei Mieka zur Gewißheit wird: die Stufe von SO-Irangi ist nichts weiter als die südliche Fortsetzung der früher von uns erforschten Massai-Stufe; sie ist wie jene tektonischer Entstehung und schließt die Fastebene von Burungi ebenso mauerartig ab, wie die Massai-Stufe die Massai-Steppe nach W abschließt.

Der Rückmarsch von Mtoro nach Damass führte uns zunächst nach SO den obenerwähnten Stufenhang hinauf, mit dem die Fastebene von N-Burungi gegen die Massai-Steppe abgesetzt ist. Zahlreiche, z. T. recht frisch eingekerbte Täler ziehen sich nach NO hinunter und kennzeichnen auch ihrerseits den Stufenhang als ein relativ jugendliches Gebilde. — Stundenlang ging es dann am oberen Rande des Stufenhanges entlang. Der übermannshohe Busch versperrte meist jegliche Aussicht; wo sich aber die Miombo- und Akazienbestände einmal etwas lichteten, genoß man einen prachtvollen Ausblick auf die Massai-Steppe, die sich, wohl 150 m tiefer gelegen, vom Fuße des Stufenhangs bis zum fernen Horizont in gleichbleibender Einförmigkeit hinzieht. — Bei den Temben des Akiden Makasi, einer kleinen im Busch versteckten Kolonie der Waïrangi von Tandara, schlugen wir schließlich in 1430 m Seehöhe das Lager auf.

Am 17. Februar ging es dann weiter nach S. Das Relief änderte sich in den ersten Stunden nicht wesentlich. Immer war und blieb die einförmige Hochfläche von N-Burungi zur Rechten und der von zahlreichen Flußrillen zerfurchte Stufenhang zur Linken. An Peilarbeiten war während dieser Zeit nicht zu denken, denn den ganzen Vormittag hindurch beherbergte uns übermannshoher Miombo- und Dornbusch, öde, menschenleere Pflanzendickichte, deren Stille und

Leblosigkeit auf die Dauer geradezu unheimlich wirkte. — Gegen Mittag wandten wir uns genau nach S, passierten die der Burungi-Ebenheit aufgesetzten ca. 1650 m hohen Tschandama-Felsberge und erreichten wenige km südöstlich davon das für heute vorgesehene Lager beim Jumben Hamiss (Seehöhe 1470 m).

Der Tagesmarsch am 18. Februar führte uns schließlich von Hamiss nach W zum Standquartier bei Damass zurück. Wir kreuzten dabei anfangs wiederum die einförmige Fastebene, berührten dann aber bei Bussa den von zahlreichen Tälern zerschluchteten Ostabfall der Burungi-Berge und wandten uns von hier immer hart am Rande dieser Berge entlang nach W, bis wir das alte Lager in Goïma erreichten.

Noch am Nachmittag dieses Tages begann ich mit dem Jumben und seinem Gefolge über die Ausgrabung von Skeletten zu verhandeln. Ethnographische Notizen aller Art hatten wir bereits in den vergangenen Tagen fleißig gesammelt und dabei auf Schritt und Tritt vor allem die nahe Verwandtschaft der Waburungi mit den Waassi feststellen können. Diese ethnographischen Beobachtungen sollten natürlich auch in der Folgezeit fortgesetzt werden; was uns aber noch gänzlich fehlte, das waren sichere Daten über den Körperbau der Waburungi. Da sich bei Messungen am lebenden Körper gar zu leicht Fehler einschleichen, und diese Arbeiten überdies sehr viel Zeit in Anspruch nehmen, so richtete ich mein Augenmerk wie überall so auch hier darauf, eine möglichst große Anzahl vollständiger Skelette auszugraben. Die Haltung der Eingeborenen gegenüber einem solchen Verlangen ist sehr verschieden. Bei den Wakindiga zeigte man mir bereitwilligst die wenigen vorhandenen Gräber; die Waïssansu kamen mir sogar, nachdem ich dort über 20 Skelette ausgegraben hatte, nachgelaufen und erboten sich, mir für eine Handvoll Perlen und etwas Tabak das Grab ihres Großvaters, ihrer Mutter u. s. f. zu zeigen. Bei den Waïramba dagegen stieß ich auf den energischsten Widerspruch, und ebenso hätte ich bei den Waassi und Wafiomi das Schlimmste riskiert, hätte ich etwa meinen Willen durchsetzen wollen. Der Reisende fühlt meistens schon nach den ersten Gesprächen über diesen Punkt, ob sein Begehren Aussicht auf Erfolg hat oder nicht, und ob auch nicht etwa die berechtigten Pietätsempfindungen der Eingeborenen durch das Ausgraben von Skeletten allzusehr verletzt werden. Andererseits darf sich der Reisende durch den anfangs überall sich geltend machenden Widerstand auch nicht gleich ins Bockshorn jagen lassen und seinen Plan aufgeben, denn die Wissenschaft braucht zur Klärung der Rassenprobleme dringend eine möglichst große Serie von Skeletten, und bei dem gegenwärtig überall in Ostafrika festzustellenden Verschmelzungsvorgang der verschiedensten Völker und Rassen sollte an Skeletten geborgen werden, was irgend aufzutreiben ist.

Als ich jetzt vor den Burungi-Sultan trat und ihm die Notwendigkeit, Skelette auszugraben, vortrug, begegnete ich einem eisigen Schweigen. So etwas war noch nicht dagewesen, und neue Ideen brauchen Zeit zur Einbürgerung, bei einem Afrikaner sehr, sehr viel Zeit. Nur durch ausdauerndste Geduld kann man zu seinem Ziele gelangen. Damass bat um Bedenkzeit, und ich zog mich zurück. Es währte über eine Stunde, bis mich der mit allen seinen Getreuen nahe beim Zelt hockende Sultan wieder rufen ließ. „Was willst Du mit den Knochen der Verstorbenen?“, hob er an. „Meine Leute glauben, Ihr Europäer äßet womöglich die Knochen der Menschen, wie wir die Knochen und Knöchelchen der Vögel mitverspeisen. Dazu geben wir die Gebeine unserer Väter nicht her.“ „Du irrst“, erwiderte ich, und schilderte nun in so beredten Worten, wie mir nur irgend möglich war, die ehrenvolle Verwendung, die die Waburungi-Skelette in Europa finden würden. „Ihr kennt die Europäer-Häuser in Kondoa-Irangi, nicht wahr? Noch viel prächtigere Gebäude errichtet man in Europa allein für die Gebeine der Verstorbenen aus Afrika. Aus aller Herren Länder werden dort die Skelette aufbewahrt, und die Leute stehen davor und schauen und messen und sehen, wie anders der Körper der Afrikaner ist als der des Europäers. Die Leute von Ugogo und Turu, Irangi und Issansu haben bereits Skelette in Hülle und Fülle gesandt; ihre Gaben prangen an erster Stelle, und jeder sieht sie. Fragt man aber nach Skeletten aus Burungi, so sucht man bisher vergebens, und alle Europäer sagen, die Waburungi sind dumme und unfreundliche Menschen, denn sie senden im Gegensatz zu all ihren Nachbarn nicht ein einziges Skelett. Nun gut, wollt Ihr, daß es so bleibt, so beharrt bei Eurer Weigerung, und ich werde morgen früh zu den Wassandaui gehen, die mir bereits durch Sendboten das Ausgraben von Skeletten in ihrem Lande gestattet haben.“ Meine Worte wirkten, das merkte ich. Aber noch war das Spiel bei weitem nicht gewonnen. Hin und her wogten die Reden; auch die Burungi-Leute schickten gewandte Streiter in die Front. Da niemals von religiösen Empfindungen gesprochen wurde, bot ich alles auf, um den Sieg davonzutragen. Schließlich aber — wir feilschten nun schon mehrere Stunden — ging meine Geduld doch zu Ende. Ich wollte eine Entscheidung herbeiführen, mochte sie zu meinen Gunsten ausfallen oder nicht. Zu diesem Zweck fuhr ich ganz schweres Geschütz auf. „Bringe die Ziege her", befahl ich dem Kochjungen. Und als das feiste Tier neben mir stand, rief ich zu den Burungi-Leuten hinüber: „Ich schlachte jetzt diese Ziege hier. Laßt Ihr mich morgen früh Skelette ausgraben und zeigt mir die Grabstellen, so mögt Ihr alle meine Gäste sein und mit mir essen, und wenn es nicht reicht, will ich gern noch eine zweite Ziege hergeben. Wollt Ihr nicht, so werde ich es mir allein gut schmecken lassen und wie gesagt morgen früh nach Ussandaui marschieren." Noch ein letzter kurzer Kampf, während dem bereits recht lüsterne Blicke zur Ziege hinüberflogen, und dann erklärte Damass: „Wenn alle Nachbarvölker Dir Skelette übergeben haben, so wollen auch die Waburungi nicht fehlen. Bleibe bei uns, morgen früh werden wir Dir Gräber zeigen."

Und Damass hielt Wort. In aller Frühe bereits fuhren die Schaufeln hier und dort in den Boden. War die Grube tief genug, so stieg ich hinein und löste vorsichtig Knochen für Knochen aus dem Erdreich, eine unappetitliche Beschäftigung, zu der Eingeborene und Suaheli aber natürlich nicht zu haben waren. Am Spätnachmittag war auch die letzte Grabstätte entleert: 14 Skelette waren glücklich geborgen worden. Das war gewiß nicht viel, aber zu weiteren Grabungen wollten sich die Waburungi durchaus nicht herbeilassen, und ich wollte und durfte den Bogen nicht überspannen. — Ein erneutes Freudenmahl versammelte am Abend den Jumben und seinen Stab wieder in meinem Lager. Immer wieder mußte ich erzählen, mit welcher Sorgfalt die Knochen später in Europa behandelt werden würden, wie alle Welt erfreut sein würde, nun auch Burungi-Skelette sehen und messen zu können, und wie dankbar jeder des großen Jumben Damass gedenken würde, der die Erlaubnis zur Ausgrabung dieser Skelette gab. In Frieden und Eintracht nahmen wir für immer Abschied voneinander, und wenn bei diesem oder jenem der „hohen Herren" noch ein Gefühl der Bitterkeit und Enttäuschung übrig blieb, so lag es nicht an den Skeletten, sondern daran, daß ich ihnen — standhaft den immer wieder begehrten Whisky verweigert hatte.

Die folgenden Tage führten uns über Haletu (Seehöhe 1490 m) durch den westlichen Teil der Burungi-Berge (Taf. 14 Abb. 25) nach Handu (Seehöhe 1270 m). Mit aller Gewalt erinnerten mich die auf diesem Marsche angestellten Beobachtungen an unsere morphologischen Studien am Oldonjo Ssambu. Hier wie dort eine Groß-Erhebung auf fastebenem Sockel, und hier wie dort die Erosion an der Arbeit, diese Groß-Erhebung in eine Reihe kleinerer Berge aufzulösen. Nur in einem Punkte unterscheiden sich die beiden Gebiete: die Fastebene, der der Oldonjo Ssambu entsteigt, hat in der näheren und weiteren Umgebung des Berges dieselbe Seehöhe; die Fastebene von Burungi dagegen dacht sich merklich nach S ab und taucht, wie uns die Beobachtungen der folgenden Tage lehrten, schließlich unter eine mächtige Decke junger Sande und Lehme hinab.

Von Handu wanderten wir am Morgen des 22. Februar nach W. Unser Ziel bildeten für heute die Temben des Akiden Njanga, von wo aus wir am folgenden Tage bis zum Jumben Ssola (Ost-Ussandaui) zu gelangen hofften. Strömender Regen begleitete uns heute von früh bis spät, so daß die Routenaufnahmen nur mit großen Schwierigkeiten durchzuführen waren. Wir marschierten zunächst am SW-Abfall der Burungi-Berge entlang, bogen dann aber scharf nach links ab und wanderten in den folgenden Stunden durch eine merkwürdig talähnliche Senke nach W. Ein Blick auf die Karte lehrte uns, daß diese etwa 6 km breite, z. T. vermoorte Niederung genau in der Fortsetzung des Bubu-Flusses vor seinem fast rechtwinkligen Knick nach SW gelegen ist und auch die gleiche Seehöhe aufweist wie die vor kurzem auf dem Marsch von Ussandaui nach Irangi durchquerte Bubu-Aue. Sollte der Bubu einst hier entlang geflossen sein? Eine große Schwarzerde-Niederung, die wie ein fossiles Tal anmutet, zieht sich in der Tat weiter und weiter südöstlich und mündet schließlich in die breite Mulde des Kinjassungwe. Aber wenn diese breite flache Senke wirklich einmal das Tal des Bubu war, was hat dann den Fluß aus seiner ursprünglichen Bahn abgelenkt und ihn bewogen, plötzlich nach SW auszubrechen? Hat ihn ein anderer, durch stärkeres Gefälle ausgezeichneter und daher zu lebendiger Tiefenerosion befähigter Fluß angezapft? Welche Vorgänge haben eventuell einen solchen jugendlich vorstürmenden Fluß erzeugen können? — Hunderte von Fragen und von Problemen stürmten so auf mich ein, während wir, naß bis auf die Haut und meist bis zu den Knöcheln im Wasser watend, die Senke zwischen Handu und Njanga durchquerten und schließlich die aus der Schwarzerde auftauchenden Gneishöhen und die Temben beim Akiden Njanga erreichten (Seehöhe 1150 m).

Die ganze Nacht hindurch regnete es unbarmherzig weiter. Unser Zelt war schon von Wind und Wetter allzu sehr mitgenommen, als daß es der begierig draußen lauernden Feuchtigkeit den Zutritt hätte verwehren können. So war von Schlaf nicht viel die Rede und noch viel weniger von einem Trocknen der Kleider und Stiefel. Naß hatte man sie am Abend zuvor abgelegt, und fast ebenso naß mußten sie am nächsten Morgen wieder benutzt werden. Als wir von Njanga abmarschierten, schien sich der Himmel etwas aufzuhellen; aber sobald wir die Gneishügel hinter uns hatten und wieder eine neue riesig breite Schwarzerde-Niederung betraten, begann es von neuem zu gießen. Der moorige Boden vermochte die gewaltigen Regenmassen nicht so schnell aufzunehmen, und da die tischebene Niederung nur ein ganz minimales Gefälle besaß, so bildeten sich bald allenthalben Tümpel und Teiche. Stundenlang wateten wir durch diesen Sumpf, bald bis zu den Knöcheln, bald bis zu den Knieen, dann und wann auch einmal bis zum Leib im Wasser. —Das Papier des Routenbuchs war durch den anhaltenden Regen dermaßen aufgeweicht, daß selbst der weicheste Bleistift mehr ritzte als schrieb. Mehr als einmal überkam mich die Lust, die Routenaufnahme abzubrechen; aber dann mahnte sogleich auch wieder das Gewissen, keine Lücke in den topographischen Arbeiten entstehen zu lassen, und das Pflichtbewußtsein siegte. — — Zu allem Überfluß setzte gegen Mittag auch noch ein überaus heftiges Gewitter ein, so daß zu dem monotonen Klitsch-Klatsch der Regenfluten nun auch noch das Donnern und Getöse des Unwetters hinzukam. Als die Blitze gar zu nahe einschlugen und das Donnerrollen gar nicht mehr enden wollte, legten wir uns eine Zeitlang platt auf die Erde. Hernach glitten und glitschten wir — gehen konnte man es nicht mehr nennen — wieder weiter durch den schier endlosen Sumpf. Endlich, endlich gegen 2 Uhr nachmittags tauchten aus dem grauen Schleier der Regenwolken die scharf abgesetzten Berge von NO-Ussandaui auf. Aber noch ehe wir den Fuß dieser felsigen Höhen erreichten, mußten wir noch einmal in der moorigen Niederung Halt machen. Meine Schuhsohlen hatten durch das stundenlange Waten in Wasser und Sumpf derartig gelitten, daß sich jetzt die ganze Sohle vergnüglich ablöste! Aber schneller als ich gedacht, vermochte mein findiger Junge den Schaden zu reparieren: er schälte von dem ersten besten Akazienstrauch einen langen Streifen Rinde ab und band damit die Sohlen an den Schuhen fest. Zwar sah ich nun, durchnäßt, beschmutzt und mit der Rinden-Bandage an beiden Füßen, wie ein wahrhaftiger Strauchdieb aus, aber ich konnte doch wieder marschieren, und das war die Hauptsache. — — —Steil ging nun der

Pfad den mit Granitblöcken besäeten Abhang von NO-Ussandaui hinauf. In anderen Zeiten würden die Träger vielleicht über das beschwerliche Steigen gemurrt haben; heute aber war alles froh, endlich wieder festen Boden unter den Füßen zu haben und kletterte vergnügt von ca. 1140 m auf etwa 1300 m hinauf. Kurz nachdem der obere Rand des stufenartigen Abfalls von NO-Ussandaui erreicht war, schlugen wir beim Jumben Ssola in 1270 m Seehöhe das Lager auf.

Den 23. Februar 1912 verlebten wir als Rasttag in Ssola und benutzten die Zeit zu topographisch-morphologischen Untersuchungen aller Art, ethnographischen Erkundungen usw. Das Landschaftsbild ist hier im wesentlichen dasselbe wie in NW-Ussandaui: eine mit dürftigem Busch bestandene Granit-Fastebene, streckenweise noch fast unberührt erhalten, meist aber von eng aneinander gedrängten Sohlentälern zerfurcht und nur noch an den allenthalben gleichhohen Restbergen erkennbar. Seltsam mutete uns die allenthalben sichtbare Stufe an, mit der das westliche Ussandaui aus dem Bubu-Tal aufragt. Erst viel später haben wir die Erklärung hierfür gefunden: Ussandaui wird in der Mitte von einer Bruchstufe durchzogen, längs der der östliche Flügel, O-Ussandaui, um etwa 100 m abgesunken ist.

In der Frühe des 24. Februar brachen wir dann wieder von Ssola auf und stiegen auf felsigem Pfad zum Bubu hinunter. Wie anders sieht das Tal unseres alten Bekannten hier in Ussandaui aus als weiter im N. Dort ein vielgewundenes, breites Sohlental, in dem sich die Wasserfluten in der Regenzeit träge abwärts wälzen, im Grenzgebiet von Ussandaui und Irangi dann eine mäßig breite Rinne, eingeschnitten in die eigenen Schotterflächen, und hier endlich ein fast geradliniges jugendliches Gebirgstal, scharf und schroff in den Granit eingekerbt, fast noch völlig ohne Talsohle! Und was besonders auffällt, ist das völlige Fehlen jeglicher Spuren von Flußterrassen. Wäre der Bubu schon früher hier geflossen und erst durch nachträgliche Tieferlegung der Erosionsbasis eine Neubelebung der Tiefenerosion eingetreten, so müßten doch breite Talterrassen den alten Lauf markieren. Ihr gänzliches Fehlen beweist die Richtigkeit unserer oben (S. 88) ausgesprochenen Vermutung, daß der ursprünglich in seiner alten Richtung NW-SO weiterfließende Bubu durch einen selbständigen, jugendlich vorwärtsstürmenden Gebirgsfluß angezapft und in seine heutige Bahn gelenkt worden ist. Aber welche Vorgänge haben einen solchen mit lebendiger Tiefenerosion ausgestatteten Gebirgsfluß erzeugen können, und warum entwickelte sich dieser Fluß gerade an jener Stelle? Lassen sich diese Vorgänge — es können ja nur Absenkungen sein — weiter im S noch heute im Relief der Landschaft erkennen? Neue Probleme für die nächstfolgenden Wochen!

Auf einer bereits recht, recht morschen Brücke — ein Relikt aus der Zeit, wo in Kwa Mtoro eine eigene deutsche Verwaltungsstation für Ussandaui bestand — passierten wir den hier fast reißend zu nennenden Bubu-Fluß in 1070 m Seehöhe, erkletterten den außerordentlich viel steileren rechten Talhang und schlugen beim Akiden Leba das Lager auf (Seehöhe 1320 m).

Der folgende Tag führte uns dann endlich nach Kurjo zurück und schloß somit die große Rundtour nach NO ab. Wieder ging es über felsiges und dabei doch fastebenes Gelände in etwa 1400 m Seehöhe nach NW. Zur Rechten und zur Linken ziehen sich tiefe Täler hier zum Mukinki-Katula, dort zum Mpondia hinunter. Zwischen diesen Furchen ragen allenthalben Restberge auf, und wieder ist es die gleiche Höhe dieser Berge (1400—1450 m), die dem Wanderer auf Schritt und Tritt auffällt. — Nach Durchquerung des riesenhaft breiten Sohlentals des Holowa, der Hauptwasserader des westlichen Ussandaui (Taf. 14 Abb. 24), langten wir glücklich in Kurjo an und wurden zu unserer großen Freude von den Missionaren mit der Einladung empfangen, diesmal im Missionshaus abzusteigen. Nur derjenige, der wie wir einmal fast ein ganzes Jahr hindurch im Zelt gehaust hat, wird in vollem Maße nachempfinden können, welche Freude diese Einladung in uns auslöste.

Die ganze nächste Woche rasteten wir in Kurjo, ergänzten und ordneten unsere petrographische und zoologische Sammlung, unternahmen Peilexkursionen hier hin und dort hin und vervollständigten vor allem unsere ethnographischen Erkundungen. Bei allen diesen Arbeiten genossen wir die bereitwilligste und weitgehendste Unterstützung von seiten der Missionare, denen ich hierfür auch an dieser Stelle noch einmal meinen aufrichtigsten Dank ausspreche. — Was mich an den Wassandaui am meisten fesselte, war das schon durch ihre Schnalzlauten-Sprache gegebene Problem der Herkunft und Abstammung und der Beziehungen zu den Wakindiga. Eine Reihe wichtiger Erkenntnisse brachten schon die Untersuchungen in der Nähe der Mission Kurjo. Was ich gelegentlich bereits im äußersten Osten Ussandauis gehört hatte, fand ich auch hier bestätigt, daß nämlich früher die Jagd eine ganz andere Rolle bei den Ssandaui gespielt habe als heute, ja daß man einstens überhaupt lediglich von den Erträgnissen der Jagd gelebt habe. Ich richtete daher nun mein Hauptaugenmerk auf die Jagdwaffen der Ssandaui und konnte zu meinem Erstaunen feststellen, daß sie im wesentlichen mit denen der Wakindiga übereinstimmen; sogar die seltsamen Harpunen-Pfeile der Kindiga kehren hier in fast identer Konstruktionsart wieder. Das war ein wichtiger Fingerzeig, aber er bedeutete natürlich noch keine Lösung des Problems. Ich versuchte, mehr zu erfahren und auch zu erkunden, wann und durch welche Umstände die heute dominierende Wirtschaftsform des Hackbaus sich eingebürgert habe, aber meine Bemühungen zeitigten keine guten und klaren Ergebnisse. Nur das eine wurde mir übereinstimmend an so verschiedenen Stellen von alten Männern erzählt, daß man es wohl als Tatsache hinnehmen kann: das heutige Wohngebiet der Ssandaui ist nicht der Ursitz dieses Volkes; vielmehr sind die Ssandaui vom Ufer eines irgendwo im N gelegenen Sees (Njarasa-See, Manjara-See?) nach hier eingewandert und haben hamitische Völkerstämme (angeblich Taturu) dabei verdrängt und bei Seite geschoben. Wann und auf welchen Wegen sich diese Wanderung vollzog, darüber war nicht das mindeste zu erfahren. Die Berührung mit fremden Völkern, wie sie die deutsche Besitzergreifung überall mit sich bringt, hat hier in der Nähe der großen Karawanenstraße von Kilimatinde über Kwa Mtoro nach Kondoa-Irangi offenbar manche Erinnerung an die Vergangenheit des Stammes ausgelöscht. Wollte ich mit einiger Aussicht auf Erfolg diesen Problemen noch weiter nachgehen, so mußte ich es im äußersten südöstlichen Ussandaui, dem unberührtesten Teil der Landschaft, versuchen. Und da auch morphologische Probleme mich nach dort hinzogen, so stand der Reiseweg für die letzten Wochen der Expedition fest.

Zuvor aber galt es noch, die Sprache und die anthropologischen Eigentümlichkeiten der Wassandaui zu erforschen. Als ich mit den Patres darüber sprach und ihre Unterstützung erbat, fand ich zu meiner Freude auch in diesem Punkt das weitreichendste Verständnis und eine auch meine kühnsten Erwartungen übertreffende Hülfsbereitschaft. Der leitende Pater erklärte sich bereit, das Material seiner eigenen jahrelangen sprachlichen Untersuchungen Herrn Professor Meinhof in Hamburg einzusenden, und erbot sich überdies, mit einem der abseits der Straße im Busch wohnenden Ssandaui-Jumben wegen der Ausgrabung von Skeletten zu verhandeln. Nach langem Hin und Her gab der Jumbe Leba seine Zustimmung und erlaubte mir, in den folgenden Tagen in seinem Bezirk an die Arbeit zu gehen. Elf vollständige Skelette waren die Ausbeute, und wenn es möglich ist, daraus ein einigermaßen klares Bild von den Rasseeigentümlichkeiten der Wassandaui zu gewinnen, so verdankt die Wissenschaft dies in erster Linie dem hohen Interesse und den eifrigen Bemühungen der Patres von Kurjo.

m. Auf einsamen Pfaden durch Süd-Ussandaui und Rückkehr nach West-Ugogo.

Nachdem ich dann noch die genaue Lage von Kurjo durch astronomische Beobachtungen festgestellt hatte, reichte ich am 2. März 1912 den so überaus gastfreundlichen Missionaren in herzlichster Dankbarkeit die Hand zum Abschied. Mein Weg führte in einem großen Bogen über Ssono (1350 m), Tschansi (1210 m) und Leba (1140 m) durch das Bergland des südwestlichen Ussandaui und von hier durch immer neue Sohlentäler (Taf. 26 Abb. 44), an immer neuen Restbergen vorüber bis zum Rand jener Stufe, mit der das westliche Ussandaui steil fast 350 m zum Bubu abfällt. Vorsichtig die Lasten auf dem Kopf balancierend, kletterten die Träger die Steilstufe hinunter, passierten auf einer Furt den in felsigem Bett dahinbrausenden Bubu und schlugen am anderen Ufer beim Jumben Marakrowera in 930 m Seehöhe das Lager auf. Ich selbst benutzte die seit mehr als einem Jahr entbehrte Gelegenheit und badete in dem köstlich frischen Fluten des Bubu-Flusses, der hier mit seiner starken Strömung und den aus dem Wasser aufragenden Felsblöcken trotz der schüchtern sich bemerkbar machenden Talsohle noch immer ein Bild echter, frischer Jugendlichkeit bietet.

Gar zu gern wäre ich am nächsten Tage weiter nach S marschiert, um die Ursache der kräftigen Tiefenerosion des Bubu festzustellen. Im Interesse der topographischen Arbeiten zog ich es aber doch vor, von Marakrowera zunächst noch einmal bis zu unserem alten Lager in Ssola vorzustoßen und erst von hier den Marsch nach S anzutreten. So gings also am 4. März abermals in das Bergland von Ussandaui hinein und in fortwährendem Auf und Ab durch lichten Busch nach NO. Der Weg bot naturgemäß nicht viel Neues, aber es war lehrreich und nützlich genug, während dieser Wanderung noch einmal die Steilstufe westlich vom Bubu in ihrer ganzen Schärfe und Geschlossenheit auf sich wirken zu lassen.

In der Frühe des 5. März rüsteten wir uns dann im Lager Ssola endlich zu dem langersehnten Marsch nach S. Wieder gings durch echtes Ussandaui-Bergland hinauf, hinunter und wieder hinauf, immerfort durch öden, menschenleeren, unheimlich stillen Busch. Gegen Mittag erreichten wir die Temben des Jumben Mualimu (Seehöhe 1290 m) und stiegen von hier einen leidlich sanft geböschten, stark zerfurchten Stufenhang hinunter, an dessem Fuß wir in 1140 m Seehöhe das Lager aufschlugen.

Unvergeßlich ist mir die Fülle von Eindrücken, die hier auf mich einstürmte. Schon das Studium des Reliefs war von höchstem Interesse und größter Wichtigkeit. Eine unermeßlich weite Fastebene dehnt sich im S unseres Standortes bis zum fernen Horizont hin aus: die Ebenheit von Ugogo. Sie wird im Westen eingerahmt durch eine in zartem Distanzblau herübergrüßende Steilstufe, die nichts anderes als die früher so oft gekreuzte Kilimatinde-Stufe sein kann. Aber auch im N ist die Ugogo-Ebenheit durch eine Stufe begrenzt, denn der von uns soeben passierte Stufenhang läßt sich weit nach NW wie nach SO verfolgen. Die vielen tiefen Wunden, die die Erosion dieser Stufe bereits geschlagen hat, verleihen ihr allerdings ein recht wenig jugendliches Aussehen und unterscheiden sie aufs schärfste von den schroffen, kaum berührten Steilstufen von West-Ugogo, Turu, Iramba usw. Aber wenn man einige km weit in die Ugogo-Steppe hinein geht und von hier aus nach N blickt, so verhüllen die zarten blaugrauen Dunstnebel all die tiefen Flußscharten und lassen auch diese 150—200 m hohe, von NW nach SO streichende Stufe in ihrer vollen Größe und Schärfe hervortreten. — Unsere Freude über die Entdeckung dieser seltsamerweise bisher ganz unbeachtet und unbekannt gebliebenen Stufe war groß, denn ohne Zweifel bedeutete diese Entdeckung zugleich einen wichtigen Schritt zur Lösung des Bubu-Problems. Indem die Ugogo-Scholle längs dieser Stufe absank, war die Bedingung zur Entstehung eines lebendig in die Tiefe arbeitenden Abdachungsflusses gegeben; rasch konnte ein solcher Fluß sein Quellgebiet weiter nach N vorschieben und schließlich dem Bubu in die Flanke fallen. Die eine der oben (S. 88) aufgeworfenen Fragen nach der Entstehung des heutigen Bubu-Laufs hatte mit der Entdeckung der Nord-Ugogo-Stufe ihre klare Antwort gefunden. Problematisch blieb nur noch, warum der anzapfende Fluß sich gerade an dieser Stelle der Stufe entwickelt hat; aber auch hierfür sollte bald eine Antwort gefunden werden.

Zu dieser für die morphologische Entwicklungsgeschichte Ussandauis, Burungis und Irangis sehr bedeutsamen Entdeckung der Nord-Ugogo-Stufe gesellte sich im heutigen Lager noch eine zweite große und nicht minder wichtige Überraschung. Bei einem Rundgang durch die kleine, im Busch versteckte Tembensiedlung stieß ich auf einen seltsamen, noch nirgends sonst beobachteten Hüttentypus: eine primitive Spitzhütte. Dieser merkwürdige Fremdling hier im absoluten Machtbereich der Tembe erregte natürlich mein allergrößtes Interesse. Was bedeuteten diese Hütten? Die Wassandaui erklärten mir, auf den Bewohner einer dieser Spitzhütten deutend: „der ist ein Dummkopf; der kann noch keine Tembe bauen; früher haben wir einmal alle solche Hütten gehabt". Gespannt horchte ich auf und ging dann in eine solche Spitzhütte hinein. Die Bauart ist sehr primitiv. Einige Pfähle sind kreisförmig in den Boden gerammt und oben zusammengefügt, und auf dieses Gerippe ist Gras und Stroh und Buschwerk zur Abwehr gegen Sonnenstrahlen und Regen geworfen. Die Ähnlichkeit mit den Hütten der Wakindiga ist überraschend. Und da nach der Aussage der umwohnenden Bewohner einst alle Wassandaui in derartigen Hütten gehaust haben, so lag die Vermutung nahe, daß diese primitive Spitzhütte ein Relikt aus der Jägernomadenzeit der Wassandaui bedeutet. — Als ich dann am Abend am Lagerfeuer inmitten der Wassandaui saß und ganz allmählich das Gespräch wieder auf diesen Punkt lenkte, erhielt ich aus dem Munde der Wassandaui selbst eine Bestätigung meiner Annahme. Auch hier lebt noch die Erinnerung an eine ferne Vergangenheit, in der die Wassandaui, wie die Wakindiga noch heute, allein von den Erträgnissen der Jagd lebten und unstet dem Wilde folgten von Wasserstelle zu Wasserstelle. „Damals", so schilderte ein besonders redseliger Alter, „kannten die Wassandaui noch keine Temben, denn sie mußten mit dem Wild wandern und bald hier, bald dort schlafen. Leider ist unser Land nur klein, und die Wagogo und Wanjaturu, Waïrangi und Waburungi, sie schlugen jeden von uns tot, der sich einmal im Eifer der Jagd bis in ihr Gebiet verirrt hatte. Aber dennoch, es muß eine schöne Zeit gewesen sein" . . . Und mit diesen Worten schloß er die Augen, und alles schwieg und träumte mit ihm von der guten, alten Zeit der Wassandaui. — So lebendig rollt noch das alte Jägernomadenblut in den Adern dieser Menschen! Jeder von ihnen empfindet noch heute den grausamen Zwang der Umwelt, der aus dem kindlich-fröhlich dahinlebenden nomadisierenden Jägervolk seßhafte Ackerbauer und Viehzüchter werden ließ, der ein gut Teil der alten Sitten und Gebräuche, Wohnstätten, Bekleidung und Waffen über den Haufen warf und zur Nachahmung der rassefremden Nachbarn trieb.

Am 6. März verließen wir die kleine Ssandaui-Buschsiedlung,

die uns so viel an neuen Eindrücken und neuen Erkenntnissen geschenkt hatte, und wanderten am Fuß der Nord-Ugogo-Stufe entlang nach NW. Über Marenga, Ndahani (Seehöhe 1070 m) und Lupama (Seehöhe 890 m), verstreute kleine Siedlungen mit zahlreichen Spitzhütten, erreichten wir am Spätnachmittag des 7. März den Bubu-Fluß beim Jumben Kambirombiro und schlugen auf dem rechten Ufer in 890 m Seehöhe das Lager auf. War auch die Fernsicht von diesem Punkte aus nicht eben glänzend zu nennen, so zeitigten die kleinen Peilausflüge in die nähere Umgebung immerhin ein Resultat von größter Bedeutung: die Steilstufe, die den Bubu zur Rechten flankiert und in der Richtung SW—NO ganz Zentral-Ussandaui durchzieht, sie ist nichts weiter als das Nordende der Kilimatinde-Stufe! Nun war das Bubu-Problem, eines der wichtigsten Probleme unseres Forschungsgebiets, restlos gelöst! Ein Vergleich der Talformen in Irangi, Burungi und in Ussandaui, insbesondere das völlige Fehlen von Terrassen längs der Durchbruchsstrecke in Zentral-Ussandaui hatte uns gelehrt, daß der Bubu ursprünglich von NW herkommend durch das Grenzgebiet von Irangi-Burungi-Ussandaui weiter nach SO geflossen ist und erst nachträglich durch einen von SW her vordringenden jugendlichen Gebirgsfluß angezapft und in seine heutige Bahn gelenkt worden ist. Als Entstehungsursache dieses jugendlichen Anzapfungs-Flusses hatten wir das Absinken der Ugogo-Fastebene längs der Nord-Ugogo-Stufe erkannt. Jetzt aber sind wir weiterhin auch in der Lage zu sagen, warum sich der anzapfende Fluß gerade an dieser Stelle Zentral-Ussandauis entwickelte. Die bis nach Ussandaui hinein reichende Kilimatinde-Stufe ließ die Erdkruste hier zerbersten, schuf dadurch eine Linie geringeren Widerstands und begünstigte auf diese Weise das rasche Vordringen eines Abdachungsflusses gerade längs dieser Linie.

In der Frühe des 8. März brachen wir vom Ufer des Bubu auf und erkletterten zunächst die hier etwa 150—200 m hohe Kilimatinde-Stufe. Dann ging es am Fuße der Nord-Ugogo-Stufe weiter nach NW bis zum Lager Gaïa und am folgenden Tage in derselben Richtung bis zum Jumben Mbuga am Fuße des Heliographen-Berges Ssongoro (Seehöhe 1240 m). Noch am Nachmittag desselben Tages stieg ich auf überaus steilem Pfad zum Gipfel des Ssongoro hinauf, dessen Seehöhe ich durch Siedepunktsbestimmung auf 1470 m berechnete. Ganz unvergleichlich prächtig ist die Aussicht von der Plattform der hier oben errichteten Heliographen-Station. Im W, N und O liegt das felsenreiche Bergland von Ussandaui vor uns, die

J. B. OBERNETTER HELIOGR.

E. OBST PHOT. MIT CHROMO-JSOLAR-TROCKENPLATTE (AGFA).

Abb. 26. Blick vom Gipfel des Ssongoro nach NO über das Bergland von Ussandaui.

vielfach zerfurchte Fastebene, deren Restberge das alte Niveau noch so deutlich erkennen lassen. Lichter Miombo- und Juniperus-Wald breitet sich über die Höhen und Tiefen aus und schützt die Talflanken vor allzu rascher Abtragung und Verflachung (Taf. 15 Abb. 26). — Im schärfsten Gegensatz zu diesem reichgegliederten Relief Ussandauis steht die Monotonie der Landschaft im S des Ssongoro. Eine weite einförmige Ebenheit dehnt sich hier, wohl 2—300 m unter uns, vom Fuße der zerfransten Nord-Ugogo-Stufe bis zum fernen Horizont hin aus, und dichter graugrüner Busch verstärkt den Eindruck trostlosester Öde und Einförmigkeit. Einige markante Felsberge lugen mit ihren kahlen Gipfeln aus dem endlosen Gestrüpp heraus, als wollten sie dem einsamen Wanderer als Wegezeichen für seine Reise durch die Dornenwüste dienen. Vor mehr als einem Jahr, auf dem Marsch von Kilimatinde nach N, haben wir die Mehrzahl von ihnen bereits angepeilt, vor allem den Kiringa östlich vom Lager Makulu. Diesen alten Bekannten noch einmal aufzusuchen, würde sich wohl lohnen. Wir würden eine genaue Kontrolle unserer Routenaufnahmen erzielen, die Ebenheit südlich von der Nord-Ugogo-Stufe kennen lernen und vor allem die ganz im Busch versteckte Turu-Stufe an einer neuen Stelle kreuzen können. — — So endeten die Peilarbeiten auf dem Gipfel des Ssongoro mit der Festsetzung des Reiseweges für die nächsten Tage.

Als ich hernach im Lager dem Jumben meinen Plan vortrug und um einen Führer zum Kiringa bat, gab es allenthalben erstaunte Gesichter. „Es gibt keinen Weg dorthin, Herr“ sagten einige; „es ist sehr, sehr dichter Busch dort“ meinten andere. Aber es half natürlich alles nichts, und als wir am frühen Morgen des 10. März zum Aufbruch rüsteten, standen auch die gewünschten Führer bereits am Zelt und versicherten, der Weg wäre zwar elendiglich, aber sie würden mich schon glücklich hinführen.

Auf schmalem, vielgewundenem Pfad stiegen wir zunächst den Schuttfußhang der Nord-Ugogo-Stufe hinab und erreichten dann das stille Buschmeer der Ebenheit. Stundenlang ging es nun, meist in tollen Schlangenwindungen, weiter nach SW, ständig in etwa 1150—1175 m Seehöhe. Das Gelände ist und bleibt nahezu eben; nirgends eine Erhebung, nirgends eine Vertiefung, alles flach, flach und greisenhaft. — Endlich gegen 1 Uhr stellten sich einige schärfere Talungen ein, und bald darauf standen wir am Ufer des Mpondi, dessen Felsbett wir in 1150 m Seehöhe überschritten. Als wir diesen Fluß zum letzten Male querten, war es fast 40 km weiter aufwärts auf dem Marsche von Ussandaui nach O-Turu. Dort war es ein träger, kaum noch vorwärtskommender Auenfluß; hier ist der Charakter ein wesentlich anderer. Das Bett ist zwar nicht viel über $^1/_2$ m tief, aber es ist felsig, und das Wasser fließt lebendig dahin. Ohne Frage sehen wir auch hier wieder die Einwirkung der Kilimatinde-Stufe, die eine Tieferlegung der Erosionsbasis des Mpondi zur Folge hatte und den Fluß zu energischer Tiefenerosion befähigte. Noch sprudelt und springt der Mpondi zwar in Stromschnellen und Wasserfällen die Kilimatinde-Stufe hinunter, aber wie wir hier an der Kreuzungsstelle sehen, ist er an der Arbeit, durch Rückwärtserosion sein Bett allenthalben zu vertiefen und sich ein gleichmäßiges Gefälle herzustellen. Die Tage der weiten Mpondi-Aue droben im Norden sind also gezählt; Reste der Aue werden in Gestalt breiter Terrassenflächen künftigen Forscher-Generationen einmal Kunde geben von einer Zeit, in der die Kilimatinde-Stufe noch nicht bestand.

Jenseits des Mpondi galt es steil bergauf zu klettern, und als wir von einer kleineren Lichtung aus uns orientieren und den Charakter der Erhebung feststellen konnten, sahen wir zu unserem Erstaunen, daß wir die hier etwa 150 m hohe Turu-Stufe erklommen hatten. Der dichte Busch hatte die Fernsicht dermaßen versperrt, daß uns selbst die Stufe bisher völlig entgangen war. Und noch etwas lehrte uns der Ausblick vom Rande der Stufe: ein günstiger Zufall hatte es gefügt, daß wir die Stufe gerade an derjenigen Stelle erreichten, wo sie aus der im südöstlichen Turu vorherrschenden Richtung NW—SO in die Richtung NO—SW umbiegt! — Nahe am oberen Stufenrande wanderten wir nun weiter nach SW, bis nach einer Stunde eine kleine Ssandaui-Kolonie erreicht war. Der Akide Ssauassaua lud uns ein, hier zu übernachten, und da die nächsten Siedlungen noch 5—6 Stunden entfernt waren, so gingen wir gern auf diesen Vorschlag ein und schlugen hier in 1210 m Seehöhe das Lager auf.

Am nächsten Morgen gab uns die gesamte Bewohnerschaft der kleinen Siedlung ein Stück Wegs das Geleit. Den Besuch einer großen Karawane hatte noch keiner von diesen „Buschleuten" erlebt; viele Kinder sahen sogar bei dieser Gelegenheit zum ersten Male in ihrem Leben einen Weißen. Und da ich den Rest meines Perlenvorrats freigebig unter die Kinder verteilt hatte, so waren wir bald gute Freunde geworden. Als das Ende der Felder erreicht war, blieben die Wassandaui stehen, um sich von mir zu verabschieden. Ich weiß nicht, wer es ihnen beigebracht haben mochte, jedenfalls traten sie alle Mann für Mann, Weib für Weib und alle

Kinder an mich heran und drückten mir die Hand. Ihre linkischen Bewegungen und die unruhig, fast ängstlich dreinschauenden Augen verrieten zur Genüge, daß sie sich über die Bedeutung dieser Zeremonie nicht recht im klaren waren; aber ohne Frage war es gut gemeint, und so ließ ich all die hundert Händedrücke geduldig über mich ergehen und winkte den fröhlichen, harmlosen Menschenkindern ein herzliches Lebewohl zu. Es war mein letztes Zusammentreffen mit Wassandaui.

Durch freundlichen Miombo-Buschwald schlängelte sich unser Weg dann nach SW. Kurz nach 9 Uhr standen wir am Fuße des Kiringa (Seehöhe 1330 m) und stiegen noch einmal zu demselben Gipfelpunkt hinauf, von dem aus wir am 18. Februar 1911 Umschau gehalten hatten. Damals hatten wir den größten Teil unserer Studien noch vor uns und freuten uns von Herzen auf die Fülle von Problemen, an deren Lösung wir in der Folgezeit würden arbeiten können. Nun lag fast alles schon hinter uns, Monate emsigster Arbeit, aber auch oft drückender Einsamkeit, und wir freuten uns jetzt ebenso herzlich auf den Schluß der Reise, auf die Rückkehr zur Kultur und zur Geselligkeit. -- Noch einmal ließen wir die im NO und O in ihrer ganzen Erstreckung sich scharf abhebende Nord-Ugogo-Stufe auf uns wirken, noch einmal stellten wir den Kompaß auf diesen oder jenen markanten Punkt ein, dann stiegen wir wieder hinab und befahlen den Aufbruch.

Abermals nahm uns der stille, stille Busch auf. Wir stiegen ganz allmählich längs der Turu-Stufe hinunter und erreichten am Fuße der Stufe bei Kiwunge (Seehöhe 1150 m) wiederum einen unserer früheren Routenpunkte. Von hier waren wir Mitte Februar 1911 nach NW aufgestiegen. — Ein schmaler Pfad führte uns nun weiter nach OSO. Wieder kreuzten wir eine riesige, buschbestandene Ebenheit, das Fastebenen-Reststück zwischen der Turu- und der Kilimatinde-Stufe. In gleichbleibender Einförmigkeit verlief Stunde für Stunde. Endlich, es war inzwischen schon $^1/_2$ 5 Uhr geworden, erreichten wir die Karawanenstraße Kilimatinde—Kwa Mtoro—Kondoa-Irangi und schlugen beim Jumben Makali von Ssoboro am oberen Rand der Kilimatinde-Stufe das Lager auf (Seehöhe 1090 m).

Der bequemste Weg von Ssoboro nach Kilimatinde wäre natürlich die Karawanenstraße gewesen, die, sich ständig in derselben Höhe haltend, über Saranda nach SW führt. Da aber bereits v. Prittwitz im Jahre 1905 diese Straße aufgenommen hatte, und wir überdies gern noch dem Nkwita-Berg am Fuß der Kilimatinde-Stufe einen

Besuch abstatten wollten, entschieden wir uns dafür, am 12. März die Kilimatinde-Stufe hinunterzusteigen und am Fuße des Nkwita-Berges zu lagern. — Langsam ging es also den mit Felstrümmern in allen Größen besäeten Hang der Steilstufe hinunter und dann auf fast ebenem, z. T. sumpfigen Gelände weiter nach S, bis gegen 3 Uhr nachmittags das für heute bestimmte Lager beim Jumben Gendaweka erreicht war (Seehöhe 870 m). Eine unabsehbare Niederung, mit Gras und niedrigem Gebüsch bestanden, breitet sich im O und S des Berges aus. Es ist wiederum die Ebenheit von Ugogo, auf der in nicht zu großer Entfernung vom Lager der Mpondi-Mtiwe und der Bubu in riesenhaft breiten Auen-Tälern nach S pendeln. Im W steigt aus dieser Ebenheit mit mauerartig steilem Absatz die Kilimatinde-Stufe auf, deren Südende am fernen Horizont eben noch als licht blaugraues Band zu erkennen ist. Den Abschluß im N endlich bildet die massige Erhebung des Nkwita, deren Untersuchung wir den Nachmittag widmeten. Es ergab sich, daß der Nkwita-Berg aus demselben Granit wie die umliegende Ebenheit aufgebaut ist, daß er also genetisch mit dem Kiringa und den zahlreichen übrigen Felsbergen von Turu, Iramba usw. aufs engste verwandt ist. Mit der Kilimatinde-Stufe hat der Nkwita nichts zu tun. Er ist nicht etwa ein abgeschnürter Teil dieser Stufe, sondern bestand längst vor der Bildung der Stufe. Er sitzt der Tiefscholle von Ugogo ebenso auf wie die Makindu- und Mkwaka-Berge u. a. dem Fastebenen Reststück zwischen Turu- und Kilimatinde-Stufe und wie der Kiringa der Hochscholle von Turu. Alle diese Felshöhen sind Restberge, Relikte eines einstigen Gebirgslandes, aus dem die Erosion in Millionen von Jahren die weiten einförmigen Fastebenen schuf. Auch ihr Leben ist begrenzt, und wie wir es bisher überall beobachtet haben, so sehen wir die Erosion auch an dem Nkwita-Berg an der Arbeit, die Erhebung zu zerstören, in eine Reihe kleinerer Höhen zu zerlegen und schließlich jegliche Unebenheit zu tilgen. Werden und Vergehen dieser markanten Felsberge sind die Glieder einer und derselben Entwicklungsreihe.

Als in der Frühe des 13. März das Signal zum Aufbruch ertönte, hoffte ich bestimmt, am Abend in Saranda oder gar schon in Kilimatinde zu sein. Leider erfüllte sich diese Hoffnung durchaus nicht. Unser Führer verfehlte den Weg und brachte uns schließlich in ein solches Buschgestrüpp, daß nur mit Hülfe der Buschmesser Schritt für Schritt vorwärts zu kommen war. Stundenlang kämpften wir gegen den widerwärtig verfilzten Urbusch. Der Führer, der im Anfang noch guten Muts gewesen war und immer wieder aufs bestimmteste versicherte, es müsse jetzt gleich ein guter Weg kommen, gab schließlich klein bei und erklärte, er wisse jetzt selbst nicht mehr aus noch ein. Nun wies ich den Weg nach dem Kompaß und kam nach einigen Stunden in ein kleines Bachbett hinein, auf dessen Sohle wir langsam weiter die Kilimatinde-Stufe aufwärts krochen. Aber der Busch nahm und nahm auch jetzt noch kein Ende; er verfolgte uns zur Rechten wie zur Linken und hielt uns in dem etwa $2^1/_2$ m tiefen Bachbett wie gefangen. Schon war es inzwischen 3 Uhr nachmittags geworden, und der Magen knurrte bereits arg — wir alle hatten seit der Frühe nichts genossen —, da ertönte zur Linken, höchstens 200 m von uns entfernt, der Pfiff einer Lokomotive! Mit einem Freudenschrei stürzten wir uns nun in den Busch, achteten nicht mehr darauf, ob einige Kleiderfetzen an dem Gestrüpp hängen blieben oder die Dornen und Äste Hände und Gesicht blutig ritzten, sondern stürmten unentwegt vorwärts, bis wir schließlich auf dem Gleis der Zentralbahn standen. War auch an ein Lagern hier noch nicht zu denken, so waren wir doch jetzt endlich aus den unerträglichen Fesseln des Urbuschs befreit. Und das gab uns neue Kraft und ließ uns die noch folgende zweistündige Wanderung auf dem Bahnkörper fast als Erholung empfinden. — Die Dämmerung setzte schon ein, als wir endlich ein großes Lager von eingeborenen Streckenarbeitern erreichten und hier unser Zelt aufschlagen konnten. Fast zehn Stunden waren wir heute marschiert ohne eine einzige Pause und ohne eine einzige Mahlzeit.

Später als gewöhnlich brachen wir am 14. März auf; sowohl ich selbst wie meine Jungen hatten nach den Anstrengungen des vergangenen Tages so fest geschlafen, daß wir weder von dem Lärm der aufbrechenden Arbeiterschar noch von dem Pfeifen der unmittelbar neben dem Zelt vorbeifahrenden Lokomotive geweckt worden waren. Wir marschierten auch heute zunächst auf dem Bahnkörper weiter, bis wir die Station Saranda erreichten. Im Februar 1911 stand hier noch ein wüstes Chaos von Wellblechbuden und primitiven, mehr oder weniger schmutzigen Hütten. Jetzt erhob sich hier ein schmuckes, ganz und gar europäisch anmutendes Stationsgebäude mit der Dienstwohnung des Bahnmeisters, ein sauberer, geräumiger Güterschuppen, Wasserbehälter usw. und überall herrschte peinliche Sauberkeit und Ordnung. Wie hatte sich das alles verändert! Ich konnte gar nicht aufhören, diese Eindrücke auf mich wirken zu lassen. Viele Monate lang hatte ich nichts anderes genossen als die primitiven Reize, die das Land der Fastebenen und Stufen, der weite, stille Busch und seine Bewohner auszuüben vermögen. Nun kehrte ich zur Kultur zurück und traf gleich ein solches Glanzstück deutscher Kulturarbeit! Es war wahrhaft erhebend.

Von Saranda marschierten wir dann gegen 11 Uhr auf der Karawanenstraße nach Kilimatinde weiter. Das Gebiet zwischen der Turu- und der Kilimatinde-Stufe stellt sich auch hier als monotone Fastebene dar. Lichter Busch bedeckt wie im N so auch hier die weite Ebenheit, deren Einförmigkeit nur dann und wann durch einen schroff emporragenden Felsberg unterbrochen wird. — Kurz nach drei Uhr langten wir schließlich in Kilimatinde an, aufs freundlichste begrüßt von den Offizieren und Beamten, von denen wir uns vor mehr als einem Jahre zu Beginn der Expedition verabschiedet hatten.

Nach einer zweitägigen Rast brachen wir am 16. März noch einmal von Kilimatinde auf, um auf einer kleinen Rundtour bis zum Südende der Turu-Bruchstufe vorzustoßen. Unser Weg führte uns zunächst abermals über das Fastebenen-Reststück westlich von Kilimatinde nach Mesomapia am Fuße der Turu-Stufe, wo wir bereits früher einmal, am 12. Februar 1911, gelagert hatten. Dann gings die Turu-Stufe hinauf und auf der großen Karawanenstraße nach Tabora längs des oberen Randes der Stufe bis zum Maungulu-Fluß, dessen mit riesiger Gewalt abgekommenen Fluten leider ein weiteres Vordringen absolut unmöglich machten. Nach stundenlangem vergeblichen Warten mußten wir uns dazu entschließen, entweder auf demselben Wege wieder zurückzugehen oder uns mit den Buschmessern durch den von Dornen starrenden dichten Busch einen Weg nach SO zu bahnen. Wir wählten das letztere, und bald begannen nun die Messer und Äxte noch einmal in Tätigkeit zu treten. Schritt für Schritt nur ging es unter fortwährendem Kampf mit dem zäh verstrüppten Pflanzendickicht vorwärts (Taf. 27 Abb. 47). Die Sonne näherte sich allmählich bedenklich dem Horizont, und noch immer war von einer Lichtung oder einer Siedlung nichts zu erspähen. Es blieb schließlich nichts anderes übrig, als hier inmitten des trostlosen Urbuschs in 1270 m Seehöhe das Lager aufzuschlagen und sich mit leerem Magen schlafen zu legen.

In der Frühe des 18. März nahmen wir den Kampf gegen den bis zur Undurchdringlichkeit verfilzten Urbusch von neuem auf. Und ein neuer Feind stellte sich uns überdies noch entgegen: die Regengüsse der letzten Tage hatten das fastebene Gelände hier oben am Rand der Turu-Stufe im wahren Sinne des Wortes unter Wasser gesetzt

B. Obst phot.

Abb. 27. Übergang über den Bubu im Grenzgebiet der Landschaften Ussandaui, Irangi, Burungi. Der Fluß hat sich hier 4—6 m tief in seine eigenen Schotter eingegraben.

E. Obst phot.

Abb. 28. Der letzte Tagesmarsch auf der Hochscholle von Kilimatinde zur Militärstation zurück. Seehöhe ca. 1100 m. 18. März 1912.

Verlag: L. Friederichsen & Co., Hamburg. Lichtdruck von Knackstedt & Co., Hamburg.

und in einen scheußlichen Sumpf verwandelt. Unausgesetzt stapften wir heute durch weichen Sumpfboden, bald bis zu den Knieen, bald bis zum Leib im Wasser. Endlich, endlich, kurz nach 1 Uhr mittags, lichtete sich der Busch, und wir erreichten glücklich in 1250 m Seehöhe die breite Straße, die von Uhehe nach Kilimatinde führt. Die Träger erklärten, bis zum äußersten erschöpft zu sein, und baten, bei Maunda, einer kleinen isolierten Tembensiedlung nahe der Straße, abkochen und übernachten zu dürfen. Da ich schwerlich hoffen konnte, mit der Karawane noch heute das etwa 20 km entfernte Kilimatinde zu erreichen, so willigte ich ein und ließ die Karawane unter Aufsicht des Kochs hier lagern. Ich selbst aber machte mich, durchnäßt und hungrig wie ich war, mit meinem Jungen auf den Weg, um in einem Gewaltmarsch noch heute zum Standquartier zurückzukehren. Hinunter gings die hier in ihrem südlichsten Abschnitt schon nur noch undeutliche und flach geböschte Turu-Stufe und dann auf dem nun schon so oft durchquerten Fastebenen-Reststück westlich der Kilimatinde-Stufe weiter nach NO. Schon von 5 Uhr ab leuchteten uns die im Schein der untergehenden Sonne in hellem Weiß erstrahlenden Mauern des Stationsgebäudes von Kilimatinde entgegen (Taf. 16 Abb. 28); bald nach $^1/_2$6 Uhr war das Ziel erreicht.

Zwei Tage blieben mir nun noch bis zur Abfahrt von Saranda. Das Verpacken der Sammlungen und die Durchsicht meiner persönlichen Koffer füllten diese Zeit aus. Die letzten freien Stunden aber benutzte ich dann zu einem nochmaligen Besuch der sogenannten „Schönen Aussicht“ am oberen Rand der Kilimatinde-Stufe. Hier, wo der Blick noch einmal über die weite, weite mit einzelnen Felsbergen besetzte Fastebene von Ugogo schweifen konnte, wo die Riesenmauer der Kilimatinde-Stufe noch einmal in ihrer gesamten Ausdehnung, Größe und Schroffheit zu verfolgen war (Taf. 2 Abb. 3), hier nahm ich von meinem Forschungsgebiet und all den Problemen, denen ich in fast fünfzehnmonatiger Arbeit nachgegangen war, Abschied für immer.

C. Ergebnisse der topographischen Arbeiten und der Sammlungen.

Begleitworte

zur

zweiblättrigen topographischen Karte des abflußlosen Rumpfschollenlandes im nordöstlichen Deutsch-Ostafrika im Maßstabe von 1 : 300 000

von

P. Sprigade und **M. Moisel.**

Das Arbeitsfeld, das sich Dr. Obst für seine Forschungen ausgewählt hatte, umfaßt das Gebiet zwischen dem Njarasa-See im Norden, der Tanganjikabahn im Süden, der Wemberesteppe im Westen und der Massaisteppe im Osten. Der nordwestlichste Teil dieses Gebiets bis ca. 4^0 s. Br. war durch die neueren detaillierten Aufnahmen Prof. Jaegers („Das Hochland der Riesenkrater" 1 : 150 000 und „Das abflußlose Rumpfschollenland zwischen Iramba, Njarasasee, Umbugwe und Ufiomi" 1 : 300 000, 1913) größtenteils bereits gut kartiert. Auch das „Besiedelte Gebiet der Landschaft Turu" (1 : 100 000, 1911) war durch die Aufnahmen des Majors v. Prittwitz und Gaffron gut bekannt geworden. Die bisherige kartographische Darstellung aller übrigen Gebiete aber war noch recht mangelhaft und völlig veraltet. Zwar hatte sich seit Erscheinen der betreffenden Blätter der Karte von Deutsch-Ostafrika in 1 : 300 000 in den Jahren 1894 und 1897 ein umfangreiches und zum Teil wertvolles Routenmaterial angesammelt, aber zu einer erfolgreichen kartographischen Neubearbeitung dieser Gebiete reichte dies schwerlich aus, und überdies konnte diesen Gegenden besonderes Interesse nicht zugewandt werden, weil sie abseits von den Hauptwirtschaftsgebieten der Kolonie gelegen waren und andere Teile Deutsch-Ostafrikas überhaupt noch der ersten Bearbeitung harrten.

Anders wurde das nun, als mit dem Ausbau der Tanganjikabahn neue bedeutende wirtschaftliche Interessen geschaffen wurden, die gebieterisch genaue Karten erforderten. Das Kaiserliche Gouvernement von Deutsch-Ostafrika wünschte die Neubearbeitung insbesondere der Blätter C 4 (Kondoa-Irangi) und D 4 (Dodoma) der Karte von Deutsch-Ostafrika in 1 : 300 000, und gerade als die Vorarbeiten hierzu im Gange waren, kehrte Dr. Obst mit einem umfangreichen, vielfach grundlegenden topographischen Material aus Ostafrika zurück. Da die selbständige Bearbeitung seiner Aufnahmen bedeutende Mittel verlangt hätte, die von privater Seite nicht zur Verfügung standen, und es andererseits sehr erwünscht war, das Obstsche Material bei der Neubearbeitung der amtlichen

Karte 1 : 300 000 benutzen zu können, so kam man überein, das gesamte Obstsche Material auf Kosten des Reichskolonialamts auszukonstruieren, und es für die Neubearbeitung der Karte 1 : 300 000 zu benutzen und aus den Blättern B4 (Umbulu), B 5 (Kilimandscharo), C 4 (Kondoa-Irangi), C 5 (Massai-Steppe), D 4 (Dodoma), D 5 (Morogoro) bezw. Teilen derselben eine Sonderkarte als Beilage zu der Veröffentlichung der Resultate der Expedition Obst zusammenzustellen. Der große Anteil der Obstschen Arbeiten an dieser Karte sollte durch den Titel gebührend hervorgehoben werden.

Das Aufnahme-Material Dr. Obsts besteht aus 13 Original-Routenbüchern, in denen die mit Uhr und Kompaß festgelegten Wege eingezeichnet sind. Tausende von Fernpeilungen, eine große Zahl geschickt gezeichneter Panoramen und ca. 330 wohl gelungene z. T. höchst charakteristische photographische Landschaftsbilder ermöglichten es, auch das seitlich der Wege gelegene Gelände bis auf weite Entfernungen hin kartographisch festzulegen. Eine große Zahl von Aneroidablesungen, die durch Siedepunktsbestimmungen täglich kontrolliert wurden, gaben der Terraindarstellung eine sichere Grundlage. Für verschiedene Gebiete waren es die ersten Höhenmessungen überhaupt.

Ganz besonders zu rühmen ist die wohldurchdachte Auswahl der Routen. Auf meist noch unbekannten oder wenigstens noch nicht aufgenommenen Pfaden durchzog Dr. Obst sein Forschungsgebiet und gestaltete durch Schleifen, Kreuz- und Querwege seine Routen systematisch zu einem großen Netz aus. Auf diese Weise wurde es ihm möglich, durch seine eigenen bezw. durch Kombination mit Routen anderer Reisenden eine Art Flächendeckung zu erreichen und die Grundzüge des gesamten Reliefs sowie den genauen Verlauf der großen, auch orographisch scharf hervortretenden tektonischen Leitlinien festzustellen.

Die Aufnahmen wurden in den Maßstäben 1 : 75 000 bezw. 1 : 25 000 kartiert. Sie ergaben 57 Blätter (46 × 60 cm) Rohkonstruktionen. Die Länge aller aufgenommenen Wege beträgt rund 2500 km, entspricht also ungefähr der Entfernung Königsberg—Berlin—Paris—Madrid, eine Arbeitsleistung, die nur der richtig zu beurteilen im Stande ist, der selbst einmal in den Tropen topographisch tätig gewesen ist. Von außerordentlichem Nutzen war es, daß Dr. Obst in der Lage war, den Kartographen persönlich mit Rat und Tat zur Seite zu stehen. So wurden von ihm sämtliche Konstruktionsblätter in der eingehendsten Weise durchgesehen, verbessert und ergänzt. Später bei der Bearbeitung der Karte in 1 : 300 000 kam dann seine Beihülfe ganz besonders der Darstellung der charakteristischen Geländeformen durch Formenlinien und Schummerung zugute. Die Schummerung ist im wesentlichen nach einem Entwurf Dr. Obsts gearbeitet.

Wie die Karte von Deutsch-Ostafrika in 1 : 300 000, so ist auch die Obstsche Karte in der sogenannten Sanson-Flamsteedschen (Mercator-Sansonschen) Projektion entworfen. Für die Wahl dieser Projektion war nicht ihre Flächentreue und die Leichtigkeit ihrer Berechnung und Konstruktion ausschlaggebend, sondern der Wunsch, sämtliche Blätter der amtlichen Karte in 1 : 300 000 gelegentlich zu einem einzigen Kartenbilde zusammensetzen zu können, ein Verlangen, dem die an und für sich für eine Sektionskarte in 1 : 300 000 besser geeignete Polyeder-Projektion nicht gerecht wird.

Als Grundlagen für den Aufbau der Karte dienen im Norden die von Prof. Uhlig und Prof. Jaeger ermittelten geographischen Positionen, die durch geodätische, an die Triangulationspunkte der deutsch-englischen Grenzaufnahmen angeschlossene Messungen gewonnen sind.

Es sind dies von Uhlig:

Loolmalassin (Hettnergipfel) .	$\varphi = 3^0\ 3'\ 5''.6$	$\lambda = 35^0\ 48'\ 54''.3$
Lager am Olg-Rongai (Engotiek).	$\varphi = 3^0\ 21'\ 38''$	$\lambda = 35^0\ 51'\ 17''$
Jägers Peilpunkt am Emugur Belekj	$\varphi = 3^0\ 4'\ 55''$	$\lambda = 36^0\ 17'\ 47''$
Gunzert-Berg	$\varphi = 3^0\ 6'\ 34''$	$\lambda = 36^0\ 29'\ 46''$
Tarossero	$\varphi = 3^0\ 11'\ 27''.6$	$\lambda = 36^0\ 21'\ 41''.2$
Mondul, höchster Punkt . .	$\varphi = 3^0\ 15'\ 18''.3$	$\lambda = 36^0\ 28'\ 42''.2$
Burko	$\varphi = 3^0\ 18'\ 43''.3$	$\lambda = 36^0\ 13'\ 16''.9$
Lascheine	$\varphi = 3^0\ 22'\ 11''$	$\lambda = 36^0\ 25'\ 39''$
Essimingor (höchster Punkt).	$\varphi = 3^0\ 23'\ 58''$	$\lambda = 36^0\ 4'\ 40''$
Old. Lolkissale	$\varphi = 3^0\ 46'\ 15''.6$	$\lambda = 36^0\ 24'\ 9''.5$

und die von Jäger:

Loolmalassin	$\varphi = 3^0\ 3'\ 5''.6$	$\lambda = 35^0\ 48'\ 54''.3$
Ololmoti	$\varphi = 3^0\ 2'\ 35''.4$	$\lambda = 35^0\ 39'\ 8''.2$
Oldonjo-Dili (Se 4a)	$\varphi = 3^0\ 24'\ 47''.6$	$\lambda = 35^0\ 42'\ 45''.2$
Olgeleriani (Ng II)	$\varphi = 3^0\ 15'\ 26''.2$	$\lambda = 35^0\ 32'\ 35''.7$
Ssadiman (Ei 16).	$\varphi = 3^0\ 11'\ 40''.7$	$\lambda = 35^0\ 24'\ 32''.4$
Lemagrut	$\varphi = 3^0\ 9'\ 52''.2$	$\lambda = 35^0\ 22'\ 6''.5$
Gua	$\varphi = 3^0\ 51'\ 20''.8$	$\lambda = 35^0\ 34'\ 31''.6$

Lager am Eitjot (JI) . . . . $\varphi = 3^0\,41'\,11''$ $\lambda = 35^0\,32'\,5''.2$
Limbita ? (Ei 11) . . . . . $\varphi = 3^0\,31'\,51''.3$ $\lambda = 35^0\,22'\,55''.8$
Gijeda-Mara . . . . $\varphi = 3^0\,48'\,45''.6$ $\lambda = 35^0\,26'\,53''.3$
Old. Lerudjorudjo (Ei 9) . . $\varphi = 3^0\,28'\,21''.4$ $\lambda = 35^0\,6'\,17''.2$
Ssidagi (H 20) . . . . $\varphi = 3^0\,40'\,49''.2$ $\lambda = 35^0\,18'\,59''.7$
Olossirwa . . . . $\varphi = 3^0\,3'\,15''.5$ $\lambda = 35^0\,45'\,15''.8$
Oldeani . . . . $\varphi = 3^0\,17'\,25''$ $\lambda = 35^0\,27'\,48''$
Kisako (Ei 17) . . . . $\varphi = 3^0\,26'\,50''$ $\lambda = 35^0\,7'$
Ikuruga (Ei 2) . . . . $\varphi = 3^0\,54'\,3''$ $\lambda = 34^0\,52'\,30''$
Ngorongoro (Siedentopfs Farm)
(Ng III) . . . . $\varphi = 3^0\,9'\,11''$ $\lambda = 35^0\,36'\,6''$
Lager am Simbiti . . . . . $\varphi = 3^0\,52'\,0$
Mkalama Boma . . . . . . $\varphi = 4^0\,6'.7$
Gurui (Hanang) . . . . . . $\varphi = 4^0\,25'\,48''.6$ $\lambda = 35^0\,23'\,54''.1$
Harara (Kinjangiru) . . . . $\varphi = 4^0\,9'\,29''$ $\lambda = 34^0\,58'\,2''.8$
Nkinto (Kitandu, Is) . . . . $\varphi = 4^0\,7'\,27''.8$ $\lambda = 34^0\,45'\,32''$
Masodisch . . . . $\varphi = 4^0\,17'\,54''$ $\lambda = 35^0\,7'\,39''$

Weitere höchst wichtige Festpunkte verdanken wir den astronomischen und geodätischen Arbeiten Prof. Kohlschütters während der Pendelexpedition:

Engaruka . . . . $\varphi = 2^0\,59'\,41''$ $\lambda = 35^0\,58'\,15''$
Routenpunkt am Essitetj (Peilpunkt 70) . . . . $\varphi = 3^0\,12'\,28''$ $\lambda = 35^0\,56'\,27''$
Umbugwe bei Mutakaiko . . $\varphi = 3^0\,47'\,27''$ $\lambda = 35^0\,49'\,56''$
Loolmalassin . . . . $\varphi = 3^0\,2'\,39''$ $\lambda = 35^0\,50'\,8''$
Routenpkt. am Ostufer des Lawa-ja-Mweri (Peilpkt. 69) $\varphi = 3^0\,31'\,48''$ $\lambda = 35^0\,53'\,47''$
Lager am Westfuß des Lemagrut (Dönjo Ndorobbo) . $\varphi = 3^0\,8'\,47''.4$ $\lambda = 35^0\,13'.2$
Njarasa-Steppe . . . . $\varphi = 3^0\,25'\,35''.6$ $\lambda = 35^0\,21'.5$
Umbulu . . . . $\varphi = 3^0\,45'\,37''.4$
Umbugwe (Mutakaiko) . . . $\varphi = 3^0\,47'\,32''.4$
Wembere-Steppe . . . . . . $\varphi = 4^0\,37'\,33''.3$ $\lambda = 34^0\,3'.0$
Ipwani . . . . $\varphi = 4^0\,28'\,23''.1$ $\lambda = 34^0\,40'.0$

Beim Beginn der Konstruktion der Karte lagen die definitiven Kohlschütterschen astronomischen Werte noch nicht vor.

Für den Süden bildeten die Lagepläne der Tanganjikabahn die Grundlage. Sie wurden ergänzt durch eine vom Wegebaubeamten Buchner ausgeführte flüchtige Triangulation zwischen Kilossa und Kilimatinde und gestützt durch eine astronomische absolute Ortsbestimmung von

Kilimatinde . . . . $\varphi = 5^0\ 51'\ 28''$ $\lambda = 34^0\ 57'\ 02''$

Aus älterer Zeit rühren her und konnten noch benutzt werden die Breiten von Dr. O. Baumann:

Mbusi-Lager (Namirana) . . $\varphi = 3^0\ 35'\ 30''$
Umbugwe (Mbi) . . . . . . $\varphi = 3^0\ 54'\ 12''$
Ussure . . . . $\varphi = 4^0\ 44'\ 24''$
Kipilipili . . . . $\varphi = 5^0\ 13'\ 24''$
Madonja (Marago) . . . . . $\varphi = 5^0\ 4'\ 18''$

von Leutnant Werther:

Sironga . . . . $\varphi = 3^0\ 50'\ 24''$
Jawadu . . . . $\varphi = 5^0\ 15'\ 42''$
Kondussi . . . . $\varphi = 4^0\ 44'\ 24''$

und von Bergassessor Dr. Dantz:

Routenpunkt 1730 m nördlich
von Lumalo . . . . $\varphi = 3^0\ 28'\ 54''$.

Auch Dr. Obst selbst hat einige Breitenbestimmungen ausgeführt, die dadurch, daß sie wichtige Orte und Routenknotenpunkte betreffen, für den Aufbau der Karte von besonderem Wert waren. Nach dem Urteil Dr. K. Graffs, der die Ausrechnung besorgt hat, haben diese Breiten eine Fehlergrenze von $\pm 0{,}2'$.

Ssingida . . . . $\varphi = 4^0\ 48'\ 31''$
Ufiomi . . . . $\varphi = 4^0\ 16'\ 18''$
Kondoa-Irangi . . . . $\varphi = 4^0\ 54'\ 37''$
Kurjo (Ussandaui) . . . . . $\varphi = 5^0\ 15'\ 22''$
Unjangongo (St. Leo) . . . $\varphi = 4^0\ 58'\ 34''$
Kilimatinde . . . . $\varphi = 5^0\ 51'\ 13''$

In den nicht durch Positionen bezw. die Routen von Obst festgelegten Gebieten waren es in erster Linie die Aufnahmen des Bezirksamtmanns Sperling und des Majors v. Prittwitz und Gaffron, die wegen ihrer geschickten Anordnung und technischen Vollkommenheit die Grundlage bildeten. Die Aufnahmen des ersteren (1907—13 ausgeführt) betreffen die nähere und weitere Umgebung von Dodoma und erstrecken sich im Norden noch bis Ufiomi, und im Westen bis an die Wembere-Steppe, die des letzteren (1905—06) überziehen besonders das Gebiet von Turu mit einem dichten Netz.

An weiteren größtenteils noch unveröffentlichten Routenaufnahmen und sonstigen topographischen Materialien lagen vor und wurden zum ersten Male verarbeitet:

Oberleutnant Abel, 1904: Aufnahmen im Norden des Njarasa und Lawa-ja-Mweri (Manjara-See).

Feldwebel Bast, 1904/5: Aufnahmen im Norden und Nordosten des Ngorongoro.

Dr. Baumann, 1892/93: Aufnahmen im ganzen nördlichen Deutsch-Ostafrika.

Oberleutnant Braunschweig, 1913: Wegeskizze von West-Turu.

Wegebaubeamter Buchner, 1908: Aufnahmen zwischen Mwumi und Dodoma.

Oberarzt Dr. Claus, 1907/8: Aufnahmen westlich von Kilimatinde.

Bergassessor Dr. Dantz, 1898: Route Tschunjo—Kiromo—Tabora. 1899: von Muansa durch Ussandaui nach Njangalo.

Oberleutnant H. Fonk, 1897: Aufnahmen nordwestlich von Kilimatinde. 1898: Aufnahmen südlich von Dodoma.

Oberleutnant Glauning, 1896/97: Aufnahmen in Ugogo, Ussandaui nach Norden bis Ufiomi sich erstreckend. 1900: Aufnahmen während der Pendelexpedition, zusammen mit Kohlschütter.

Graf Götzen, 1893/94: Reiseweg vom Pangani zum Kongo.

Regierungsbaumeister Heckel, 1913: Aufnahmen zwischen Itigi und Sekenke.

Stabsarzt Hoesemann, 1898: Route am Njarasa vorbei nach Moschi.

Oberleutnant Hudemann, 1908/9: Kroki der Erkundungen in der südlichen Massai-Steppe und zwischen Iraku, Kondoa-Irangi und Kwa Mtoro.

Bezirksamtssekretär Jancke, 1895/96: Aufnahmen nordwestlich von Saranda.

Unteroffizier Jaster, 1908: Aufnahmen östlich von Kondoa-Irangi und in der Massai-Steppe.

Stabsarzt Dr. Jungels, 1910/11: Aufnahmen zwischen Iraku, Kondoa-Irangi und Dodoma.

Hauptmann Kannenberg, 1899: Aufnahmen zwischen Ufiomi und Mpapua, ferner südlich von Dodoma.

Prof. Dr. Kohlschütter, 1899/1900: während der Pendelexpedition, Aufnahme Wembere-Steppe — Ussure — Manjara-See — Engaruka.

Oberleutnant Kratz, 1908: Route zwischen Kwa Mtoro und Muondo.

Oberleutnant Lademann, 1905/6: Aufnahmen zwischen Kondoa-Irangi und Ufiomi.

Hauptmann Langheld, 1893: Skizze betreffend das Gebiet von Ufiomi bis zur Massai-Steppe.

Dr. Lommel, 1908: Aufnahme nordöstlich vom Manjara-See (Lindequist-Expedition).

Oberleutnant von der Marwitz, 1905: Skizze des Postens Mkalama.

Hauptmann Matting, 1897: Skizze des Gebietes zwischen Mpapua, Kilimatinde und Ufiomi.

Hauptmann Merker, 1896/97: Skizze des Gebietes vom Ngorongoro bis zum Kilimandscharo.

Bezirksamtmann Methner, 1907: Aufnahmen südlich vom Hohenlohe-See.

Hauptmann Nigmann, 1909: Aufnahmen südlich von Dodoma.

Oberleutnant von Pappenheim, 1911: Skizze des Kreises Umbulu.

Unteroffizier Pfund, 1910: Skizze des Gebietes zwischen Kondoa-Irangi, Gurui und dem Balangida-See.

Hauptmann von Ramsay, 1896: Route von kwa-Towero über Ussure nach Ujui.

Forstaufseher Rauer, 1912: Karte des Marang-Waldreservats.

Oberleutnant Reitzenstein, 1908/10: Routen nördlich von Kondoa-Irangi, ferner von dort nach Mkalama, Kilimatinde und Mpapua.

Rindermann, 1895/96: Aufnahmen zur Ermittelung einer Zentralbahntrace.

Oberleutnant Rothert, 1909: Skizze der Massai-Steppe.

Major Schlobach, 1908: Lindequist-Expedition; Ngorongoro — Manjara-See — Mbulu und Madumaka-See — Ufiomi — Lolkissale.

Leutnant Schumacher, 1911: Aufnahmen zwischen Bahi, Meiameia, Mpapua und dem Kisigo.

Hauptmann Seyfried, 1902/3: Aufnahmen zwischen Kilimatinde, Meatu und Njarasa-See. 1909: Aufnahmen südwestlich von Kilimatinde.

Oberleutnant v. Sick, 1909: kwa-Mtoro — Ssingida — Iraku. 1911: Aufnahmen nördlich von Sekenke und Mkalama.

Leutnant Stadlbaur, 1896/97: Aufnahmen zwischen Kilimatinde und Ufiomi, ferner südwestlich von Kilimatinde.

Stabsarzt Dr. Stolowsky, 1908/09: Aufnahmen zwischen Dodoma, Aneti und Mpapua.

Tanganjikabahn, 1907/11: Lagepläne und sonstige Vermessungen.

Dr. Tornau, 1904: Route Mpapua über Kilimatinde, Ussure, Kirondatal nach Tabora. 1911: Route Ssingida durch die Wembere-Steppe nach Ndala.

Oberstleutnant v. Trotha, 1896/97: Route Mondul — Engaruka — Viktoria-See und Udjidji — Ussure — Kilimatinde — Mpapu

Leutnant Werther, 1896/97: Aufnahmen der Irangi-Expedition in den mittleren Hochländern des nördlichen Deutsch-Ostafrika.

Dr. Widenmann, 1895: Aufnahme des Mondul.

Regierungsrat Zache, 1910: Aufnahmen zwischen Njarasa- und Manjara-See und nordwestlich davon.

Bezirksamtmann Zencke, 1910: Aufnahme östlich von Kondoa-Irangi.

Über den Karteninhalt und die darin angewandten Signaturen geben die unter dem Kartentitel angebrachten Erläuterungen Aufschluß. Hier nur noch einige Bemerkungen dazu. Die Formenlinien sollen Isohypsen mit 30 m Abstand ersetzen. Es versteht sich von selbst, daß bei dem gegenwärtigen Stand unserer topographischen Kenntnisse der dargestellten Gebiete die Annäherung der Formenlinien an die Isohypsen noch eine recht mangelhafte ist. Es läßt sich nicht einmal in allen Fällen ermöglichen, die Formenlinien über die ganze Karte hinweg durchzuführen, vielmehr müssen sie hier und dort nach Art der Hilfsisohypsen unserer europäischen Kartenwerke aufhören. Die Formenlinien geben daher nicht in erster Linie bestimmte Höhenniveaus, sondern vor allem die Formen des Reliefs wieder.

Die Schummerung (Lavierung) hat die Aufgabe in Verbindung mit den Formenlinien ein gut lesbares, plastisch wirkendes Kartenbild zu erzeugen. Die für Hochgebirgsländer sehr empfehlenswerte Schummerungsmanier bei schräger Beleuchtung erschien für dieses Land der Hochebenen, Stufen und Gräben nicht ratsam, weil sonst das Kartenbild, besonders bei den N—S streichenden Gräben Böschungsunterschiede vorgetäuscht hätte, die in Wirklichkeit nicht bestehen. Es wurde daher die Schummerungsmanier bei senkrechter Beleuchtung angewendet, d. h. der Ton der Schummerung allenthalben lediglich von dem Grad der Böschung abhängig gemacht. Die Abtönung der Schummerung ist auch hier, wie bei der Schummerung meist, nicht exakt begründet. Eine Skalierung der Schummerungstöne je nach dem Böschungsgrad — wir denken an die Lehmannsche bezw. Müfflingsche Skala bei der Schraffenmanier — begegnet naturgemäß in diesen Gebieten vorläufig noch unüberwindlichen Hindernissen.

Einer kurzen Erläuterung bedürfen endlich noch die Benennungen der Siedlungen. Nur die allergrößten Siedlungen innerhalb des hier dargestellten Gebiets haben feststehende, weit und breit bekannte Namen. Bei derartigen Ortschaften wie Dodoma, Kilimatinde, Ssingida, Mkalama, Sekenke, Kondoa-Irangi usw. bestehen natürlich keinerlei Schwierigkeiten. Entfernt man sich aber von diesen relativ großen Siedlungszentren, so beginnt die Namengebung mehr oder minder willkürlich zu werden, weil dorfähnliche Siedelungen mit feststehender Bezeichnung völlig aufhören und an ihre Stelle vereinzelte Temben, bald näher, bald weiter von einander entfernt, treten. Die Eingeborenen pflegen derartige Siedlungen dann meist nach dem von der deutschen Regierung für den betreffenden Bezirk ernannten Jumben, Akiden usw. zu benennen. Sie sagen, wir marschieren heute zum (kwa) Igwe oder Mgelwa usw., und wenn einer dieser Jumben über besonderes Ansehen und besondere Macht verfügt, kann es wohl kommen, daß sein Name zum dauernden Ortsnamen wird. So heißt Kilimatinde nichts anderes als der Berg beim Jumben Tinde; Kwa Mtoro, der einstige Sitz der deutschen Verwaltung in Ussandaui, bedeutet beim (Jumben) Mtoro und gilt noch heute als Ortsname, obwohl der Jumbe Mtoro längst tot ist usw.

Entsprechend diesem Brauch der Eingeborenen entschieden wir uns nach eingehenden Beratungen mit Dr. Obst dafür, bei derartig zerstreuten Temben-Siedlungen den Namen des Jumben bezw. Akiden des betreffenden Gebiets als Siedelungsbezeichnung zu schreiben. Von der jedesmaligen Hinzufügung der Präposition kwa (bei) wurde Abstand genommen, da sonst in dichter besiedelten Landschaften z. B. Turu die Beschriftung allzuviel Raum in Anspruch nehmen und die Klarheit der Karte darunter leiden würde. Es bedeutet also z. B. „Gendaweka“ Temben des Jumben Gendaweka, „Kissaga“ Temben des Akiden Kissaga, „Djudju“ Temben des Gogo-Mannes Djudju usw.

Um der Gefahr allzu kurzer Benutzbarkeitsdauer der Karte vorzubeugen — das Ableben jedes Jumben, Akiden usw. bedeutet nach dieser Methode ja eine Änderung der Siedlungsbezeichnung — ist in jedem Falle der Name des Gebiets, wie er auf den Jumben- bezw. Akidenscheinen vermerkt ist, ebenfalls in der Karte aufgenommen worden. Sind die Namen dieser Gebiete und Gebietchen auch meist selbst den nächsten Nachbarn nicht recht geläufig, so wird man sich mit ihrer Hilfe doch selbst dann noch leidlich orientieren können, wenn etwa einer der jetzt lebenden und auf der Karte vermerkten Jumben, Akiden usw. gestorben und sein Name nicht, was leicht möglich, zur dauernden Ortsbezeichnung geworden ist.

Bei denjenigen verstreuten Temben-Siedlungen endlich, die wohl eine eigene dauernde Ortsbezeichnung aufweisen, aber von so geringer Größe sind, daß die Eingeborenen zwischen dem Gebrauch dieses Ortsnamens und dem Gebrauch des betreffenden Jumbennamens schwanken, wurde die dauernde Ortsbezeichnung in gewöhnlichen Lettern geschrieben und der Name des betreffenden Jumben, Akiden usw. in Kleinkursiv in Klammern dahinter gesetzt. So bedeutet also „Mtiwe *(Modoma)*“ Tembensiedlung mit dem dauernden Ortsnamen Mtiwe, Gebiet des Jumben Modoma, und entsprechend „Makemba *(Ssaua)*“ Tembensiedlung mit dem festen Ortsnamen Makemba, Gebiet des Jumben Ssaua.

Dr. E. Obst's Höhenmessungen

im

abflußlosen Rumpfschollenland des nordöstlichen Deutsch-Ostafrika

von

Dr. A. **Wedemeyer**
(Berlin-Schlachtensee).

Zuverlässige trigonometrische Höhenbestimmungen lagen für das Obstsche Forschungsgebiet beim Antritt der Reise nicht vor. Aber selbst an barometrischen Höhenbestimmungen war ein großer Mangel, und weite Gebiete der Landschaften Turu, Irangi, Uassi, Ufiomi, Burungi und Ussandaui entbehrten der Höhenbestimmungen so gut wie gänzlich. Um so anerkennenswerter ist es, daß sich Dr. Obst zur Regel gemacht hat, die Höhe jedes Lagers durch eine, wenn nicht mehrere Siedepunktsbestimmungen zu ermitteln und, wenn es die Zeit gestattete, auch auf dem Marsche an topographisch wichtigen Punkten Abkochungen vorzunehmen. Nicht weniger als 218 Siedepunktsbestimmungen bilden das Ergebnis dieser Arbeiten; 114 davon entfallen auf die Westhälfte des Obstschen Forschungsgebietes (Ugogo, Turu, Ijambi, Issansu, Wakindiga-Land, Iramba, Ussure), 104 auf den topographisch bisher besonders mangelhaft erforschten Ostflügel (Irangi, Uassi, Ufiomi, Massai-Steppe, Gurui, Burungi, Ussandaui).

Verwendet wurden bei den Abkochungen mit dem Danckelmann-Apparat die drei Siedethermometer Fueß Nr. 972, Fueß Nr. 918 und PTR 45 142, in den Beobachtungsheften mit DI, DII, DIII bezeichnet. Fueß Nr. 972 und Fueß Nr. 918 waren am 22. August 1905 geprüft worden; PTR Nr. 45 142 wurde am 17. Mai 1911 von der Physikalisch-Technischen Reichsanstalt in Charlottenburg geprüft. Die Korrektionen übersteigen bei Fueß 972 nicht 0,4 mm, bei Fueß Nr. 918 nicht 0,2 mm und bei PTR 45 142 nicht 1,0 mm[1]). Das Siedethermometer DI (Fueß 972) hat nur bis zum 8. Febrauar 1911 ausgehalten, während DII (Fueß 918) die Reise bis zum Schluß überdauerte. DIII (PTR 45 142) wurde von Ende November 1911 bis zum Schlusse der Reise benutzt, und zwar wurde seit dem Eintreffen dieses Instruments im Lager meist mit beiden Thermometern abgekocht. Die verbesserten Ablesungen stimmten befriedigend überein; nur vereinzelt wichen sie bis zu 1 mm voneinander ab. Als Ergebnis wurde das Mittel aus beiden Ablesungen angenommen.

---

[1]) vergl. Tabelle III.

Um ein Bild von der Genauigkeit der Obstschen Messungen zu erhalten, sind zunächst die Siedethermometerbestimmungen an solchen Punkten ausgewertet worden, wo Obst zu verschiedenen Zeiten Abkochungen vorgenommen hat, bezw. wo bereits zuverlässige Höhenmessungen durch frühere Reisende ausgeführt worden sind. Die Berechnung geschah nach den Formeln in „Ergebnisse der Ostafrikanischen Pendel-Expedition usw.“ von Dr. E. Kohlschütter, 1. Bd. Berlin 1907, S. 140. Zur Ermittlung der Verbesserung der Höhen wegen des Fehlers des Jahresmittels der Temperaturen wurden handschriftliche Tabellen benutzt, die von Herrn Dr. Kohlschütter zur Verfügung gestellt waren. Ihm möge hierfür auch an dieser Stelle verbindlichster Dank ausgesprochen werden. Als Basisstationen dienten Daressalam, Tabora und Ukerewe. Luftdruck und Temperatur für diese Orte wurden aus Karten entnommen, die Herr Dr. Heidke-Hamburg, Deutsche Seewarte, in dankenswerter Weise noch vor ihrer Drucklegung bereitwilligst zur Verfügung gestellt hatte. Die Angaben dieser Karten sind Mittelwerte aus einer Reihe von Jahren. Da die meteorologischen Verhältnisse in den Tropen sehr gleichmäßig verlaufen, ist die Anwendung solcher Karten ohne Frage unbedenklich, zumal, wenn es sich wie im vorliegenden Falle nur um die Auswertung einzelner Bestimmungen handelt.

Von dem Ergebnis dieser Berechnungen gibt Tabelle I eine Probe. Wie man sieht, können die Obstschen Messungen als zuverlässig angesprochen werden, denn die Übereinstimmung der Obstschen Höhenwerte untereinander, sowie mit den von früheren Reisenden gelieferten Höhenzahlen ist befriedigend. Selbst von den durch das Eisenbahn-Nivellement gewonnenen Höhenwerten weichen die Obstschen Zahlen nur um wenige Meter ab, ausgenommen die Höhenwerte für Kilimatinde und Mesomapia, wo die Abweichung aus nicht näher zu ermittelnden Gründen bis auf +20 bezw. +27 m anschwillt[1]). Auf der Karte sind in diesem Falle die durch das Eisenbahn-Nivellement gelieferten Höhenwerte eingetragen worden.

---

[1]) Daß die verschiedenen Quellen für die Höhenzahlen gelegentlich trotz aller von den verschiedenen Beobachtern aufgewendeten Sorgfalt einander widersprechen, ist eine in der Methode der Auswertung der barometrischen Höhenmessungen begründete, immer wiederkehrende Erscheinung. Auch Carl Uhlig stellte in seinem Gebiet gelegentliche Abweichungen der einzelnen trigonometrisch bzw. durch Quecksilberbarometer oder Siedethermometer gemessenen Höhen bis zu über 20 m fest. (Die Ostafrikanische Bruchstufe, Teil I, Berlin 1909, S. 38).

Zur Berechnung der Seehöhen der anderen Punkte, für die frühere zuverlässige Bestimmungen nicht vorlagen, wurden dieselben Formeln verwendet. Es war geplant, hierzu des weiteren die von Dr. Kohlschütter entworfenen Kärtchen der „Linien gleicher Luftdruck-Gradienten zwischen dem Innern und der Küste und Reduktionen der beobachteten Temperaturen auf barometrische Temperaturen für einige Stationen“ (Figur 26 des oben zitierten Werkes) zu benutzen. Diese Kärtchen wurden aber zur Zeit neu bearbeitet. Da die bereits weit vorgeschrittenen Arbeiten an der topographischen Karte des Obstschen Forschungsgebietes eine längere Verzögerung in der Berechnung der Höhenzahlen nicht gestatteten, so blieb nur übrig, entweder noch die alten Kärtchen den Beobachtungen zu Grunde zu legen oder von der Anbringung klimatischer Korrektionen überhaupt Abstand zu nehmen. In Anbetracht des Umstandes, daß die alten Kärtchen das Ergebnis aus einer nur geringen Anzahl Jahre darstellen, entschieden wir uns für letzteres. Ferner wurden vom Januar 1912 an die Werte nach den Jordanschen Höhentafeln ohne Verbesserung benutzt. Das Ergebnis all dieser Berechnungen ist in Tabelle II zusammengestellt.

Die Aneroidmessungen wurden in der Regel lediglich zur Feststellung von Höhenunterschieden benutzt, um eine möglichst exakte Terraindarstellung zu gewinnen. Zur Bestimmung der Seehöhe eigneten sie sich im allgemeinen nicht, da alle drei Aneroide zeitweise während der einzelnen Tagesmärsche große Unstetigkeiten im Gang zeigten. Nur in Fällen dringendsten Bedürfnisses und auch dann nur, wenn die Unstetigkeiten nicht allzu große Werte erreichten, wurden auch die Aneroidablesungen zur Höhenberechnung verwertet. Von den insgesamt über 1000 Aneroidmessungen, die sich in den Obstschen Routenbüchern finden, sind demgenäß nur 113 für die Berechnung der absoluten Höhe benutzt worden. Beträgt auch der mögliche Fehler dieser Zahlen trotz der täglichen Kontrolle der Aneroide durch die Siedepunktsbestimmungen noch 10—20 m und mehr, so ist dennoch in einem so unbekannten Gebiet eine nicht ganz genaue Höhenzahl besser als gar keine. In Tabelle II sind die durch Aneroidmessungen gewonnenen Höhenzahlen von den aus Siedepunktsbestimmung berechneten durch besonderen Druck unterschieden.

Tabelle I.

Zur Prüfung der Zuverlässigkeit der Obstschen Höhenmessungen.

A. Gegenüberstellung der von Obst für denselben Ort zu verschiedenen Zeiten ermittelten Höhenwerte.

Ort	Datum	Berechnete Seehöhe in m	Unterschied
Kilimatinde (W-Ugogo)	29. I. 11	1093	13 m
Desgl.	19. III. 12	1106	
Tembe von Mesomapia (WNW von Kilimatinde)	12. II. 11	1113	1 m
Desgl.	17. III. 12	1112	
Lager am Fuß der W-Flanke des Hohenlohe-Grabens	26. V. 11	1308	2 m
Desgl.	8. VIII. 11	1306	
Lager Ilunde (Kwa Mgori) an der Straße Turu-Irangi	10. X. 11	1303	5 m
Desgl.	31. I. 12	1308	
Lager in Kondoa-Irangi	15. X.—13. XI. 11	1362	5 m
Desgl.	9.—11. II. 12	1367	
Lager in Ost-Ufiomi	3.—4. XII. 11	1369	1 m
Desgl.	8. u. 17. XII. 11	1370	
Lager bei der Kath. Mission Kurjo (NW-Ussandaui)	24./25. I. 12	1232	1 bzw. 7 bzw. 6 m
Desgl.	4. II. 12	1231	
Desgl.	1./2. III. 12	1225	
Lager Damass (N-Burungi)	13./14. II. 12	1441	4 m
Desgl.	19. II. 12	1445	
Lager Ssola (O-Ussandaui)	24. II. 12	1278	12 m
Desgl.	5. III. 12	1266	

B. Gegenüberstellung der für denselben Ort von Obst und von früheren Reisenden ermittelten Höhenwerte.

Ort	Beobachter	Berechnete Seehöhe in m	Unterschied
Lager am Eisenbahndamm zwischen den Stationen Makutupora und Saranda	Obst	1059	4 bzw.
	Eisenbahn-Nivellement	1055—1060	1 m
Lager Mserera nahe Bahndamm, W vom Bahnhof Saranda	Obst	1101	ca.
	Eisenbahn-Nivellement	cr. 1100	1 m

Ort	Beobachter	Berechnete Seehöhe in m	Unterschied
Kilimatinde	Obst (Mittel aus 2 Messungen) Eisenbahn-Nivellement	1100 1120	20 m
Tembe von Mesomapia WNW von Kilimatinde	Obst Eisenbahn-Nivellement	1113 1140	27 m
Lager Mkalama	Obst Jaeger	1296 1295	1 m
Jeida-Lager (Hohenlohe-Graben)	Obst Jaeger	1310 1301	9 m
Njarasaseespiegel	Obst Jaeger	1033 1030	3 m
Lieblingers-Farm (Kirondatal, Iramba)	Obst Jaeger	1408 1418	10 m
Sekenke	Obst Jaeger	1091 1090	1 m
Lager Sagenda (Ussure)	Obst Kohlschütter	1421 1420	1 m
Lager Ilunde (Kwa Mgori), Straße Turu-Irangi	Obst v. Prittwitz Sperling	1305 1304 1296	1 bzw 9 m
Lager Handu, südwestliches Burungi	Obst Sperling	1271 1293	22 m
Lager Njanga, südwestliches Burungi	Obst Sperling	1154 1159	4 m

Tabelle II.

Verzeichnis sämtlicher nach den Messungen von Dr. Obst berechneten Höhen.[1])

A. Chronologisch geordnet.

1090 = nach Siedepunktsbestimmungen berechnet.

1140 = nach Aneroidablesungen berechnet.

Lfd. Nr.	Datum	Uhrzeit	Beobachtungsort	Ablesung an DI	Ablesung an DII	Ablesung an An	Lufttemp.	Berechnete Seehöhe in m	Bemerkungen
1	26. I. 11	11.2a-2.0p	Mabigiri-Fluß, SO von Makutupora (W-Ugogo)	688.4			27.0	850	
2	29. I. 11	10.0a	Lager am Eingang zum Stationsgebäude Kilimatinde	670.0			24.5	1093	Vgl lfd. Nr. 269
3	8. II. 11	10.2p	Lager Mtiwe, O von Kilimatinde (Ugogo)		689.7		22.0	823	

[1]) Auf der Karte sind sämtliche Höhenzahlen auf volle 10 m abgerundet worden; 0—4 = 0, 5—9 = 10.

Lfd. Nr.	Datum	Uhrzeit	Beobachtungsort	Ablesung an DII	DIII	An	Lufttemp.	Berechnete Seehöhe in m	Bemerkungen
4	9. II. 11	5.5p	Alter amtlicher Lagerplatz in Saranda, W vom Bahnhof	667.0			22.6	**1101**	
5	12. II. 11	8.1a	Lager bei der Tembe von Mesomapia, WNW von Kilimatinde	668.2			21.0	**1113**	Vgl. lfd. Nr. 263
6	12. II. 11	11.3a	Höhe der Turu-Bruchstufe W von Mesomapia	660.8			28.2	**1210**	
7	13. II. 11	9.0-10.0a	Pfanzung Karlswald (Mahnke) WNW von Kilimatinde	665.9			24.5	**1147**	
8	13. II. 11	4.0—4.2p	Höhe der Turu-Bruchstufe auf dem Wege Mesomapia-Manjoni	655.0			28.7	**1266**	
9	16. II. 11	9.3a	Lager Makemba (Ssaua) am Fuße der Turu-Bruchstufe NNO von Saranda	666.2			23.4	**1143**	
10	16. II. 11	10.2a	Höhe der Turu-Bruchstufe W vom Lager Makemba (Ssaua)	658.1			26.5	**1251**	
11	17. II. 11	6.5a	Lager Djudju, NW vom Lager Makemba, Südöstlichstes Turu	657.6			28.0	**1247**	
12	18. II. 11	11.0a	Lager Makulu (Mkotea), südöstlichstes Turu	657.6			21.7	**1251**	
13	19. II. 11	9.0a	Am nordwestlichen Fuß des Felsberges Kiringa, O von Makulu (Mkotea)	650.9			24.3	**1346**	Vgl. lfd. Nr. 256
14	19. II. 11	12.1p	Gipfel des Felsberges Kiringa	642.0			24.3	**1462**	
15	20. II. 11	8.0a	Lager Kombe, südlichstes Turu	658.5			20.0	**1239**	
16	21. II. 11	6.4a	Lager Mahelera, südlichstes Turu	652.7			17.2	**1308**	
17	24. II. 11	6.5a	Lager Ssuna (Kitula), südliches Turu	642.0			19.0	**1453**	
18	26. II. 11	6.2a	Lager Tungapinda, S-Turu	641.8			15.3	**1448**	
19a	26. II. 11	4.2p	Lager Kapango, SW-Turu	643.7			29.5	**1406**	
19b	28. II. 11	7.0a	desgl.	646.1			20.5		
20	28. II. 11	10.4-10.5a	Mächtige Konglomerate, NO vom Lager Kapango			638.9	21.5	*1500*	
21	1. III. 11	7.0a	Lager Jengu, S-Turu	635.8			19.5	**1539**	
22	1. III. 11	11.3a-12.0p	Am Bach Tjugulu, N vom Lager Jengu			636.5		*1530*	
23	1. III. 11	4.0p	Gipfel des Felsberges Mkoma, S von Ssingida			630.5	29.8	*1600*	
24	9. III. 11	2.0p	Stationsgebäude Ssingida	634.5			23.8	**1549**	Vgl. lfd. Nr. 93a bis f
25	28. III. 11	7.0a	Lager Tschima, S von Ssingida, nahe Felsberg Mkoma	638.8			18.2	**1498**	
26	30. III. 11	7.0a	Lager Puma, SSO von Ssingida	634.8			17.5	**1551**	
27	30. III. 11	9.3a	Tembe des Jumben Ssubetu, O vom Lager Puma			629.5	21.1	*1585*	

Lfd. Nr.	Datum	Uhrzeit	Beobachtungsort	Ablesung an DII	DIII	An	Lufttemp.	Berechnete Seehöhe in m	Bemerkungen
28a	31. III. 11	7.0a	Lager Manko unterhalb der Kath. Mission St. Leo, SO-Turu	631.9			17.4	1594	Vgl. lfd. Nr. 191
28b	31. III. 11	9.0p	desgl.	631.5			16.9		
28c	1. IV. 11	7.0a	desgl.	631.0			16.5		
29	3. IV. 11	7.0a	Lager Kambudja, O-Turu	627.0			17.1	1660	
30	3. IV. 11	9.5a	Oberer Rand der Turu-Stufe N vom Lager Kambudja			620.7	20.5	*1695*	
31	3. IV. 11	10.2a	Fuß der Turu-Stufe N vom Lager Kambudja			628.8	22.1	*1596*	
32	4. IV. 11	7.0a	Lager bei der Heliographen-station, O-Turu	616.9			14.8	1809	
33	4. IV. 11	12.1p	Sumpftal Kangaï, NNW von der Heliographen-Station O-Turu			629.6	23.5	*1570*	
34	5. IV. 11	7.0a	Lager Ssiki, NO-Turu	631.2			16.3	1601	
35	6. IV. 11	7.0a	Südufer des Tonge-Salz-sees, NO-Turu	635.2			17.2	1548	
36	7. IV. 11	7.0a	Lager Mande, ONO-Turu	630.0			16.4	1618	
37	7. IV. 11	5.5p	Gipfel des Gidaru W vom Lager Magumu	611.5			18.0	1856	
38	8. IV. 11	7.0a	Lager Magumu, nordöstlich-stes Turu	625.0			14.9	1681	
39	13. IV. 11	7.0a	Lager am SW-Ufer des Ba-langida-Sees, nordöstlich-stes Turu	647.1			16.0	1390	
40	13. IV. 11	12.0p	Höhe der Gidaru-Scholle, nordöstlichstes Turu			616.6	17.8	*1780*	
41	14. IV. 11	7.0a	Lager Muanga, N-Turu	631.7			15.2	1596	
42	14. IV. 11	1.1p	Südende des Molia-Sees, nördlichstes Turu			638.4	22.0	*1480*	
43	15. IV. 11	7.0a	Lager Kikuka, nördlichstes Turu	630.5			15.1	1612	
44a	17. IV. 11	7.0a	Lager Igwe, nördlichstes Turu	635.3			14.9	1551	
44b	18. IV. 11	7.0a	desgl.	634.9			16.7		
45	19. IV. 11	7.0a	Lager Mgelua, Landschaft Ijambi, NW von Turu, SO von Issansu	638.0			16.5	1514	
46	19. IV. 11	11.2a	Am Bach Mungu, NW vom Lager Mgelua			639.9	22.4	*1474*	
47	19. IV. 11	2.0p	Rast beim Jumben Ijindi, S von Mkalama			631.0	27.2	*1586*	
48a	25. IV. 11	7.0a	Lager Mkalama, ca. 100 m SO vom Stationsgebäude	654.7			19.0	1296	Vgl. lfd. Nr. 73a a-h
48b	28. IV. 11	7.0a	desgl.	655.2			19.6		
48c	2. V. 11	7.0a	desgl.	655.1			18.0		
48d	3. V. 11	7.0a	desgl.	654.0			19.5		
48e	18. V. 11	7.0a	desgl.	656.7			17.3		
49	20. V. 11	8.5a	Issansu-Hochland, O vom Lager Matutu			634.5	26.5	*1580*	Vgl. lfd. Nr. 74a bis b
50	20. V. 11	9.2a	Am Fuße des Ostabfalls von Issansu			644.0	29.0	*1456*	

Lfd. Nr.	Datum	Uhrzeit	Beobachtungsort	Ablesung an DII	DIII	An	Lufttemp.	Berechnete Seehöhe in m	Bemerkungen
51	21. V. 11	7.0a	Lager im Busch zwischen O-Issansu und südlichem Hohenlohe-Graben	643.8			16.8	1447	
52	21. V. 11	9.5a	Höhe der SW-Flanke des Hohenlohe-Grabens			638.1	30.2	*1500*	
53	21. V. 11	12.1p	Am Fuße der SW-Flanke des Hohenlohe-Grabens			649.1	31.2	*1370*	
54a	24. V. 11	7.0a	Lager am Ostufer des Jeida-Sumpfs, Hohenlohe-Graben	654.5			16.4	1312	
54b	24. V. 11	9.0p	desgl.	653.2			19.3		
55	26. V. 11	7.0a	Lager am Fuße der W-Flanke des Hohenlohe-Grabens	654.8			17.1	1308	Vgl. lfd. Nr. 67
56	26. V. 11	9.0p	Lager am Fuße der NW-Flanke des Hohenlohe-Grabens	653.1			19.1	1321	
57	27. V. 11	9.2a	Wasserscheide zwischen Hohenlohe- und Njarasa-Graben			643.4	27.5	*1464*	
58	28. V. 11	7.0a	Lager im nördlichen Wakindiga-Land, beim Munjatuhi-Berg. NO-Flanke des Njarasa-Grabens	658.9			18.1	1252	
59	30. V. 11	7.0a	Lager am linken Ufer des Mangola, Sohle des Njarasa-Grabens	674.7			17.5	1047	
60a	31. V. 11	9.0p	Lager im nördlichen Wakindiga-Land, NO-Flanke des Hohenlohe-Grabens (sog. 1. Wakindiga-Lager)	649.5			18.9		
60b	1. VI. 11	7.0a	desgl.	650.3			18.0	1367	
60c	5. VI. 11	6.0a	desgl.	649.1			16.2		
60d	7. VI. 11	9.0p	desgl.	650.0			19.6		
60e	9. VI. 11	9.0p	desgl.	650.8			18.6		
60f	13. VI. 11	7.0a	desgl.	650.9			14.9		
61a	14. VI. 11	7.0a	Lager im mittleren Wakindiga-Land, am Ufer des Indeleguedako (sog. Zwischenlager)	669.3			17.8	1130	
61b	15. VI. 11	9.0p	desgl.	668.1			24.3		
62a	20. VI. 11	7.0a	Lager im mittleren Wakindiga-Land am Tkongorokoto-Berg (sog. 2. Wakindiga-Lager)	671.4			17.4		
62b	26. VI. 11	8.1a	desgl.	668.2			23.1	1105	
62c	30. VI. 11	9.0p	desgl.	669.6			19.8		
62d	3. VII. 11	8.1a	desgl.	671.0			19.7		
62e	4. VII. 11	7.0a	desgl.	671.4			15.0		
63	22. VI. 11	6.4a	Am Ostufer des z. Z. ausgetrockneten Njarasa-Sees	676.5			17.1	1033	
64	6. VII. 11	11.3a	Gipfel des Tkongorokoto	650.5			27.5	1383	
65	7. VII. 11	10.1-10.5a	Mittleres Wakindiga-Land, Wasserscheide zwischen Njarasa- und Hohenlohe-Graben			644.9	28.5	*1461*	

Lfd. Nr.	Datum	Uhrzeit	Beobachtungsort	Ablesung an DII	DIII	An	Lufttemp.	Berechnete Seehöhe in m	Bemerkungen
67	8. VII. 11	7.0a	Lager am Fuß der Westflanke des Hohenlohe-Grabens	655.2			11.4	**1306**	Vgl lfd. Nr. 55
68	8. VII. 11	5.3p	Gipfel der Ssipunga-Berge, NO-Flanke des Hohenlohe-Grabens	627.3			23.1	**1695**	
69	9. VII. 11	7.0a	Lager am Fuße der Ssipunga-Höhen, NO-Flanke des Hohenlohe-Grabens	650.0			14.9	**1367**	
70a	13. VII. 11	9.0p	Lager im südlichen Wakindiga-Land, am Fuße der O-Flanke des Njarasa-Grabens	670.8			18.2	**1094** (70a–b)	
70b	14. VII. 11	7.0a	desgl.	671.7			14.2		
71a	14. VII. 11	9.0p	Lager am Bach Mutuhu, im Grenzgebiet zwischen dem südlichsten Wakindiga-Land und dem nördlichsten Issansu	668.7			14.5	**1123** (71a–b)	
71b	15. VII. 11	7.0a	desgl.	669.4			11.6		
72	15. VII. 11	11.5a	Nordrand des Issansu-Hochlandes			648.8	29.2	*1360*	
73a	26. VII. 11	7.0a	Mkalama, Marktplatz	657.9			15.8		
73b	1. VIII. 11	7.0a	desgl.	656.7			17.6		
73c	5. VIII. 11	7.0a	desgl.	656.0			17.0		
73d	9. VIII. 11	7.0a	desgl.	657.6			19.0	**1282** (73a–h)	Vgl. lfd. Nr. 48a bis e
73e	13. VIII. 11	7.0a	desgl.	656.0			17.4		
73f	22. VIII. 11	7.0a	desgl.	656.0			18.7		
73g	28. VIII. 11	7.0a	desgl.	657.8			16.9		
73h	6. IX. 11	7.0a	desgl.	656.8			17.1		
74a	2. IX. 11	7.0a	Lager Matutu, O-Issansu	635.5			13.2	**1560** (74a–b)	
74b	3. IX. 11	7.0a	desgl.	635.4			14.8		Vgl. lfd. Nr. 49
75	8. IX. 11	7.0a	Lager am Dulumo, NW von Mkalama	672.7			16.0	**1072**	
76	8. IX. 11	2.0p	Mittagsrast beim Jumben Mlangu, am Fuße der N-Iramba-Stufe	668.0			31.9	**1112**	
77	9. IX. 11	7.0a	Lafer Ssururu, am Fuße der Nord Iramba Stufe	670.0			19.1	**1109**	
78a	12. IX. 11	7.0a	Sekenke, Europäer-Häuser	670.9			17.3	**1091** (78a–b)	
78b	14. IX. 11	7.0a	desgl.	672.0			16.4		
79a	14. IX. 11	7.0p	Lager Mulingi am Fuß der West-Iramba-Stufe			660.6	23.2		
79b	14. IX. 11	9.0p	desgl.			660.8	20.6	*1194* (79a–c)	
79c	15. IX 11	7.0a	desgl.			662.2	16.6		
80	15. IX. 11	9.3a	Iramba-Hochland, N von Farm Kirondatal			637.1	21.3	*1528*	
81a	17. IX. 11	7.0a	Hof der Lieblinger-Farm (Kirondatal) SW-Iramba	647.1			15.0	**1408** (81a–b)	
81b	17. IX. 11	7.0a	desgl.	646.6			16.0		
82	18. IX. 11	7.0a	Lager Manakiungi, Zentral-Iramba	638.9			15.1	**1515**	
83	18. IX. 11	10.0a	Iramba-Hochland, NNO vom Lager Manakiungi			628.0	21.6	*1636*	

Lfd. Nr.	Datum	Uhrzeit	Beobachtungsort	Ablesung an DII	DIII	An	Lufttemp.	Berechnete Seehöhe in m	Bemerkungen
84a	19. IX. 11	7.0a	Lager am Heliographenberg in O-Iramba	618.0			12.8	1792	
84b	20. IX. 11	7.0a	desgl.	618.1			12.4		
85	21. IX. 11	7.0a	Lager Dambo am Fuße der Ost-Iramba-Stufe	654.2			16.1	1309	
86	22. IX. 11	7.0a	Lager Ilalu am Fuße der Ost-Iramba-Stufe	654.1			15.8	1311	
87a	23. IX. 11	7.0a	Lager Masunga am Fuße der Ost-Iramba-Stufe	650.1			16.0	1365	
87b	24. IX. 11	6.3a.	desgl.	650.0			17.0		
88	24. IX. 11	8.3a	Oberer Rand der Ost-Iramba Stufe SW vom Lager Masunga			638.2	25.5	*1470*	
89	29. IX. 11	6.4a	Lager Nsawika (Sagenda), Landschaft Ussure	645.6			16.1	1421	
90	30. IX. 11	7.0a	Lager Monaschime, Grenzgebiet zwischen Ussure und Turu	641.3			15.7	1480	
91	30. IX. 11	12.1p	Große Schwarzerde-Niederung WNW von Ssingida			634.9	30.0	*1533*	
92	30. IX. 11	4.2p	Höhe NWW von Ssingida			627.6	31.2	*1605*	
93a	3. X. 11	7.0a	Ssingida, neues Europäer-Lager, SO vom Stationsgebäude	638.0			14.8		
93b	4. X. 11	7.0a	desgl.	638.0			16.2		
93c	5. X. 11	7.0a	desgl.	638.6			14.4	1515	Vgl. lfd. Nr. 24
93d	6. X. 11	7.0a	desgl.	638.1			13.7		
93e	7. X. 11	7.0a	desgl.	638.9			13.8		
93f	8. X. 11	7.0a	desgl.	638.2			16.2		
94	8. X. 11	1.5p	Höchster Punkt der Turu Stufe an der Straße Turu-Irangi			609.1	29.0	*1882*	
95	9. X. 11	7.0a	Lager auf der unteren Staffel der Turu-Stufe an der Straße Turu-Irangi	630.1			14.8	1626	
96	9. X. 11	9.1a	Mpondi-Tal, W von Kwa Mgori			657.8	27.0	*1265*	
97	10. X. 11	7.3a	Lager Ilunde (Kwa Mgori) an der Straße Turu—Irangi (Alter Lagerplatz)	654.6			18.8	1303	Vgl.lfd. Nr.19.
98	10. X. 11	1.0p	Oberer Rand der Stufe O von Kwa Mgori			623.7	29.0	*1607*	
99	11. X. 11	6.3a	Lager Salimu, Straße Turu-Irangi, Grenzgebiet zwischen Turu und Irangi	640.0			13.1	1486	
100	12. X. 11	7.0a	Lager Madjani, Straße Turu-Irangi	648.7			18.0	1379	
101a	12. X. 11	9.0p	Lager am SO-Fuß des Suagassuaga-Bergs, Straße Turu-Irangi	645.1			21.3	1500	
101b	13. X. 11	7.0a	desgl.	646.4			12.8		
102a	15. X. 11	7.0a	Lager in Kondoa-Irangi, am linken Ufer des Mukondowa-Flusses, nahe dem Stationsgebäude	650.3			15.7	1362	Vgl. lfd. Nr. 17 und 211 a.

Lfd. Nr.	Datum	Uhrzeit	Beobachtungsort	Ablesung an DII	DIII	An	Lufttemp.	Berechnete Seehöhe in m	Bemerkungen
102b	19. X. 11	7.0a	Lager in Kondoa-Irangi	651.2			17.7		
102c	21. X. 11	7.0a	desgl.	648.9			16.1		
102d	25. X. 11	7.0a	desgl.	649.4			16.1		
102e	28. X. 11	7.0a	desgl	650.7			22.4		
102f	2. XI. 11	7.0a	desgl.	648.2			20.3	1362	Vgl. lfd. Nr. 174a und 211 a.
102g	9. XI. 11	7.0a	desgl.	650.0			22.0		
102h	11. XI. 11	7.0a	desgl.	649.0			20.1		
102i	12. XI. 11	7.0a	desgl.	648.5			22.5		
102j	13. XI. 11	7.0a	desgl.	648.9			21.0		
103	14. XI. 11	6.3a	Lager Murussu, O von Kondoa-Irangi	637.4			16.6	1512	
104a	15. XI. 11	7.0a	Lager Ikome am Haubi-See, NO-Irangi	624.7			14.7	1688	Vgl. lfd. Nr. 113
104b	16. XI. 11	7.0a	desgl.	624.7			16.7		
105	17. XI. 11	7.0a	Lager Mbaru, O-Irangi	624.0			15.8	1697	
106	18. XI. 11	7.0a	Lager Mieka am Fuß der Massai-Stufe, östlichstes Irangi	655.4			19.9	1280	
107a	19. XI. 11	7.0a	Lager Issudja am Fuß der Massai-Stufe, NNW von Mieka	653.3			24.7	1306	
107b	20. XI. 11	7.0a	desgl.	654.0			20.7		
108a	21. XI. 11	7.0a	Lager Hopi (Naria) am Fuß der Massai-Stufe, nordöstlichstes Irangi	652.1			19.1	1323	
108b	22. XI. 11	7.0a	desgl.	652.0			19.9		
109	21. XI. 11	1.1p	Gipfel des Mikiulu-Mukongka auf der Massai-Stufe bei Hopi (Naria)	594.2			18.1	2121	
110	21. XI. 11	4.5p	Peilsfels am Abhang der Massai-Stufe bei Hopi (Naria)	610.6			20.1	1868	
111	22. XI. 11	1.1p	Temben des Jumben Matundu von Kondussi, am Fuß der Massai-Steppe W von Hopi (Naria)			644.8	25.8	*1364*	
112	22. XI. 11	2.3p	Oberer Rand der Massai-Stufe SW von Kondussi			605.0	26.5	*1807*	
113	23. XI. 11	7.0a	Lager Ikome am Haubi-See NO-Irangi	622.9			16.8	1688	Vgl. lfd. Nr. 104 a–b
114	23. XI. 11	10.1a	Stufe Itjoi NW vom Haubi-See			600.3	24.4	*1870*	
115	24. XI 11	7.0a	Lager beim Jumben Salimu von Kolo. Nördlichstes Irangi, südlichstes Uassi	636.0			17.1	1535	
116	25. XI. 11	7.0a	Lager Borissa, N-Irangi	638.0			17.4	1508	
117	25. XI. 11	9.3a	Höhe O von Schangaha			610.5	22.8	*1766*	
118	26. XI. 11	7.0a	Lager Schangaha, NNW-Irangi	640.9			17.3	1470	
119	26. XI. 11	1.1p	Temben Klawi, N von Schangaha			614.1	22.5	*1731*	
120	27. XI. 11	7.0a	Lager beim Akiden Gele, Uassi	623.8			15.4	1700	

Lfd. Nr.	Datum	Uhrzeit	Beobachtungsort	Ablesung an DII	DIII	An	Lufttemp.	Berechnete Seehöhe in m	Bemerkungen
121	27. XI. 11	11.4 a	Uassi-Hochland S von Ssalanka			629.8	24.0	*1558*	
122	28. XI. 11	7.0 a	Lager Ssalanka, Landschaft Uassi	627.2	628.1		17.1	**1658**	Vgl. lfd. Nr. 153
123	28. XI. 11	9.4 a	Oberer Rand der Massai-Stufe NO von Ssalanka			610.5	19.7	*1740*	
124a	29. XI. 11	7.0 a	Lager beim Jumben Pangani von Kisesse am Fuß der Massai-Stufe	657.5	658.7		17.9	**1236** (124a–b)	
124b	30. XI. 11	7.0 a	desgl.	657.7	658.8		17.8		
125	1. XII. 11	7.0 a	Lager Kikore, am Fuße der Massai-Stufe, N von Kisesse			655.3	17.8	*1238*	
126a	3. XII. 11	7.0 a	Lager in Ost-Ufiomi nahe dem Missionsgebäude	647.5	648.5		16.0	**1369** (126a–b)	Vgl. lfd. Nr. 133
126b	4. XII. 11	7.0 a	desgl.		648.7		14.6		
127a	4. XII. 11	9.0 p	Höchster Gipfel des Ufiomi-Berges		572.8		13.7	**2415** (127a–b)	
127b	5. XII. 11	7.0 a	desgl.	572.1	573.6		10.2		
128	6. XII. 11	7.0 a	Lager Seidi am Nordende des Bassoda-Sees, W-Ufiomi	648.4	649.5		15.8	**1366**	Vgl. lfd. Nr. 147 a – b
129	6. XII. 11	9.5 a	Gipfel des Gitsimi, W vom Lager Seidi			610.6	25.4	*1795*	
130	6. XII. 11	2.3 p	Südende des Bassoda-Sees			641.5	29.8	*1365*	
131	7. XII. 11	7.0 a	Offizieller Lagerplatz in W-Ufiomi	640.1	641.2		15.6	**1471**	
132a	7. XII. 11	11.3 a	Gipfel des Bambaai			611.6	26.1	*1796* (132a–b)	
132b	7. XII. 11	1.4 p	desgl.			609.0	26.7		
133	8. XII. 11	7.0 a	Lager in Ost-Ufiomi nahe dem Missionsgebäude	648.0	649.2		18.4	**1370**	Vgl. lfd. Nr. 126 a, b und 143
134	9. XII. 11	11.5 a	Rast am „Kampi ja buana mganga", Massai-Steppe			660.1	29.5	*1165*	
135	9. XII. 11	1.3 p	Erste Welle in der Massai-Steppe, O vom Kinjawiri-Bach			654.1	30.5	*1245*	
136	11. XII. 11	7.0 a	Lager am Tarangire, Massai-Steppe	666.3	667.2		18.9	**1129**	
137	11. XII. 11	9.4 a	Zweite Welle in der Massai-Steppe, O vom Tarangire			656.8	29.0	*1222*	
138	11. XII. 11	10.3 a	Sumpfige Flußmulde, O vom Tarangire, Massai-Steppe			659.2	29.5	*1191*	
139	12. XII. 11	7.0 a	Lager bei Beginn des Schuttfußhanges des Oldonjo, Ssambu, Massai-Steppe	652.7	653.8		16.6	**1305**	
140	12. XII. 11	9.4 a	Am Fuße der Felshöhen des Oldonjo Ssambu, Massai-Steppe			632.4	28.5	*1486*	
141	12. XII. 11	11.2 a	Gipfel des Oldonjo-Ssambu, Massai-Steppe	610.5	611.6		21.8	**1893**	
142	15. XII. 11	7.0 a	Lager am Tarangire, unterhalb der ersten Kreuzungsstelle, Massai-Steppe	669.2	670.3		15.6	**1090**	

Lfd. Nr.	Datum	Uhrzeit	Beobachtungsort	Ablesung an DII	DIII	An	Lufttemp.	Berechnete Seehöhe in m	Bemerkungen
143	17. XII. 11	7.0	Lager in Ost-Ufiomi nahe dem Missionsgebäude	648.2	649.3		18.3	**1370**	Vgl. lfd. Nr. 126 a, b und 133
144	17. XII. 11	10.5a	Kraterkessel ca. 5 km NNO von Mission Ufiomi			652.5	29.8	*1270*	
145	18. XII. 11	7.0a	Lager Hariambi, NO-Abhang des Ufiomi-Berges	647.2	648.2		20.2	**1386**	
146	18. XII. 11	2.0p	Vorsprung am N-Abhang des Ufiomi-Berges			606.0	24.8	*1850*	
147a	20. XII. 11	7.0a	Lager Seidi am Nordende des Bassoda-Sees, W-Ufiomi	747.8	648.6		17.8	**1366**	Vgl. lfd. Nr. 128
147b	21. XII. 11	7.0a	desgl.	648.0	649.0		19.4		
148a	22. XII. 11	7.0a	Lager Bongka, Grenzgebiet zwischen Ufiomi und Uassi	646.8	647.8		18.8	**1391**	
148b	23. XII. 11	7.0a	desgl.	646.2	647.1		20.2		
149	22. XII. 11	2.0p	Gipfel der Gara-Berge an der SO-Flanke der Bassoda-Senke, NNO von Bongka	611.3	612.2		22.0	**1862**	
150	23. XII. 11	11.3a	NW-Uassi, kurz vor Abstieg zum Bubu-Tal			616.5	24.5	*1670*	
151	23. XII. 11	2.0p	Bubu-Tal in NW-Uassi			627.6	25.0	*1520*	
152	23. XII. 11	3.2p	NW-Uassi, kurz nach dem Aufstieg aus dem Bubu-Tal			614.9	27.9	*1684*	
153	27. XII. 11	7.0a	Lager Ssalanka, Landschaft Uassi	627.1	628.1		17.1	**1658**	Vgl. lfd. Nr. 122
154	27. XII. 11	10.4a	Übergang über den Bubu W von Ssalanka			637.5	29.5	*1500*	
155	28. XII. 11	7.0a	Lager nahe beim Bubu, W von Ssalanka	637.2	638.0		15.6	**1510**	
156	28. XII. 11	10.2a	Endpunkt der Irroute in ein rechtes Nebental des Bubu			629.0	28.5	*1584*	
157	28. XII. 11	2.0p	Oberer Rand der Stufe OSO vom Gurui			622.0	33.0	*1620*	
158	28. XII. 11	4.0p	Schwarzerde-Niederung OSO vom Gurui			629.9	29.5	*1530*	
159	29. XII. 11	7.0a	Hufeisenkrater SO vom Gurui	625.8	626.6		16.1	**1612**	
160	29. XII. 11	9.1a	Kratersohle SO vom Gurui			634.6	25.5	*1488*	
161a	30. XII. 11	7.0a	Lager SSO vom Gurui	629.8	630.8		17.1	**1612**	
161b	1. I. 12	7.0a	desgl.	629.7	630.7		17.6		
162	1. I. 12	10.4a	Kratersohle S vom Gurui			598.9	21.3	*1650*	
163	1. I. 12	11.4a	Kraterrandhöhe SSW vom Gurui			579.9	25.5	*1860*	
164	2. I. 12	7.0a	Lager auf dem Waraïda, SW vom Gurui	626.8	627.9		18.8	**1658**	
165	2. I. 12	9.4a	Oberer Rand der Turu-Stufe SW vom Gurui			589.0	25.8	*1760*	
166	3. I. 12	7.0a	Lager am Fuße der Iraku-Stufe WSW vom Gurui	629.8	630.5		17.6	**1618**	
167	3. I. 12	10.5a	Oberer Rand der Iraku-Stufe NNO vom Ssipunga-Kessel			579.7	26.8	*1850*	
168	3. I. 12	11.5a	Am Fuße der Iraku-Stufe NNO von Ssipunga-Kesse			591.7	28.0	*1717*	

Lfd. Nr.	Datum	Uhrzeit	Beobachtungsort	Ablesung an DII	DIII	An	Lufttemp.	Berechnete Seehöhe in m	Bemerkungen
169	4. I. 12	7.0a	Lager im Ssipunga-Kessel	630.0	631.0		16.3	**1606**	
170	4. I. 12	9.1a	Oberer Rand der Turu-Stufe W vom Südende des Balangida-Sees			598.6	22.3	*1640*	
171	5. I. 12	7.0a	Lager Makangire, S vom Südende des Balangida-Sees	640.5	641.6		17.4	**1472**	
172	5. I. 12	8.5a	Höhe der Ost-Balangida-Stufe, SSO vom Makangire			601.0	24.5	*1628*	
173	7..I. 12	7.0a	Lager Mongoloma, westlichstes Irangi	652.0	653.1		19.0	**1326**	
174	9. I. 12	7.0a	Lager Kondoa-Irangi	649.2	650.0		18.3	**1362**	Vgl. lfd. Nr. 102 a-j, 211 a-b
175	19. I. 12	1.5p	Bubu-Tal W von Schangaha NO Irangi			624.6	29.7	*1298*	
176	19. I. 12	4.5p	Harakino-Höhen, NW von Kondoa-Irangi			597.0	30.3	*1659*	
177a	20. I. 12	5.1p	Lager Ali, SW von Kondoa-Irangi			621.5	28.3	*1332*	
177b	21. I. 12	7.4a	desgl.			625.5	22.8		
178	21. I. 12	8.4a	Bubu-Tal WSW von Kondoa-Irangi			630.9	24.8	*1262*	
179a	21. I. 12	12.1p	Lager Kipjugu, Landschaft Ssimbo. Grenzgebiet Irangi-Ussandaui			607.7	29.5	*1459*	
179b	22. I. 12	7.0a	desgl.			609.6	20.0		
180	22. I. 12	10.3	Rast in Nungu, Straße Kondoa-Irangi nach Ussandaui			622.9	29.0	*1277*	
181	23. I. 12	2.5p	Lager Mukinki, Straße Kondoa-Irangi nach Ussandaui			626.9	34.5	*1180*	
182	23. I. 12	10.3a	Ehemaliges Stationsgebäude in Kwa Mtoro, NW-Ussandaui			625.2	30.2	*1268*	
183a	24. I. 12	7.0a	Lager am Fuß der Kathol. Mission Kurjo, NW Ussandaui	658.7	659.8		18.3	**1232**	Vgl. lfd. Nr. 198 und 236a, b
183b	25. I. 12	7.0a	desgl.	658.4	659.5		20.2		
184	26. I. 12	8.3a	Jumbe Ssono, W von Kurjo, Ussandaui			663.2	24.2	*1351*	Vgl. lfd. Nr. 237
185	27. I. 12	6.3a	Lager Kipilipili (Mdaki), W-Ussandaui	653.3	654.3		17.3	**1300**	
186	27. I. 12	11.0a	Temben bei Ititi, nordwestlichstes Ussandaui			670.1	30.0	*1260*	
187	28. I. 12	7.0a	Lager im Busch O vom Mpondi. Grenzgebiet Ussandaui-Turu	659.9	660.8		17.2	**1210**	
188	28. I. 12	10.2a	Mpondi-Bach, Grenzgebiet Ussandaui-Turu			674.3	29.2	*1206*	
189	28. I. 12	3.1p	Oberer Rand der Turu-Stufe SO von Mission St. Leo			639.4	29.2	*1674*	
190	29. I. 12	7.0a	Lager Morundo, SO Turu	632.2	633.2		17.6	**1583**	

Lfd. Nr.	Datum	Uhrzeit	Beobachtungsort	Ablesung an DII	DIII	An	Lufttemp.	Berechnete Seehöhe in m	Bemerkungen
191	30. I. 12	7.0 a	Lager bei der Kath. Mission St. Leo, nahe Lager Manko, O-Turu	629.3	630.1		18.1	**1606**	Vgl. lfd. Nr. 28 a bis c
192	30. I. 12	10.3 a	Oberer Rand der Turu-Stufe NO von Mission St. Leo			640.3	25.7	*1653*	
193	30. I. 12	11.5 a	Temben des Jumben Bara am Fuße der Turu-Stufe			662.7	30.5	*1370*	
194	31. I. 12	7.0 a	Altes Lager Ilunde (Kwa Mgori), Straße Turu-Irangi	652.7	653.8		17.1	**1308**	Vgl. lfd. Nr 97
195	1. II. 12	7.0 a	Lager Muporu, SO von Ilunde, Grenzgebiet Turu-Ussandaui	647.2	648.3		17.2	**1380**	
196	1. II. 12	10.5 a	Höhe SO von Muporu, nordwestlichstes Ussandaui			663.1	31.8	*1350*	
197	2. II. 12	7.0 a	Lager beim Jumben Ssondja von Lalta, NW-Ussandaui	652.3	653.4		17.8	**1312**	
198	4. II. 12	7.0 a	Lager am Fuß der Kathol. Mission Kurjo, NW Usandaui	658.7	659.8		20.7	**1231**	Vgl. lfd. Nr. 183 a u. b. ; 236 a u. b.
199	5. II. 12	7.0 a	Lager Ssongo, NO-Ussandaui	662.0	663.0		19.0	**1187**	
200	5. II. 12	9.4 a	Flußaue S vom Boro-Berg, NO-Ussandaui			674.9	28.4	*1128*	
201	5. II. 12	10.2 a	Paßhöhe auf dem Boro-Berg, NO-Ussandaui			670.2	28.7	*1188*	
202	5. II. 12	11.1 a	Schwarzerde-Niederung NO vom Boro-Berg			673.7	29.3	*1143*	
203	5. II. 12	1.2 p	Djuanga-Höhen NO vom Boro-Berg			655.2	29.8	*1380*	
204	6. II. 12	7.0 a	Lager Kunguru (Mangia), NO vom Boro-Berg, Grenzgebiet Ussandaui-Irangi	656.2	657.3		20.0	**1263**	
205	6. II. 12	9.3 a	Temben des Akiden Ssumbari am Fuß des Gissaue-Berges			650.2	24.6	*1420*	
206	6. II. 12	12.4 p	Gipfel des Heliographenberges Gissaue, Grenzgebiet Ussandaui-Irangi	618.7	619.5		22.7	**1859**	
207	7. II. 12	7.0 a	Lager Pangatchuma, O vom Gissaue-Berg	653.3	654.1		18.1	**1304**	
208a	7. II. 12	10.2 a	Übergang über den Bubu ONO vom Gissaue-Berg			668.7	23.8	*1170*	
208b	7. II. 12	2.5 a	desgl.			665.4	25.2		
209	8. II. 12	7.0 a	Lager Kiali, S von Kondoa-Irangi	652.8	653.9		18.8	**1298**	
210	8. II. 12	10.0 a	Höhe S von Kondoa-Irangi			642.4	24.0	*1451*	
211a	9. II. 12	7.2 a	Altes Lager in Kondoa-Irangi	648.4	649.6		18.2	**1367**	Vgl. lfd. Nr. 102 a—j u. 174
211b	11. II. 12	7.0 a	desgl.	648.0	649.3		19.0		
212	11. II. 12	10.5 a	Höhe OSO von Kondoa-Irangi			629.9	26.2	*1600*	
213	12 II. 12	7.0 a	Lager Kidunda, OSO von Kondoa-Irangi	646.6	647.9		17.7	**1388**	

Lfd. Nr.	Datum	Uhrzeit	Beobachtungsort	Ablesung an DII	DIII	An	Lufttemp.	Berechnete Seehöhe in m	Bemerkungen
214	12. II. 12	9.4a	Am Fluß Dalai, OSO von Kondoa-Irangi, Grenzgebiet Irangi-Burungi			660.1	27.0	*1252*	
215a	13. II. 12	7.0a	Lager Damass (Goïma), N-Burungi	642.5	643.9		17.0	1441	Vgl. lfd. Nr. 223
215b	14. II. 12	7.0a	desgl.	642.4	643.8		17.0		
216	15. II. 12	7.0a	Lager Tandara (Sambi), N von Damass (Goïma). Grenzgebiet Burungi-Irangi	644.5	645.8		17.5	1412	
217	16. II. 12	7.0a	Lager Kinduri (Mtoro), östlichstes Irangi	655.0	656.1		16.6	1276	
218	17. II. 12	7.0a	Lager beim Akiden Makassi, nordöstlichstes Burungi	642.8	644.1		15.4	1484	
219	17. II. 12	9.2a	Höhe SSO von Makassi			636.1	26.3	*1561*	
220	18. II. 12	7.0a	Lager Simbo (Hamiss), Grenzgebiet Irangi-Burungi-Ugogo	639.9	641.2		16.4	1474	
221	18. II. 12	8.3a	Höhe NW von Simbo (Hamiss)			631.9	23.3	*1603*	
222	18. II. 12	12.0p	Temben des Jumben Bussa, NO-Burungi			633.5	25.8	*1578*	
223	19. II. 12	7.0a	Altes Lager bei Damass (Goïma), Nord-Burungi	642.1	643.5		15.7	1545	Vgl. lfd. Nr. 215 a bis b
224	21. II. 12	7.0a	Lager beim Akiden Haletu, Burungi	638.7	640.0		17.0	1489	
225	21. II. 12	8.1a	Höhe ca. 2½ km S von Haletu, Zentral-Burungi			629.9	25.0	*1590*	
226	22. II. 12	7.2a	Lager Handu, Zentral-Burungi	655.4	656.5		18.4	1270	
227	22. II. 12	1.5p	Schwarzerde-Niederung W von Handu			666.8	26.1	*1190*	
228	23. II. 12	7.0a	Lager beim Akiden Njanga W von Handu, westlichstes Burungi	664.5	665.7		18.7	1154	
229	23. II. 12	10.0a	Schwarzerde-Niederung SW von Njanga			666.8	26.1	*1120*	
230	24. II. 12	7.0a	Lager Ssola, O-Ussandaui	654.8	656.0		19.3	1278	Vgl. lfd. Nr. 244
231	24. II. 12	10.3a	Höhe NW von Ssola			656.8	27.1	*1300*	
232	24. II. 12	12.3p	Bubu-Übergang WNW von Ssola			674.8	29.5	*1070*	
233	25. II. 12	7.0a	Lager beim Njampara Leba, Zentral-Ussandaui	651.5	652.6		17.1	1320	
234	25. II. 12	9.2a	Höhe WNW von Leba			647.5	23.8	*1410*	
235	25. II. 12	10.3a	Höhe NW bon Leba			655.8	24.4	*1320*	
236a	1. III. 12	7.0a	Lager bei Kath. Mission Kurjo, NW-Ussandaui	658.8	660.0		18.8	1225	Vgl. lfd. Nr. 183 a, b; 198
236b	2. III. 12	6.1a	desgl.	658.6	659.8		19.0		
237	2. III. 12	1.0p	Temben des Jumben Ssono W von Kurjo			651.1	30.0	*1351*	Vgl. lfd. Nr. 184
238	2. III. 12	2.5p	Temben des Jumben Tschansi SW von Kurjo-Straße Kilimatinde—Kwa Mtoro—Kondoa			661.7	29.0	*1205*	

Lfd. Nr.	Datum	Uhrzeit	Beobachtungsort	Ablesung an DII	DIII	An	Lufttemp.	Berechnete Seehöhe in m	Bemerkungen
239	3. III. 12	6.4a	Lager beim Jumben Leba, SW-Ussandaui	665.5	666.8		19.1	**1136**	
240	3. III. 12	10.3a	Höhe kurz vor Abstieg zum Bubu-Tal, S-Ussandaui			663.9	29.0	*1256*	
241	3. III. 12	11.4a	Bubu-Tal W von Marakrowera, S-Ussandaui			694.1	30.2	*896*	
242	4. III. 12	7.0a	Lager Marakrowera S-Ussandaui		682.0		20.1	**934**	
243	4. III. 12	12 4a	Höhe ONO von Marakrowera			665.2	30.2	*1228*	
244	5. III. 12	6.3a	Lager Ssola, O-Ussandaui	656.0	656.1		18.0	**1266**	Vgl. lfd. Nr. 230
245	5. III. 12	10.4a-12.0p	Rast beim Jumben Mualimu SO-Ussandaui			655.7	28.0	*1290*	
246	6. III. 12	8.0a	Lager bei der alten Tembe des Jumben Marenga, im Busch des südöstlichsten Ussandaui	666.7	666.7		20.4	**1135**	Am Fuß der Nord Ugogo-Stufe
247	7. III. 12	6.4a	Lager Ndahani, SO-Ussandaui	671.4	671.5		18.5	**1067**	„ „
248	7. III. 12	12.3p	Jumbe Lupama, südlichstes Ussandaui			693.3	30.8	*888*	„ „
249	8. III. 12	7.0a	Lager am Bubu im südlichsten Ussandaui	685.2	685.1		20.7	**892**	
250	8. III. 12	8.3a	Oberer Rand der Kilimatinde-Stufe, südlichstes Ussandaui			684.0	28.0	*1054*	
251	9. III. 12	6.3a	Lager Gaïa, SW-Ussandaui	666.7	667.2		20.2	**1126**	
252	9. III. 12	5.5p	Gipfel des Ssongoro-Berges, südwestlichstes Ussandaui	639.9	639.9		23.0	**1466**	Oberer Rand der Nord-Ugogo-Stufe
253	10. III. 12	6.2a	Lager am Fuß des Ssongoro-Berges, südwestlichstes Ussandaui	658.0	658.0		16.8	**1237**	Am Fuß der Nord-Ugogo-Stufe
254	10. III. 12	12.5p	Am Mpondi-Fluß SW vom Ssongoro-Berg			669.1	32.4	*1150*	
255	11. III. 12	6.5a	Lager beim Akiden Ssauassaua, Grenzgebiet Ussandaui-Turu-Ugogo	660.0	660.0		19.3	**1214**	Vgl. lfd. Nr. 13
256	11. III. 12	11.2a	Am Fuße des Kiringa-Berges W von Ssauassaua	651.9	651.8		26.3	**1334**	
257	11. III. 12	2.1-2.2p	Rast in Kiwunge, am Fuße der Turu-Stufe, S vom Kiringa-Berg			668.9	30.8	*1150*	
258	12. III. 12	7.0a	Lager in Ssoboro, Jumbe Makali. Oberer Rand der Kilimatinde-Stufe	670.0	670.1		17.4	**1085**	
259	12. III. 12	11.2a	Temben S vom Lager Ssoboro am Fuße der Kilimatinde-Stufe, W-Ugogo			692.8	29.8	**920**	
260	13. III. 12	7.0a	Lager am SO-Fuß des Nkwita-Berges, W-Ugogo	686.6	686.8		22.6	**872**	N von der Zentralbahn
261	14. III. 12	7.0a	Lager an der Zentralbahn in der Mitte zwischen den Stationen Makutupora und Saranda	672.0	672.0		19.3	**1059**	

Lfd. Nr.	Datum	Uhrzeit	Beobachtungsort	Ablesung an DII	DIII	An	Lufttemp.	Berechnete Seehöhe in m	Bemerkungen
262	14. III. 12	1.1p	Schwarzerde - Niederung NNW von Kilimatinde			763.9	30.8	*1124*	
263	17. III. 12	6.4a	Lager bei der Tembe von Mesomapia, WNW von Kilimatinde	667.9	668.0		18.8	**1112**	Vgl. lfd. Nr. 5
264	17. III. 12	8.5a	Am Kassiangu-Bach, Straße Kilimatinde – Tabora			663.1	27.5	*1230*	
265	17. III. 12	10.5a	Höhe zwischen Kassiangu und Maungulu-Bach			659.9	28.8	*1270*	
266	17. III. 12	11.2a-12.5p	Am Maungulu-Bach, Straße Kilimatinde-Tabora			662.9	29.3	*1235*	
267	18. III. 12	6.3a	Lager im Busch WSW von Kilimatinde	656.0	656.0		18.0	**1266**	
268	18. III. 12	3.1p	Am Kassiangu-Bach, Straße Iringa-Kilimatinde			674.9	29.9	*1099*	
269	19. III. 12	7.0a	Stationsgebäude Kilimatinde, W-Ugogo	669.6	669.6		22.0	**1106**	Vgl. lfd. Nr. 2

B. Nach Landschaften geordnet.

I. Westflügel des Forschungsgebietes.

1. West-Ugogo mit dem Zentrum Kilimatinde: Lfd. Nr. 1—11, 257—269.
2. Turu mit dem Zentrum Ssingida: Lfd. Nr. 12—44b, 91—95, 189—193.
3. Ijambi (Grenzlandschaft zwischen Turu und Issansu-Iramba): Lfd. Nr. 45—47.
4. Issansu mit dem Zentrum Mkalama: Lfd. Nr. 48a—51, 71a—75.
5. Hohenlohe-Graben und Wakindiga-Land: Lfd. Nr. 52—70b.
6. Iramba: Lfd. Nr. 76—88.
7. Ussure (Grenzlandschaft zwischen Iramba und Turu): Lfd. Nr. 89—90.

II. Ostflügel des Forschungsgebietes.

1. Grenzlandschaft zwischen Turu und Irangi: Lfd. Nr. 96 bis 101b, 171—172, 194.
2. Irangi mit dem Zentrum Kondoa-Irangi: Lfd. Nr. 102—118, 173—178, 208a—214, 217.
3. Uassi: Lfd. Nr. 119—124, 148—157.
4. Ufiomi: Lfd. Nr. 125—133, 143—147b.
5. Massai-Steppe östlich von Ufiomi: Lfd. Nr. 134—142.

6. Umgebung des Gurui: Lfd. Nr. 158—170.
7. Burungi: Lfd. Nr. 215a—216, 218—229.
8. Ussandaui: Lfd. Nr. 12—14, 179a—188, 195—207, 230—256.

Tabelle III.

Prüfungsergebnisse der Siedethermometer.

(Korrektur in mm).

Instrument	Fuess Nr. 972 (DI)	Fuess Nr. 918 (DII)	PTR 45 142 (DIII)
bei 400 mm	— 0.2 mm	—	—
„ 450 „	— 0.4 „	— 0.2 mm	— 0.8 mm
„ 500 „	— 0.4 „	± 0.0 „	— 1.0 „
„ 550 „	± 0.0 „	+ 0.2 „	— 0.8 „
„ 600 „	± 0.0 „	± 0.0 „	— 0.4 „
„ 650 „	— 0.4 „	— 0.2 „	— 0.6 „
„ 700 „	— 0.4 „	— 0.2 „	— 0.4 „
„ 760 „	— 0.2 „	± 0.0 „	— 0.2 „

Die meteorologischen Beobachtungen.

Die meteorologischen Beobachtungen haben eine Bearbeitung leider nicht gefunden, da die hierfür notwendigen Mittel nicht zur Verfügung gestellt werden konnten. In Anbetracht unserer außerordentlich geringen und dürftigen Kenntnisse von der Klimatologie jener Gebiete ist diese Tatsache sehr zu bedauern.

Während der ganzen Expedition wurden regelmäßige Terminbeobachtungen um 7^h am, 2^h pm, 9^h pm bezw. 7^h am, 2^h pm, 7^h pm, 9^h pm ausgeführt. Gemessen wurde die jeweilige Lufttemperatur mit Hülfe von Schleuderthermometern und die Extremtemperaturen mit Hülfe von Maximum- und Minimum-Thermometern; zur Bestimmung des Luftdrucks wurden die Aneroide abgelesen und zur Kontrolle in jedem Lager mindestens eine Siedepunktsbestimmung ausgeführt. Bis Ende September 1911 konnte überdies die Luftfeuchtigkeit regelmäßig registriert werden durch Messungen mit einem großen Assmannschen Aspirations-Psychrometer; das Instrument wurde dann leider beschädigt (Federbruch) und konnte im Innern nicht ausgebessert werden. Ohne Instrumente endlich wurden Windrichtung und Windstärke sowie die Bewölkung festgestellt.

Das so gewonnene meteorologische Material wird nun zwar nicht systematisch verarbeitet werden, aber ganz umsonst wird die Mühe und Sorgfalt, die ich auf die meteorologischen Beobachtungen verwandte, doch nicht sein. Schon die Feststellung, daß in der Regenzeit westliche Luftbewegungen häufig sind, ist klimatologisch und morphologisch von einigem Interesse, und für die länderkundliche Beschreibung, die den 2. Teil meines Reiseberichts ausfüllen wird, kann ohne Zweifel diese oder jene Beobachtung mit Nutzen verwertet werden. Und noch ein letzter Trost bleibt mir, daß nämlich die meteorologischen Beobachtungen den Blick auch für alle übrigen Erscheinungen haben schärfen helfen und so indirekt die allgemeine Forschertätigkeit nicht unwesentlich gefördert haben.

E. Obst.

Dr. E. Obst's Gesteinssammlung

aus dem

abflußlosen Rumpfschollenland des nordöstlichen Deutsch-Ostafrika

von

Dr. R. Herzenberg
(Hamburg).

Das von Dr. E. Obst gesammelte und von der Hamburger Geographischen Gesellschaft dem Mineralogisch-Geologischen Institut in Hamburg überwiesene Gesteinsmaterial bildet eine wesentliche Bereicherung unserer kolonialgeologischen Sammlungen und gewährt einen guten Einblick in die petrographischen Verhältnisse des nordöstlichen Deutsch-Ostafrika.

Die Liste der zusammengetragenen Gesteinshandstücke umfaßt gegen 600 Nummern, darunter eine prachtvolle Suite des Golderzvorkommens in Sekenke. Die Nr. 1—294 stammen aus dem vorwiegend granitischen Westflügel des Obstschen Forschungsgebiets (Ugogo, Turu, Ijambi, Issansu, Hohenlohe-Graben, Wakindiga-Land, Iramba, Ussure); der Rest ist dem hauptsächlich aus Gneisen und anderen kristallinen Schiefern und jungvulkanischen Gesteinen aufgebauten Osten entnommen (Irangi, Uassi, Ufiomi, Massai-Steppe, Gurui, Burungi, Ussandaui).

Ca. 180 Stücke dieses Gesteinsmaterials wurden mikroskopisch untersucht, die übrigen ließen sich auf Grund der mikroskopisch untersuchten bestimmen. Im folgenden werden die wichtigsten Ergebnisse dieser Untersuchungen mitgeteilt; eine genauere Untersuchung des Gesteinsmaterials und eine ausführlichere Darstellung der Ergebnisse müssen der Zukunft vorbehalten bleiben, weil an dieser Stelle nicht der Raum vorhanden ist, um die an die Untersuchung sich anknüpfenden Probleme in allen Einzelheiten zu erörtern.

Da Dr. Obst sein Forschungsgebiet in großen Schleifen durchwanderte und dieselbe Landschaft im Laufe der Expedition mehrmals berührte, so würde eine chronologische Aufführung und Beschreibung der verschiedenen Gesteinsproben vielfach Zuasmmengehöriges zerreißen. Auf Anregung von Dr. Obst wurde, um dies zu vermeiden, das Verzeichnis sowohl chronologisch wie nach Landschaften geordnet publiziert, hier aber im Text die aus einer Landschaft stammenden, zu verschiedenen Zeiten gesammelten Proben zusammen beschrieben. Dem Geographen — und der Bericht über die Gesteinssammlung ist ja für ein geographisches Reisewerk bestimmt — wird es auf diese Weise ohne Mühe möglich sein, sich über den Gesteinscharakter dieser oder jener Provinz zu orientieren.

I. Westflügel des Obstschen Forschungsgebiets.

1. West-Ugogo mit dem Zentrum Kilimatinde.

a) Das Grundgebirge dieser Provinz besteht, wie auch schon aus den vorläufigen Berichten von Dr. Obst hervorgeht, allenthalben aus leidlich gleichförmigem Granit, von dem zahlreiche Proben mitgebracht worden sind.

Der **Granit** der Befundliste Nr. 11 (ca. $1^1/_2$ km N vom Stationsgebäude Kilimatinde) ist grau und mittelkörnig. Vom Gestein wurde der Dünnschliff Nr. 304 angefertigt, welcher folgendes ergab: hypidiomorphkörnige Struktur, der Quarz in großen Körnern mit reihenförmigen Einschlüssen. Der Feldspat ist recht frisch. Er ist zum größten Teil Mikroklin, weniger häufig Mikroperthit, selten Plagioklas. Der Glimmer ist ausschließlich Biotit. Kleine Zirkonkriställchen sind in allen Körnern eingesprengt, außerdem wenig Erz.

Der **Granit** der B. L. Nr. 21 S. Nr. 462 (nahe beim Stationsgebäude Kilimatinde) ist sehr feinkörnig und grau. Er besteht aus Quarz, Orthoklas und Mikroklin, Mikroperthit und Biotit in hypidiomorphkörniger Ausbildung. Quarz und Feldspat sind zum Teil eutektisch verwachsen. Wenig Apatit, Zirkon in Biotit mit pleochroitischen Höfen.

Der **Granit** der B. L. Nr. 37 S. Nr. 314 (ca. $1^1/_2$ km SW vom Stationsgebäude Kilimatinde) ist ebenfalls feinkörnig, weicht vom vorhergehenden aber durch eine braungraue Farbe ab. Mikroskopisch untersucht ergab er hypidiomorphkörnige Struktur; Quarz tritt Feldspat gegenüber zurück. Der Feldspat ist frisch, meist Orthoklas, wenig Plagioklass; ziemlich viel Biotit mit Zirkoneinschlüssen ohne pleochroitische Höfe, wenig Erz, secundär Epidot.

Vom Südende der „Schönen Aussicht“ bei Kilimatinde (oberer Rand der Kilimatinde-Stufe) stammt der **Granit** der B. L. Nr. 2 S. Nr. 307. Er ist ziemlich feinkörnig mit grobgekörnten Teilen. Der mikroskopische Befund war: hypidiomorphkörnige Struktur; Quarz tritt zurück; der Feldspat ist größtenteils Orthoklas, wenig Plagioklas, beide ziemlich stark zersetzt, wenig Mikroklin. Feldspat und Quarz öfter eutektisch verwachsen. Außerdem Biotit, welcher stark chloritisiert und epidotisiert ist; Titanit, Magnetit, Apatit und Zirkon mit pleochroitischen Höfen im Glimmer.

Noch weiter im S., im Bett des Ssolia-Bachs S. vom Stationsgebäude Kilimatinde, fand sich der **Granit** der B. L. Nr. 6 S. Nr. 306. Dieser ist mittelkörnig mit roten und gelblichen Feldspäten, welche dem Gesteine eine rötliche Farbe geben. Die Quarze sind groß mit massenhaften Staubeinlagerungen und undulöser Auslöschung. Die Feldspäte sind sehr zersetzt. Es tritt sowohl Orthoklas wie Plagioklas auf. Daneben sehr wenig, stark chloritisierter Biotit. Der mikroskopische Befund bestätigte die bereits makroskopisch bemerkte beginnende Zersetzung.

Von den Felshaufen ca. 1 km nördlich von Kilimatinde stammt der **Granit** B. L. Nr. 1 S. Nr. 302. Er ist sehr feinkörnig, ähnlich dem Granit der B. L. Nr. 21, aber weniger glimmerreich. Der vorwaltende in Zersetzung begriffene Feldspat verleiht dem Gestein eine bräunlichgraue Färbung. Die mikroskopische Untersuchung zeigte folgendes Bild: hypidiomorphkörnige Struktur; der Quarz kommt in abgerundeten Körnern vor, z. T. mit undulöser Auslöschung und reich an Einschlüssen; der Feldspat ist zum größten Teil Mikroklin, weniger häufig Mikroperthit. An wenigen Stellen greifen benachbarte Quarz- und Mikroklinkörner mikroschriftgranitisch ineinander. Als dunkle Gemengteile treten Biotit und wenig Erz auf; außerdem Zirkon und Apatit in kleinen Säulchen und Körnern.

In der Nähe von Kilimatinde, an der Straße Kilimatinde-Muhalala, wurden in der Nachbarschaft von gewöhnlichem Granit Blöcke gefunden, Nummern 30 und 32 der B. L., welche etwas zersetzte hellbraune **Granite** sind.

Vom Fuß der Turu-Stufe bei Mesomapia, WNW von Kilimatinde, stammt der **Granit** der B. L. 38 S. Nr. 315. Das Gestein ist ein bröckliger verwitterter Biotitgranit. Im Schliff zeigt es hypidiomorphkörnige Struktur. Quarz weniger als Feldspat mit vielen Einschlüssen und undulöser Auslöschung. Der Feldspat ist meist Orthoklas und Mikroklin, wenig Plagioklas, als dunkler Gemengteil Biotit mit Apatit und Zirkoneinsprenglingen; letztere mit pleochroitischen Höfen. Sekundär etwas Epidot.

Auch vom oberen Rand der Turu-Stufe bei Mesomapia wurden **Granit**proben genommen: B. L. Nr. 52. Feinkörniger, hellroter Granit. S. 318. Hypidiomorphkörnige Struktur. Der durchweg sehr klare Quarz tritt zurück. Der Feldspat ist oft von innen ausgehend zersetzt; es ist meistens Orthoklas und Mikroklin, z. T. durch Übergänge verbunden, wenig Plagioklas, der am stärksten zersetzt ist. Biotit mit Zirkoneinschlüssen, wenig Apatit und sekundär Epidot. —B. L. 54.

ist stark zersetzter grobkörniger Granit. — B. L. 58, einige km weiter nördlich, ist dagegen sehr feinkörnig und zeigt stellenweise Epidotbildung.

Weitere **Granit**proben stammen von der sog. Mahnke-Schwelle, O von Mesomapia. B. L. Nr. 48 S. 319 ist hellrötlichgrau und von gröberem Korn. Mikroskopisch zeigt er hypidiomorphkörnige Struktur. Quarz in großen undulös auslöschenden Körnern mit schnürförmig angeordneten Einschlüssen. Bedeutend mehr Feldspat: Orthoklas, Mikroklin, wenig Plagioklas. Der Plagioklas und ein Teil des Orthoklas ist zersetzt. Biotit gelbbraun mit zahlreichen Einschlüssen von Zirkon und Apatit. Der Zirkon mit pleochroitischen Höfen. — B. L. Nr. 46 ist durch verwitterten Feldspat rötlich gefärbt und enthält viel Biotit. — B. L. 50 S. 459 ist ein frischer, feinkörniger, grauer, sehr biotitreicher **Granit.** Das Handstück läßt Schieferung ahnen; deutlich zu sehen ist sie nicht. Im Dünnschliff findet man Quarz, Orthoklas, Plagioklas und Biotit, letzteren mit Zirkoneinschlüssen, umgeben von pleochroitischen Höfen. Außerdem Apatit, Titanit und Magnetit.

Auch die Granite vom Eisenbahneinschnitt Manjoni-Saranda (B. L. Nr. 60, 64, 65) bieten im wesentlichen dasselbe Bild. In frischem Zustand sind sie grau oder blaßrot, zersetzt haben sie meist gelblich verfärbte Feldspäte.

B. L. Nr. 60 S. 324 ist ein grobkörniger feldspatreicher **Granit** von hellgrauer Farbe. Im Schliff zeigt sich hypidiomorphkörnige Struktur. Quarz rein, undulös auslöschend. Die Feldspäte, meist Orthoklas und Mikroklin, sind verschieden stark zersetzt. Grünbrauner Biotit in kleinen Fetzen mit Apatit und Zirkoneinschlüssen, letztere mit pleochroitischen Höfen.

B. L. Nr. 64 S. 321. Blaßfleischrotes, sehr feinkörniges, stark kaolinisiertes Gestein. Im Schliff zeigt sich der Feldspat als Orthoklas und Mikroklin. Der Quarz tritt zurück. Die Feldspäte sind oft mit Quarz eutektisch verwachsen. Die dunklen Gemengteile scheinen fortgelaugt zu sein. — **Granit.**

B. L. Nr. 65 S. 322 ist ein feinkörniger **Granit** von hellgrauer Farbe, den ein Gang von rötlichem Pegmatit durchsetzt. Im Schliff hypidiomorphkörnige Struktur, viel Quarz, undulös auslöschend, verzahnt in andere Körner eingreifend. Der Feldspat ist oft noch sehr frisch und ist meist Orthoklas, selten Mikroklin. Eutektische Verwachsung zwischen Quarz und Orthoklas ist häufig; Biotit grünbraun, mit Zirkon- und Apatiteinschlüssen; Titaneisen mit Leukoxenrand. Biotit und Feldspat in Zersetzung begriffen.

An den **Graniten** von Manjoni-Saranda zeigt sich häufig Epidotisierung. Teils hat sich der neugebildete Epidot im Gestein angesiedelt, teils ganze Gesteinspartien vollkommen durchsetzt. Grüne epidotreiche Gänge durchziehen den Granit. Wahrscheinlich stammen die Stücke der B. L. Nr. 76 und 79, S. Nr. 325 und 465 von solchen epidotisierten Gängen. Es sind allem Anschein nach Aplitgänge. Im Dünnschliff zeigt sich Epidot als Hauptbestandteil mit Quarz als Füllmasse.

Am Kwita-Berg endlich, nordöstlich von Kilimatinde, tritt schwachgeschieferter **Granit** auf. B. L. Nr. 574 S. 463. Makroskopisch: schwach geschiefertes körniges Gestein mit Quarz, Feldspat und Biotit. Mikroskopisch: Es besteht zum größten Teil aus Feldspat, welcher als Orthoklas, Mikroklin und Plagioklas auftritt. Die Feldspäte etwas zersetzt und an den Rändern mit Quarz eutektisch verwachsen. Quarz tritt in größeren Feldern auf, die aus kleineren Körnern zusammengesetzt sind, ineinander verzahnt mit undulöser Auslöschung. Wenig Biotit, Erz; sekundär Epidot, Chlorit. Etwas Zirkon im Biotit mit pleochroitischen Höfen und Titanit.

b) Das Granitmassiv bezw. die Granitmassive des westlichen Ugogo sind allenthalben durchsetzt von zahlreichen Pegmatitgängen bezw. Schriftgranitgängen. Die Ausbildungsweise dieser Gänge ist recht verschieden. Beim Handstück Nr. 5 der B. L. sitzen zollgroße, gelbrote Karlsbader Zwillinge von Orthoklas porphyrartig im Quarz. Im **Pegmatit** der B. L. Nr. 14 aufgeschlossen im Bach NW von Kilimatinde waltet grauer Feldspat vor, in welchem Körner von Quarz und chloritisiertem Biotit eingebettet sind. Im Pegmatit der Gesteinsstücke von der Straße Kilimatinde-Muhalala B. L. Nr. 31 und 33 tritt sowohl der Quarz als der graue Feldspat in fast faustgroßen Brocken auf. Andere Gänge, von denen die Stücke der B. L. Nr. 34, 35 und 36 stammen sind typisch schriftgranitisch ausgebildet. — Von den **Pegmatitgängen** in der Nähe von Mesomapia und Saranda gaben die Nrn. 47, 51, 55 und 56, 72, 75, 79 bis 82 Proben. Sie enthalten stellenweise faustgroße Körner von Quarz und Orthoklas; Nr. 72 enthält gemeine Hornblende.

c) Außer dem Granit mit seinen Pegmatit- bezw. Schriftgranitgängen spielen andere kristalline Gesteine kaum irgendwo im westlichen Ugogo eine Rolle. Um so interessanter sind einige Proben von Hornblende- und Diabas-Gesteinen aus dieser Provinz.

α) B. L. Nr. 53, S. Nr. 317, Mahnke-Schwelle O von Mesomapia. Es ist ein schwarzgrünes, körniges schiefriges Gestein, das bereits makroskopisch als Hornblendegestein zu bestimmen ist. Im Schliff zeigt es sich, daß das Gestein hauptsächlich aus grüner gemeiner Hornblende besteht; dazu kommt noch ein wenig Biotit und als Füllmasse Orthoklas. Die Hornblende und der Biotit scheinen stellenweise regelmäßig verwachsen zu sein. Sowohl in der Hornblende als im Biotit finden sich Zirkonkriställchen in pleochroitischen Höfen. Das Gestein ist **Hornblendeschiefer.**

β) B. L. Nr. 570 S. Nr. 453 Kilimatinde-Stufe S vom Lager Ssoboro. Zersetzter **Diabas.** Makroskopisch: dunkelgrünlichgraues Gestein, feinkörnig, mit Intersertalstruktur. Mikroskopisch: Das Gestein ist sehr zersetzt und zeigt typische Intersertalstruktur. Die Balken werden von stark zersetzten Plagioklasleisten gebildet, oft mit Zwillingslamellen nach dem Albit- und Periklingesetz. Als Füllung tritt Augit auf und zahlreiche Körner von Magnetit. Außerdem findet sich dort Kalkstein.

d) Von nichtkristallinen Gesteinen in West-Ugogo mag zunächst der hier und da auftretende **Steppenkalk** erwähnt werden, von dem B. L. Nr. 572 S. 454 eine Probe ist. Feldspat und Quarzsplitter und kompaktere Kalkbrocken sind durch Kalk verfestigt.

e) Ungleich wichtiger, räumlich ausgedehnter und mächtiger, zugleich aber auch problematischer als der Steppenkalk sind die im folgenden zu behandelnden nichtkristallinen Gesteine von West-Ugogo. Es handelt sich zunächst um die sogenannten Konglomerate, von denen zahlreiche Proben entnommen sind. Diese Gesteine bestehen aus eckigen Quarzbrocken von wechselnder Größe und sind durch ein stark eisenhaltiges Bindemittel lose verkittet. Die Farbe ist bald braun, bald ockerrot, bald ziemlich dunkel, bald heller. Das Bindemittel ist kieselsäurereich. An helleren Stellen bemerkt man dann und wann Brocken stark zersetzten Feldspats und bei genauerer Untersuchung sieht man, daß diese Gesteine allem Anscheine nach den verfestigten Verwitterungsschutt der Granite darstellen. Da die Quarzbrocken wenig Abnutzung zeigen, kann man schließen, daß kein größerer Transport stattgefunden hat, sondern daß dieser Verwitterungsschutt sich noch ziemlich an seiner ursprünglichen Stelle befindet[1]). Die „**Konglomerate**" sind in der B.L. unter den Nummern 3, 4, 7, 9 und 39 zu finden.

---

[1]) Dr. Obst ist anderer Meinung. Er teilt mir zu diesem Punkt das Folgende mit: a) Die Tatsache, daß die Quarzbrocken der sogenannten Konglomerate wenig Abnutzung zeigen, beweist nicht, daß sich diese Trümmergesteine noch auf ihrer ursprünglichen Lagerungsstätte befinden. Das fließende

Diese mehr oder weniger lockeren Trümmermassen scheinen nun die Vorstufe zu sein für das Endprodukt der Verwitterung, welches uns in den Stücken der B. L. Nr. 8, 10, 13, 15, —20, 22—29, 40—45, 49, 57, 59, 78 und 568 vorliegen. Diese Gesteine kommen nach Obst vergesellschaftet mit den „Konglomeraten" vor. Ihnen allen gemeinsam ist die rauhe Oberfläche, verursacht durch hervorragende Quarzkörnchen. Die Farbe ist verschieden schwankend zwischen einem hellen Grau und einem dunklen Braun in allen Zwischenfärbungen. Von einigen wurden Dünnschliffe angefertigt, die folgendes ergaben.

B. L. Nr. 10 von der „Schönen Aussicht" bei Kilimatinde, S. Nr. 308. Das Gestein besteht hauptsächlich aus Quarzkörnern, welche durch einen hellbraun gefärbten Opal verkittet sind. Die Quarzkörner berühren sich oft und zeigen meist undulöse Auslöschung. — **Opalsandstein.**

Das Gestein der B. L. Nr. 13 S. 309 NW von Kilimatinde ist ein graues lockeres Gestein bestehend aus Quarzfragmenten und wenig verkittendem Zement. Mikroskopisch: Eckige Quarzkörner verkittet durch Opal. Um Hohlräume blättert sich die Opalmasse

---

Wasser arbeitet nämlich in den periodisch trocknen Gebieten der Tropen ganz anders als in unseren Breiten. Die gelegentlichen Hochfluten der in der Regenzeit abkommenden Bäche und Flüsse erfassen den in der Trockenzeit von der mechanischen Verwitterung erzeugten eckigen und kantigen Schutt, führen ihn einige Stunden, selten mehrere Tage talabwärts und setzen ihn dann infolge des sehr schnellen Abnehmens oder gänzlichen Versiegens der Wassermassen bald wieder ab. Mehrere Jahre können dann vergehen, ohne daß diese Schotter von neuem aufgearbeitet werden. Von einem langen ständigen Transport der Schuttmassen, wie er bei uns zur Abrollung der Gesteinstrümmer führt, ist in jenen Gebieten keine Rede.

b) Betrachtet man die Verbreitung dieser sogenannten Konglomerate, — und dasselbe gilt von den weiter unten besprochenen Opalsandsteinen — so fällt auf, daß sie nicht regellos überall anzutreffen sind, sondern einmal die flachen Talmulden begleiten, zum anderen aber hier und dort die höchsten Erhebungen einnehmen (den oberen Rand der Stufen, Gipfel der Berge etc.). Das letztgenannte Vorkommen widerspricht m. E. am stärksten der Vorstellung, daß diese Gesteine rezente Bildungen seien und sich in situ befänden. Denn wie bei der Schuttbildung stets, so sammelt sich auch hier in diesen Gebieten mit überwiegend mechanischer Verwitterung der Verwitterungsschutt nicht auf den höchsten Stellen der Erhebungen, sondern an ihrem Fuße an.

Beide Punkte führen mich zu der schon während der Untersuchung dieser Gesteine draußen geäußerten Überzeugung, daß zum mindesten ein Teil der „Konglomerate" und die Opalsandsteine verfestigte Flußschotter aus der Zeit vor der Bildung der großen Stufen darstellen.

schalig ab. Diese Schalen sind schwach doppelbrechend. In der Opalmasse Zirkonkriställchen und Eisenglanzschuppen. Die Einbettungsmasse ist also eine Art Kieselsinter. — **Opalsandstein.**

Nr. 15 der B. L. S. Nr. 301 von der „Schönen Aussicht" bei Kilimatinde. Das Gestein besteht aus Quarzkörnchen, verkittet durch einen teils hellgrauen, teils hellbraunen Zement, der sich als Opal erweist. — **Opalsandstein.**

Nr. 18 der B. L. S. Nr. 305 von den Felsen WNW von Kilimatinde stimmt makroskopisch und mikroskopisch überein mit Nr. 10 d. B. L. S. 308. — **Opalsandstein.**

Nr. 19 der B. L. S. Nr. 303 von der „Schönen Aussicht" bei Kilimatinde. Makroskopisch: Graugelbes Gestein, eckige klare Quarzkörner in trüber Grundmasse. Mikroskopisch: In der gelben trüben isotropen Grundmasse eckige und abgerundete Quarzbruchstücke, seltener Trümmer von Mikroklin, häufig faserige Stücke von verkieseltem Holz. Sehr selten Zirkonkriställchen. — **Opalsandstein.**

Nr. 20 der B. L. S. Nr. 310 von der „Schönen Aussicht" bei Kilimatinde. Das Gestein ist braungrau, leicht zerreiblich. Im Mikroskop zeigt sich um die Quarzfragmente Fluidalstruktur. Die zementierende Opalmasse zeigt häufig beginnende Chalcedonisierung. — **Opalsandstein.**

Nr. 22 der B. L. S. 311 vom Bach nordwestlich von Kilimatinde. Das Gestein ist sehr dicht, hellbraun mit winzigen Quarzfragmenten und größeren Nestern ausgefüllt von graugelbem Wachsopal. Im Dünnschliff zieht man in der Opalmasse des Zements außer den zahlreichen Quarzfragmenten seltene Feldspatstückchen und Eisenglanzschuppen. — **Opalsandstein.**

Nr. 25 und 26 der B. L. S. Nr. 312a und b, aufgeschlossen im Bach, nordwestlich von Kilimatinde. Nr. 26 zeigt makroskopisch crêmefarbenen Opal. Mikroskopisch zeigen die Quarzbrocken oft undulöse Auslöschung. Die Opalmasse des Zements zeigt beginnende Chalcedonisierung. — **Opalsandstein.**

An dem Stück B. L. Nr. 12 hat sich die Kieselsäure in einer gelbbraunen Sinterkruste abgeschieden, so daß man hier geradezu von **Kieselsinter** sprechen muß.

Die Nr. 40—45, 49 und 57 der B. L. stammen zum größten Teil vom oberen Rand der Turu-Stufe bei Mesomapia her, weichen aber makroskopisch und mikroskopisch nicht im Prinzip von den entsprechenden Gesteinen von Kilimatinde ab. Natürlich gibt es lokale Verschiedenheiten. Die Färbung ist öfter ganz hell, und manche Stücke wie z. B. Nr. 42 der B. L. enthalten zahlreiche walnußgroße Quarzbrocken. Die Verkittungsmasse ist wie dort Opal. Es sei nur ein Beispiel herausgegriffen: Nr. 49 der B. L. S. Nr. 320. Die Quarzfragmente sind vorherrschend und zeigen undulöse Auslöschung, weniger Orthoklas und Mikroklin. Die Grundmasse besteht aus Opal mit beginnender Chalcedonisierung. Die doppelbrechenden Partien vom Opal sind einschlußfrei und etwas intensiver gelb gefärbt. — **Opalsandstein.**

Mit den bereits beschriebenen Gesteinen stimmen auch die B. L. Nr. 59 und 78 von dem Eisenbahneinschnitt zwischen Manjoni und Saranda in allen wesentlichen Punkten überein.

Ein letzter größerer Fundort derartiger **Opalgesteine** im westlichen Ugogo war der obere Rand der Kilimatinde-Stufe S vom Lager Ssoboro: B. L. Nr. 569 S. Nr. 456. Makroskopisch: lockeres gelbbraunes Gestein bestehend aus Quarzkörnern und gelblichem und trübem Opal. Mikroskopisch: Der Opal ist zum Teil chalcedonisiert und umhüllt sinterartig die eckigen Quarzkörner. Im Verhältnis zu den Quarzbruchstücken tritt der Opal bedeutend zurück.

2. Turu mit dem Zentrum Ssingida.

a) Auch in dieser Provinz besteht das Grundgebirge genau wie in West-Ugogo aus Granit, jedoch sind die Pegmatitgänge hier auffallend seltener als dort. Besonders bemerkenswert ist, daß sich der Granit der Hochebenen von dem Granit der überaus zahlreichen Felsberge petrographisch nicht wesentlich unterscheidet.

Von den genauer untersuchten Granitproben mögen die folgenden hier angeführt werden:

Kiringa-Berg, südöstlichstes Turu. B. L. Nr. 85, S. Nr. 326 zeigt im Dünnschliff: Quarz tritt in großen klaren Körnern auf mit undulöser Auslöschung. Der Feldspat ist meist ein noch recht frischer Mikroklin; wenig Orthoklas und Plagioklas. Biotit grünbraun mit Apatit und Zirkonkriställchen, letztere mit pleochroitischen Höfen. Die Apatitnädelchen sind auch sonst zerstreut. Etwas Erz. — Nr. 87 ist sehr grobkörnig ausgebildet und könnte ein Pegmatitgang sein. Die Feldspäte sind noch recht frisch, blaßgelblich; dazwischengeklemmt Quarz und große verzerrte Biotitlamellen. — **Granit.**

B. L. Nr. 567, S. 452. Makroskopisch: körniges Tiefengestein mit Quarz, Feldspat und wenig Biotit. Mikroskopisch: undulös auslöschender Quarz, Orthoklas, Mikroklin, wenig Plagioklas. Die Feldspäte sind oft verwittert, manchmal mit Quarz eutektisch durchwachsen. Außerdem wenig Biotit mit Zirkon in pleochroitischen Höfen, etwas Apatit, Epidot. — **Granit.**

Aus Ssuna, südliches Turu, stammen die Stücke Nr. 89—91 der B. L. Nr. 89 ist ein heller mittelkörniger Granit mit angedeuteter Schieferung. S. Nr. 327. Der Quarz ist klar mit undulöser Auslöschung. Als Feldspat Mikroperthit, Orthoklas, Mikroklin und wenig Plagioklas. Die Feldspäte sind oft zersetzt. Der Biotit ist gelbbraun mit zahlreichen Apatit- und Zirkonkriställchen, letztere mit pleochroitischen Höfen. Quarz und Feldspat sind oft eutektisch verwachsen. Etwas Erz, secundär Epidot — Nr. 90 ist ein sehr ähnliches Gestein, doch tritt die Schieferung nicht hervor, außerdem ist reichlich Muscovit vorhanden. — Nördlich von Ssuna sind Blöcke eines dunklen sehr feinkörnigen Gesteins angetroffen. B. L. Nr. 91, S. 328 zeigt: Das Gestein besteht hauptsächlich aus Plagioklas, Orthoklas, Augit und Erz (Magnetit). Quarz tritt fast ausschließlich in eutektischen Verwachsungen mit Orthoklas, Kristalle von letzterem umrandend, auf. Die Plagioklase zeigen zonare Auslöschung. Der Augit ist meist verzwillingt; zahlreiche lange Apatitnädelchen zerstreut. Das gesamte mikroskopische Bild ist einem Diabas nicht unähnlich. Es handelt sich hier wohl aber nur um ein ähnliches Ganggestein aus der Gefolgschaft des Granits.

Bei Tungapinda fand sich ein mittelkörniger **Granit** (B. L. Nr. 94) mit Biotit und hellgelb verwittertem Feldspat.

Nahe bei den Temben des Jumben Mutoni im südwestlichen Turu wurden die Proben Nr. 95 und 96 der B. L. gesammelt. Der **Granit** weicht im äußeren von dem ebenbesprochenen ab. Er ist ungleichmäßig feinkörnig und wie gefleckt durch Glimmeranhäufungen. S. 330: hypidiomorphkörniges Gemenge. Quarz mit Flüssigkeitseinschlüssen und undulöser Auslöschung, Orthoklas, Mikroklin, wenig Plagioklas, der von innen ausgehend verwittert ist, Biotit, Muscovit. Der Biotit ist oft chloritisiert und enthält submikroskopische Zirkonkriställchen, von denen man nur den pleochroitischen Hof bemerken kann.

Kurz vor Kagori wurde das Stück 98 der B. L. gesammelt, S. 329. Das Gestein ist ein ziemlich grobkörniger **Granit.** Die mikroskopische Untersuchung ergab: hypidiomorphkörnige Struktur; der Quarz mit massenhaften Flüssigkeitseinschlüssen und undulöser Auslöschung; als Feldspat: Mikroklin, Plagioklas und Orthoklas. Der Plagioklas zonar auslöschend und von innen heraus zersetzt. Viel Biotit mit Zirkon- und Apatiteinschlüssen, erstere mit pleochroitischen Höfen. Der Biotit ist zum Teil chloritisiert. Hornblende, blaugrün-gelbgrün, in einigen Stellen häufig. Titanit in wohlbegrenzten Kristallen. Es ist **hornblendeführender Granit.**

Die Felsberge bei Ssingida bestehen aus demselben Granit wie die umgebenden Hochflächen. Der **Granit** ist mittel- bis grobkörnig. B. L. Nr. 107 S. Nr. 331 zeigt hypidiomorphkörnige Struktur. Quarz mit Flüssigkeitseinschlüssen und undulöser Auslöschung, Mikroklin und wenig Plagioklas (zersetzt), Biotit und Muskovit, wenig Erz und Zirkon. Stellenweise eutektische Verwachsung von Quarz und Feldspat. Ähnlich verhält sich Nr. 108 der B. L. S. 333.

Turu-Stufe NO von der Mission St. Leo, Ost-Turu. B. L. Nr. 521 ist ein frischer, ganz heller mittelkörniger **Granit** mit vorwaltend hellem Orthoklas, Quarz und wenig Biotit. — Der Granit B. L. Nr. 522 S. Nr. 444 ist dagegen sehr dunkel und feinkörnig. Mikroskopisch: Das Gestein besteht aus Quarz, äußerst epidotisiertem Plagioklas, brauner gemeiner Hornblende und schwach pleochroitischem blaßgrünem Augit. Außerdem Biotit, welcher lagenweise mit Epidot durchwachsen ist. Als Übergemengteile Titaneisen, Apatit und Zirkon.

b) Nichtgranitische kristalline Gesteine sind in Turu eine große Seltenheit. Die Sammlung enthält lediglich einen stengeligen **Amphibolit** (B. L. Nr. 566), den Dr. Obst beim Besteigen der Turu-Bruchstufe SW vom Lager Ssongoro antraf.

Verhältnismäßig groß aber ist die Ausdehnung der nichtkristallinen Gesteine, die dem Granitplateau von Turu aufgelagert sind. Es sind wiederum, wie in West-Ugogo so auch hier, Steppenkalke, „Konglomerate“ und Opalsandsteine.

c) Die **Kalke** treten in Turu in verschiedener Form auf: oberflächlich als wenige cm mächtige Kalkkrusten (B. L. Nr. 123) und im Liegenden der humusreichen Schwarzerde, die die großen Talmulden ausfüllt (B. L. Nr. 114a, b, 115, 117, 118). Letzteres Vorkommen ist das häufigere, ausgedehntere und zugleich wirtschaftlich bedeutungsvollere, denn an mehreren Stellen wird der unter der Schwarzerde verborgene Kalk in 1—2 m tiefen Gruben abgebaut. B. L. 117 und 118, S. Nr. 332. Die untersuchten Kalkproben ergaben, daß es sich um eine anorganische sinterähnliche Bildung handelt, die durch Sand verunreinigt ist. — B. L. Nr. 123 S. Nr. 335. Makroskopisch: in einer dichten Grundmasse von Kalkstein feine Körner von Quarz und Feldspat. Mikroskopisch: dasselbe Bild; außer den eckigen Quarz- und Mikroklinfragmenten seltener Hornblende. Alles in einer Grundmasse von Kalkspat.

d) „**Konglomerate**“ und **Opalsandsteine** wurden in Turu bald frisch, bald zersetzt sehr häufig angetroffen (B. L. Nr. 88, 92, 93, 97, 99, 110—112, 116, 120—122, 295—297) und zwar kennzeichnenderweise meist nicht am Fuß der Erhebungen, sondern auf ihren höchsten Partien bezw. als isolierte selbständige Erhebungen. Die Untersuchung dieser Gesteine brachte keine wesentlich neuen Einsichten. Es sind den von West-Ugogo durchaus ähnliche Gesteine, die im wesentlichen überall das bereits bekannte Bild bieten.

B. L. Nr. 99 S. Nr. 471. Ca. 50 m mächtige isolierte Sandsteinfelsen, etwa 4 km NO vom Lager Kapango, SW-Turu. Das Gestein ist braun, bröckelig, mit rot und gelb gefärbter Verwitterungsrinde und reich an eckigen klaren Quarzkörnern. Unter dem Mikroskop sieht man, daß die Quarzkörner gegenüber der Grundmasse bedeutend vorwalten und undulös auslöschen. Die eisenreiche Opalgrundmasse ist sehr stark chalcedonisiert. Überhaupt ist dieser **Opalsandstein** stark verwittert.

B. L. Nr. 121 S. Nr. 334. Gidaru-Felsberg auf dem cr. 1800 m hohen Horststreifen im östlichen Turu, höchster Punkt der Landschaft Turu. Makroskopisch: Breccienartiges Gestein. Klare Quarzbruchstücke in gelblicher Grundmasse. Mikroskopisch dasselbe Bild. Die Grundmasse ist trüb. Es scheinen auch Feldspatfragmente vorgelegen zu haben, die aber vollkommen zersetzt sind. Die Grundmasse ist kieselsinterähnlicher Opal. — **Opalsandstein.**

B. L. Nr. 122. S. Nr. 336. 5 km SW vom Lager Magumu, nordöstlichstes Turu, im Bachbett anstehend. Es ist ein dichtes graues Gestein mit klaren Quarzfragmenten, weißen Feldspatbruchstücken und braunen Körnern, welche aber nur durch Eisenhydroxyd gefärbte Grundmasse darstellen. Selten etwas dunkler Glimmer. Mikroskopisch: Die Grundmasse ist gelblich und besteht aus Opal, darin Fragmente von undulös auslöschendem Quarz und Mikroklin. — **Opalsandstein.**

3. Ijambi (Grenzlandschaft zwischen Turu und Issansu-Iramba).

Ijambi stellt sich nach den Beschreibungen von Dr. Obst auch petrographisch als nordwestliche Fortsetzung von Turu dar. Granithochflächen und Granitfelsberge beherrschen auch hier das Landschaftsbild. In den Routenbüchern erwähnt Dr. Obst außer **Granit** noch Gerölle von **Diabas** und **Diorit,** die ihm aber all zu stark zersetzt erschienen, um der Sammlung einverleibt zu werden. — Wichtig und auch wirtschaftlich bedeutungsvoll sind die ausgedehnten, z. T. mehrere m mächtigen **Kalkkrusten** ca. 2 km NW vom Lager Mgelua. B. L. Nr. 127 stellt eine Probe dieses Kalkes dar. Es ist ein der Probe B. L. Nr. 123 vom Balangida-See sehr ähnlicher, aber fast kieselfreier Kalk.

4. Issansu. a) Ein Granitmassiv wie West-Ugogo, Turu und Ijambi ist weiterhin auch die Landschaft Issansu, wie die Proben B. L. Nr. 127a, 223, 227 und 230 beweisen.

Der **Granit** vom Issansu-Hochland ist in frischem Zustand ziemlich grobkörnig von hellgrauer Farbe. B. L. Nr. 227 S. Nr. 366. Mikroskopisch: Hypidiomorphkörnige Struktur. Der Quarz klar, als Feldspat Mikroklin und zersetzter Plagioklas; letzterer auch im Mikroklin. Dunkler Biotit z. T. chloritisiert mit Zirkoneinschlüssen, umgeben von pleochroitischen Höfen, wenig Apatit. Bei der Verwitterung färben sich die Feldspäte und dadurch wird das Gestein intensiv rot. Zunächst behält das Gestein noch seine Struktur: B. L. Nr. 230, dann aber hinterbleibt, wie die übrigen Stücke vom Lager Matutu in Issansu zeigen (B. L. Nr. 225, 226a, 228, 229), ein eisenschüssiges Gemenge von Quarz und anderen Resten des ursprünglichen Granits.

Im Mkalama-Kessel (südwestliches, niedriger gelegenes Issansu) findet sich neben dem auch hier absolut überwiegenden normalen Granit vom Typus der eben geschilderten Probe B. L. Nr. 227 ein sehr dichtes, splittriges, graugrünes Gestein. Die hiervon entnommene Probe B. L. Nr. 127a, S. Nr. 457 zeigt makroskopisch beginnende Schieferung, bewirkt durch Dynamometamorphose. Das Gestein besteht aus Quarz und Feldspat, sowohl Orthoklas als Plagioklas. Die größeren Mineralkörner sehen wie ausgewalzt aus und sind oft umgeben von zerkleinertem Material, aus welchem auch manche Schichten bestehen. Zwischendurch ziehen sich schnurartig Lagen von braungrünem Epidot. Das Gestein muß als **Epidotgranit** bezw. **Epidotgneis** bezeichnet werden.

b) Nichtgranitische kristalline Gesteine sind dem eigentlichen Issansu-Hochland fast völlig fremd, treten dagegen vielfach an den Randstufen Issansus auf. Die einzige Probe eines derartigen Gesteins, das die Sammlung Obst enthält, ein **dioritähnliches Gestein**, stammt aus dem Grenzgebiet von Issansu und Wakindiga-Land, von der Randstufe des nördlichen Issansu.

B. L. Nr. 222. S. Nr. 361. Im Dünnschliff sieht man ein hypidiomorphes Gemenge von Augit, Plagioklas und Magnetit. Der Plagioklas ist mehr oder weniger zersetzt, manchmal mit zonarer Auslöschung. Der Augit ist recht blaß, oft verzwillingt und randlich in Hornblende umgewandelt. Außerdem findet sich etwas Titaneisen mit Titanit und wenig Apatit.

c) **„Konglomerate"**, hier wohl ohne Zweifel Zersetzungsprodukte des Granits, wurden oben bereits erwähnt: B. L. Nr. 225, 226a, 228, 229. Opalsandsteine hat Dr. Obst trotz eifrigsten Suchens in Issansu nicht gefunden.

5. Hohenlohe-Graben und Wakindiga-Land.

Im Gegensatz zu den bisher besprochenen petrographisch recht einförmigen Provinzen bietet sich uns hier beim Studium der Gesteinsproben aus dem Hohenlohe-Graben und dem Wakindiga-Land (Horstklotz zwischen Hohenlohe- und Njarasa-Graben) ein verhältnismäßig sehr buntes petrographisches Bild dar. Granite und Syenite, Diorite und Diabase wechseln mit verschiedenen kristallinen Schiefern und anderen Gesteinen ab. In Anbetracht dieses vielfachen Gesteinswechsels selbst auf geringe Entfernung hin fassen wir hier nicht wie bisher petrographisch Zusammengehöriges zusammen, sondern gruppieren die verschiedenartigen Gesteinsproben nach den Hauptfundorten folgendermaßen: a) Digedagaschi-Berg, NW-Flanke des Hohenlohe-Grabens, b) Ssipunga-Berge, NO-Flanke des Hohenlohe-Grabens, c) Lager am Munjatuhi-Berg, NO-Flanke des Njarasa-Grabens, d) Lager im nördlichen Wakindiga-Land, e) Lager im mittleren Wakindiga-Land am Ufer der Indeleguedako, f) Lager nahe beim Tkongorokoto-Berg, mittleres Wakindiga-Land, g) südliches Wakindiga-Land.

a) Digedagaschi-Berg an der NW-Flanke des Hohenlohe-Grabens. B. L. Nr. 128—139. Die meisten der hier gesammelten Stücke sind sehr grobkörnige **Pegmatite** mit über zollgroßen Kristallen von grauem Feldspat und schwarzgrüner gemeiner Hornblende. Stellenweise treten Hornblendemassen auf (z. B. Nr. 134 der B. L. S. 338), welche aus einem Filz von kleineren Hornblendekristallen mit dazwischen gestreuten Magnetitkörnchen bestehen.

Nr. 133 der B. L. S. Nr. 337. Mittelkörniges Gestein von grauer Farbe. Den Hauptbestandteil des Gesteins bilden große Feldspatkristalle, Orthoklas, Mikroklin und Plagioklas, in welchen große und kleine Hornblendekristalle eingebettet sind. Die Feldspäte sind auch von einem Kranz von Hornblendekörnern umgeben und enthalten oft Zoisit. Es tritt nur wenig Quarz auf. Die Hornblende gehört zum Aktinolith. Das Gestein ist **Hornblendesyenit.**

b) Ssipunga-Berge, NO-Flanke des Hohenlohe-Grabens. B. L. Nr. 205—209: Gneise und Hornblendeschiefer und deren Verwitterungsprodukte.

B. L. Nr. 206, S. 357. Makroskopisch: geschiefertes sehr feinkörniges Gestein mit viel Quarz und Glimmer. Mikroskopisch: es besteht aus Quarz, Biotit, Muscovit und Feldspat. Letzterer ist meist Orthoklas, daneben wenig Mikroklin, Plagioklas. — **Gneis.**

B. L. Nr. 205, S. 356. Makroskopisch: schwarzgraues schiefriges Hornblendegestein. Mikroskopisch: es besteht hauptsächlich aus gemeiner Hornblende, Quarz und Titaneisen. Als Verwitterungsprodukt findet sich Roterde. Im Gneis kommen Quarzeinlagerungen vor, auf deren Klüften sich Manganerze ausgeschieden haben. — **Hornblendeschiefer.**

c) Lager im nördlichen Wakindiga-Land, beim Munjatuhi-Berg. NO-Flanke des Njarasa-Grabens. B. L. Nr. 140 bis 142: Gneis und Sinterkalk.

B. L. Nr. 140, S. Nr. 339. Makroskopisch: Blaßfleischrotes, sehr feinkörniges geschiefertes Gestein mit Quarz, Feldspat und Biotit. Mikroskopisch: Der Quarz tritt auf in kleinen, klaren, verzahnt ineinander eingreifenden Körnern. Der Feldspat ist meist Mikroklin, seltener Orthoklas und Plagioklas; dazwischen kleine Fetzen Biotit und Muscovit. — **Gneis.**

d) Lager im nördlichen Wakindiga-Land, SW vom Fundort 140—142. NO-Flanke des Hohenlohe-Grabens (sog. l. Wakindiga-Lager). B. L. Nr. 143—150: kristalline Schiefer, in Epidotfels umgewandelte Feldspatgesteine und Sinterkalkbildungen.

Die kristallinen Schiefer sind z. T. Biotitgneis (Nr. 143 und 150 der B. L. S. Nr. 342), z. T. Hornblendegneis (Nr. 144 und 148 der B. L. S. Nr. 343 und 341).

Der **Hornblendegneis** der B. L. Nr. 144, S. Nr. 343 hat ein sehr merkwürdiges Aussehen. Er erinnert an Fruchtschiefer. Das Gestein ist sehr feinkörnig von ganz blaßgelblichweißer Farbe. In dieser Grundmasse liegen in der Schieferungsfläche regellose sich kreuzende Garben von Hornblende. Mikroskopisch zeigt sich Quarz, viel Orthoklas, wenig Plagioklas, braungrüne gemeine Hornblende, weniger häufig Epidot (primär) und Titanit.

Der **Hornblendegneis** B. L. 148, S. 341 sieht wesentlich anders aus: es ist ein feingeschiefertes dunkelgrünes Gestein. Stellenweise kommen ganz helle, fast weiße Schieferlager vor. In den dunklen

Teilen waltet Hornblende vor, ebenfalls in garbenähnlichen Stengeln, die aber sehr klein sind. Mikroskopisch: es besteht aus abwechselnd hellen und dunklen Lagen. Die hellen Lagen bestehen aus Quarz mit wenig Feldspat, die dunklen aus gemeiner Hornblende mit vielen Körnern von Titanit.

Der **Kalkstein** Nr. 147 der B. L. S. Nr. 345 zeigt sich ziemlich stark verunreinigt von Quarz, Orthoklas und Mikroklinfragmenten sowie Glimmmerschüppchen.

e) Lager im mittleren Wakindiga-Land, am Ufer des Indeleguedako (sog. Zwischenlager). B. L. Nr. 151—175. — Es treten hier kristalline Schiefer auf, welche zum Teil sehr hornblendereich sind, zum Teil sehr quarzreiche Lagen enthalten; außerdem Granite, die aber auch schon geschiefert sind. Selbst die Pegmatitgänge zeigen Druckerscheinungen. Die verwitterten Gesteinsproben zeigen gewöhnlich die Lateritfarbe. Die Gneise sind zum Teil sehr feinkörnig, einige aber auch flaserig. Der geschieferte Granit ist mittelkörnig, quarzreich, hellgrau bis gelblichgrau. In den Pegmatiten tritt hellgrauer Orthoklas mit wenig Quarz und Muscovit auf.

Als Beispiel vom **Hornblendegneis** sei Nr. 155 der B. L., S. Nr. 346 angeführt. Makroskopisch: sehr feinkörniges grüngraues geschiefertes Gestein. Mikroskopisch: es besteht aus einem sehr gleichmäßigen Gemenge von Quarz, Feldspat und Hornblende. Die Quarzkörner sind ineinander verzahnt und undulös auslöschend. Der Feldspat, der meist Orthoklas und seltener Plagioklas ist, ist zum größten Teil zersetzt. Die Hornblende ist aktinolithisch. Außerdem findet sich reichlich Titanit und wenig Muscovit, Biotit und Zoisit.

Als Beispiel einer quarzreichen Lage diene das Stück der B. L. Nr. 166, S. Nr. 340. Makroskopisch: geschiefertes gelblichweißes sehr feinkörniges Gestein. Mikroskopisch: es besteht hauptsächlich aus abwechselnd gröber und feiner körnigen Lagen von Quarzkörnchen. Seltener finden sich Orthoklas, Plagioklas und Muscovit. — **Gneis.**

Einen **Gneis** von mehr normalem Typus stellt Nr. 171 der B. L. S. Nr. 344 vor. Makroskopisch: schiefriges graues Gestein mit Quarz und Feldspat. Mikroskopisch: Es besteht hauptsächlich aus Quarz und Feldspat. Die Quarzfelder bestehen aus sehr gleichmäßigen Quarzkörnchen. Die großen Feldspatkristalle sind z. T. Orthoklas, z. T. Mikroklin, seltener Plagioklas, der zersetzt ist. Zwischen Quarz und Feldspat gemeine Hornblende, Titanit und Epidot. Hornblende und Apatitsäulchen sind auch im Feldspat enthalten.

Stellenweise finden sich auf Gesteinsklüften grobkörnige Massen von **Kalkspat,** welche in sehr starkem Maße Zwillingslamellen nach — $^1/_2$ R, hervorgerufen durch Druck, zeigen. Auch als Überkrustung kommt **Kalk** vor.

f) Lager im mittleren Wakindiga-Land, nahe beim Tkongorokoto-Berg (sog. 2. Wakindiga-Lager). B. L. Nr. 176—204: die Gneis-Granitlandschaft verschwindet hier mehr und mehr, und dafür tritt, besonders in der unmittelbaren Nähe des Lagers, feinschiefriger Glimmerschiefer auf. Die wichtigsten Proben sind die folgenden.

B. L. Nr. 176 S. 347 ca. 5 km nördlich vom Lager zeigt einen dichten **Hällaflinta-ähnlichen Gneis.** Makroskopisch ist weiter nichts zu bemerken. Unter dem Mikroskop sieht man ein äußerst feines Gemenge von Quarz und epidotisiertem Feldspat, durchsetzt von feineren Epidotschichten.

B. L. 178—181. Feinkörniger **Glimmerschiefer** von mausgrauer Farbe und mit seidigem Glanz; er fühlt sich fettig an. Die Handstücke vom verwitterten Glimmerschiefer zeigen eine rötlichgelbe Farbe. Die gefältelten Schieferflächen sind durch knotenartige Gebilde häufig unterbrochen.

B. L. Nr. 179, S. Nr. 348. Die Probe zeigt, daß der Schiefer hauptsächlich aus Muscovit, wenig Biotit und Quarz besteht. Das Gestein ist stark gefältelt und darin finden sich eingewalzte Rutilkörner. Stellenweise finden sich im **Glimmerschiefer** Quarzlinsen. Ganz ähnlich verhält sich auch das Gestein B. L. Nr. 194, S. 353.

Außer diesem hier sehr verbreiteten Glimmerschiefer wurde in der Gegend des 2. Wakindiga-Lagers Gneis, Granit, Sinterkalk und Diabas angetroffen. Der Sinterkalk (B. L. Nr. 198, S. 364) verkittet Bruchstücke von Granit, Quarz und Mikroklin. — Von den Diabasgängen, die die Gesteine allenthalben durchsetzen, stammen die Proben Nr. 188 und 195 der B. L.

Die erste Probe B. L. Nr. 188, S. Nr. 351 ist ein sehr zersetztes Gestein, so daß man nur aus der Struktur und den Zersetzungsprodukten auf einen **Diabasgang** schließen kann. — B. L. Nr. 195, S. Nr. 354. Makroskopisch: Dunkelgraugrünes Gestein mit wenig deutlicher Intersertalstruktur. Mikroskopisch: wenig deutliche Intersertalstruktur. Das Gestein besteht aus Augit, Plagioklas und Titaneisen. Der Augit ist randlich oft in Hornblende umgewandelt, der Plagioklas meist stark zersetzt.

Der Tkongorokoto-Berg ist aus ähnlichen Gesteinen zusammengesetzt. Man findet Gneise und Granite, die zum Teil auch schon geschiefert sind.

Der Gipfel des Berges besteht aus einem feinkörnigen hellgrauen, bei Verwitterung gelblichgrauen **Granit,** von dem die Proben B. L. Nr. 192 und 193, S. Nr. 349 und 466 entnommen wurden. Man sieht unter dem Mikroskop ein hypidiomorphes Gemenge von undulös auslöschendem Quarz, Orthoklas, Mikroklin, wenig Plagioklas und gelbgrüner gemeiner Hornblende. Im Gestein finden sich größere Epidotfelder und Titanitkörner. — Am Fuß des Berges findet sich geschieferter **Granit** B. L. Nr. 190a, S. Nr. 350. Makroskopisch: Graues körniges Tiefengestein mit Quarz, Feldspat und Biotit. Mikroskopisch: hypidiomorphkörnige Struktur. Es besteht aus Quarz, Mikroklin und Mikroperthit und Orthoklas. Biotit als Fetzen mit Zirkon in pleochroitischen Höfen, wenig aktinolithische Hornblende und Apatit. Secundär Epidot. — Ebenfalls am Fuße des Berges, in etwas weiterer Entfernung, findet sich sehr feinkörniger **Gneis** (B. L. Nr. 189 und 190, S. Nr. 352). Das Gestein besteht aus Quarz, zersetztem Orthoklas, Biotit und Muscovit, daneben reichlich Titanit. Der Quarz zeigt undulöse Auslöschung.

Auf dem Horstklotz zwischen Njarasa- und Hohenlohe-Graben, 3—7 km O vom Lager wurden die Proben B. L. Nr. 200—204 gesammelt. Es sind stark zersetzte Glimmerschiefer und Granite.

Die **Glimmerschiefer** z. B. B. L. Nr. 201, S. 355 unterscheiden sich von den oben bereits erwähnten Glimmerschiefern. Sie sind rauher, der Seidenglanz fehlt und die Knoten nehmen an Anzahl und Größe zu. — Die **Granit**probe von der Mitte des Horstklotzes Nr. 20 der B. L. zeigt eine sehr undeutliche Schieferung. Das Gestein ist mittelkörnig mit hellgrauem Quarz, fleischrotem Feldspat, Biotit und Muscovit.

g) Am Rande der Njarasa-Grabensohle entlang durch das südliche Wakindiga-Land bis zur Nordgrenze der Landschaft Issansu. B. L. Nr. 212—221. —

Von dieser Strecke stammen nur noch verhältnismäßig wenig Gesteinsproben, die sich aber ohne weiteres in das bis jetzt erhaltene Gesamtbild dieser Gegend einfügen. Es sind Eruptivgesteine (Granite, Diabase, Diorite), kristalline Schiefer und Sinterkalkbildungen.

B. L. Nr. 216, S. 358, isolierter Felsberg im südlichen Wakindiga-Land. Makroskopisch: graues körniges Tiefengestein mit Quarz, Feldspat, Biotit, Muscovit. Mikroskopisch: Der Quarz ist klar mit undulöser Auslöschung. Der Feldspat tritt als Orthoklas, Mikroklin und Plagioklas auf und ist oft (besonders der Plagioklas) zersetzt;

Biotit und Muscovit, wenig Zirkon mit pleochroitischen Höfen, Apatit, der Biotit ist oft chloritisiert. — **Granit.**

B. L. Nr. 217, S. 469. Makroskopisch: mittelkörniges Gestein mit Quarz, gelblich weißem Feldspat und wenig Glimmer. Mikroskopisch: Der Quarz mit zahlreichen feinen Rissen, undulös auslöschend. Der Feldspat (Mikroklin, Orthoklas und Plagioklas) ziemlich stark kaolinisiert. Etwas Muscovit und Biotit, letzterer stark chloritisiert. Im Biotit winzige Zirkone mit pleochroitischen Höfen. — **Granit.**

B. L. Nr. 221, S. 363. Am Fuße des Ukuruga-Berges. Makroskopisch: mittelkörniges fleischrotes Tiefengestein mit Quarz, Feldspat und Biotit. Mikroskopisch: Quarz in großen klaren undulös auslöschenden Körnern; als Feldspat Mikroklin und Plagioklas, letzterer fast immer sehr zersetzt, manchmal als Einschluß in Mikroklin. Biotit oft chloritisiert mit Einschlüssen von Apatit und Zirkon, letztere winzig mit pleochroitischen Höfen. Etwas Erz, Epidot. — **Granit.**

Die dunkleren Eruptivgesteine sind stärker zersetzt und umgewandelt. Sie stellen Gesteine vor in der Zusammensetzung der Diorite oder Diabase. Diabasstruktur ist nur am Stück Nr. 220 zu beobachten.

B. L. Nr. 220, S. Nr. 464. Ukuruga-Berg. Makroskopisch: graues zersetztes Gestein mit Intersertalstruktur. Mikroskopisch: Sehr zersetztes Gestein mit typischer Intersertalstruktur. Die Feldspatbalken sind nur der Form nach erkennbar. Die Augite sind besser erhalten, jedoch stark uralitisiert, sehr viel Titaneisen. — **Diabas.** Die übrigen Gesteine dieser Gruppe sind mehr **dioritähnlich** z. B. B. L. Nr. 218, S. Nr. 360.

Die **kristallinen Schiefer** sind alle sehr feinkörnig z. T. hornblendereich, z. T. gneisartig.

B. L. Nr. 213, S. Nr. 365. Makroskopisch: geschiefertes, äußerst feinkörniges grünlichbraunes Gestein. Mikroskopisch: Es ist sehr gleichmäßig struiert und besteht hauptsächlich aus kleinen klaren Quarzkörnchen, zersetztem Feldspat und kleinen Schuppen von Hornblende.

B. L. Nr. 214, S. Nr. 362. Makroskopisch: schiefriges gelblichgraues, sehr dichtes quarzreiches Gestein. Mikroskopisch: Es besteht hauptsächlich aus winzigen Quarzkörnchen; einige werden größer und zeigen undulöse Auslöschung; schichtenweise reicher an Biotit, etwas Mikroklin.

B. L. Nr. 215, S. Nr. 359. Felsberg im südlichen Wakindiga-Land. Makroskopisch: geschiefertes, sehr feinkörniges grünschwarzes Gestein. Mikroskopisch: Es besteht hauptsächlich aus gemeiner Hornblende, wenig Quarz und zersetztem Feldspat. Zahlreiche Titanitkörner, wenig Titaneisen.

6. Iramba.

Nach längerer Rast in Mkalama besuchte die Expedition die Landschaft Iramba, die von Sekenke im äußersten Westen bis zur Heliogaphenstation im äußersten Osten und weiter bis zum Jumben Masunga im Süden durchzogen wurde. Die gesammelten Proben ergeben das folgende Gesamtbild: Der Kern des Iramba-Hochlandes besteht aus Granit und zwar die Hochebenen ebenso wie die Felsberge; an den randlichen Stufen aber, besonders der westlichen, überwiegen Diorite und Diabase. Wir stellen im folgenden die Gesteinsproben aus der Landschaft Iramba zu vier Gruppen zusammen: a) Sekenke, b) An der West-Iramba-Stufe, c) Zentral-Iramba, d) An der Ost-Iramba-Stufe.

a) Sekenke, am Rande der Wembere-Niederung, westlichstes Iramba. B. L. Nr. 231—260. Außer den **an gediegenem Gold reichen Stücken** der B. L. Nr. 231—236 ist auch eine Sammlung zusammengebracht, in der die begleitenden Gesteine vertreten sind. Diese Gesteine sind bereits eingehend beschrieben. Es handelt sich um Tiefengesteine, welche als Übergang von Granit zu Diorit aufgefaßt werden. Sie werden gewöhnlich als **Quarzdiorit** bezeichnet.

Es treten zunächst mittelkörnige Typen auf Nr. 240 und 248 der B. L. S. Nr. 382. Quarz in großen Körnern, aber relativ wenig. Die Feldspäte sind meist total zersetzt; selten finden sich frischere Plagioklase. Große Kristalle von gemeiner Hornblende oft mit einem Kern von gemeinem Augit. Die gesamte Hornblende scheint danach aus Augit hervorgegangen zu sein. Als Verwitterungsprodukte: Chlorit, Epidot, Zoisit, Leukoxen und Calcit. Oft aber, und besonders in der Nähe der Goldquarzlinsen, treten Gänge von hellgrauem, sehr feinkörnigem Gestein auf: Nr. 242—245 der B. L., welche aber ebenfalls in naher Beziehung zum gröberkörnigen Diorit stehen. Ihnen allen ist gemeinsam die stark vorgeschrittene Zersetzung: S. Nr. 380, 381, 383 und 384. In diesen Schliffen sieht man unter dem Mikroskop recht viel Quarz, Reste von zersetztem Feldspat, auch vorhanden gewesener Biotit ist zersetzt. Als Zersetzungsprodukte finden sich Epidot, Kaolin, Chlorit und Calcit, als Übergemengteile Apatit und Zirkon, letzterer umgeben von pleochroitischen Höfen. Auch der gröberkörnige Diorit erleidet in der Nähe der Gänge Veränderungen. Er erscheint geschiefert mit augenartigen Einschlüssen von, von dunklen Gemengteilen freien, Feldspatanhäufungen. Nr. 237—239 und 241 der B. L. S. Nr. 379. Unter dem Mikroskop sieht man ein Gemenge von gemeiner Hornblende, Feldspat und wenig Quarz. Die Hornblende ist häufig chloritisiert. Anscheinend ist sie aus Augit hervorgegangen. Außerdem findet sich Epidot, Saussurit, Zoisit als Zersetzungsprodukte und in den helleren Knollen auch Kaolin und Muscovit. Auch Titaneisen ist vorhanden und in Leukoxen umgewandelt.

In der Nähe von Sekenke finden sich ausgedehnte Gebiete, die mit zum Teil goldführenden Sandsteinen und Konglomeraten bedeckt sind. Es sind das die für die dortigen Witterungsverhältnisse typischen **Opalsandsteine** Nr. 249—253 der B. L. Die gröberkörnigen eisenschüssigen ,,Konglomerate" sind vertreten in den Stücken Nr. 254 und 255 der B. L.

b) An der West-Iramba-Stufe. Dieser Bezirk Irambas, den wir vom Lager beim Jumben Mulingi am Fuß der Stufe bis zum Lager bei der Lieblinger-Farm (Kirondatal) auf der Höhe des Iramba-Plateaus rechnen (B. L. Nr. 261—270), steht petrographisch der Sekenke-Provinz nahe. Es finden sich auch hier Diorite, ferner Diabase z. T. so zersetzt, daß ihre Natur nicht ganz zweifelsfrei festgestellt werden kann, kristalline Schiefer usw.

B. L. Nr. 265 (Lager Mulingi) ist ein mit dem vorherrschenden Sekenke-Gestein identer **Diorit.**

B. L. Nr. 264 (Lager Mulingi) S. Nr. 368. Es ist ein grünlichgraues sehr feinkörniges rauhes Gestein. Unter dem Mikroskop sieht man im vollkommen zersetzten Gestein verwischte Aschenstruktur. Als Zersetzungsprodukte treten in großen Mengen Epidot, Calcit, Chlorit und etwas Quarz auf. Es handelt sich vielleicht um einen zersetzten **Diabastuff.**

Nr. 266 der B. L., S. Nr. 367. (West-Iramba-Stufe). Es ist ein äußerst dichtes grünschwarzes Gestein. Unter dem Mikroskop zeigt es sich, daß das Gestein aus ab- und umgeschmolzenen Fragmenten eines hellen und eines dunkelgrünen Gesteins besteht. Die hellen Teile sind quarzreich, in den grünen Teilen sieht man einen Filz von aktinolithischer Hornblende. Das Gestein scheint ein noch wenig zersetzter umgewandelter **Tuff** zu sein.

B. L. Nr. 267, S. Nr. 369. (West-Iramba-Stufe). Makroskopisch: Grünlichbraunes Gestein mit typischer Intersertalstruktur. Das Balkengerüst wird von Plagioklas gebildet. Die Zwischenräume sind hauptsächlich mit Augit und Olivin ausgefüllt. Etwas Magneteisen. Außer dem Olivin sind die Bestandteile sehr frisch. Das Gestein ist **Olivin-Diabas.**

Bei der Lieblinger-Farm (Kirondatal) auf der Höhe des Irambaplateaus wurden **Schiefer** angetroffen, welche von **Diabasgängen** durchsetzt werden. Das Schiefergestein Nr. 268 und 270 der B. L. ist sehr feinkörnig, seidenglänzend, in frischem Zustande von graugrüner Farbe. Mikroskopisch sieht man ein feingeschiefertes Gemenge von winzigen Biotit- und Muscovitschuppen, zwischen denen sich Quarz- und Feldspatkörnchen befinden, die wie ausgewalzt aussehen. Die Feldspatkörner sind meist stark zersetzt. Das Eruptivgestein ist Olivindiabas. B. L. Nr. 269, S. Nr. 371. Makroskopisch: Dunkelgraues Gestein mit weißen Feldspatleisten und Intersertalstruktur. Mikroskopisch: Typische Intersertalstruktur. Sehr frisches Gestein. Das Balkengerüst bildet der Plagioklas. In den Zwickeln Augit und Olivin. Die Augite sind oft merkwürdig halbrund gebogen und zeigen undulöse Auslöschung. Reichlich Magnetit. Der Augit ist öfters randlich in einen Hornblendefilz verwandelt.

c) Zentral-Iramba. Hier tritt Granit wieder als durchaus herrschendes Gestein auf, und zwar wurde er sowohl auf der Hochfläche wie bei den zahlreichen Felsbergen angetroffen. Pegmatitgänge sind hier wie in dem benachbarten Ijambi und Turu verhältnismäßig selten; auch Diabase fand Dr. Obst im zentralen Teil der Landschaft Iramba nicht.

Der **Granit** der B. L. Nr. 271 und 272 ist mittelkörnig mit gelblichem und grauem Feldspat. S. Nr. 372 zeigt Quarz in klaren Körnern mit undulöser Auslöschung. Die Feldspäte sind meist zersetzt, Orthoklas, Mikroklin und wenig Plagioklas. Letzterer auch als Einschluß in Mikroklin. Als dunkle Gemengteile: Biotit und Hornblende. Im Biotit Zirkon mit pleochroitischen Höfen. Wenig Magnetit, Apatit. Die Zersetzung in den Feldspäten ist zonar.

Ganz anders sieht der **Granit** aus dem Gebiet des Jumben Manakiungi aus. B. L. Nr. 273, 274. Er ist blaßfleischfarben, sehr feinkörnig mit porphyrischen Feldspatkristallen. Z. T. sind die Proben sehr zersetzt. Ein Dünnschliff vom frischen Gestein Nr. 273 der B. L. Nr. 373 zeigt hypidiomorphkörnige Struktur; Quarz wenig in klaren kleinen Körnern; Große und kleine Feldspäte: Mikroklin Orthoklas, wenig Plagioklas als dunkle Gemengteile; gemeiner

Augit, wenig Apatit, Erz, Titanit. Die drei letztgenannten auch als Einschluß im Augit. Es handelt sich hier also um Augitgranit.

Als Beleg für einen **Pegmatitgang** dient B. L. Nr. 276. Diese Probe stellt einen faustgroßen Feldspatbrocken dar, in dem wenig Quarz und Muscovit eingewachsen sind.

d) An der Ost-Iramba-Stufe. An dem Stufenrand des östlichen Iramba stehen Granite an, die den beschriebenen vom Lager Manakiungi nahe stehen: Nr. 278a und 280 der B. L. Diese **Granite** sind aber hier längs der Stufe durchsetzt von ungemein zahlreichen Diabasgängen, von denen die Proben Nr. 277, 278, 279 und 283 der B. L. herstammen.

B. L. Nr. 277, S. Nr. 374. Das Gestein zeigt eine ziemlich grobe Struktur. Mikroskopisch: grobe Intersertalstruktur. Das Gestein ist weitgehend zersetzt. Die Balken werden von Plagioklas gebildet, der bis zur Unkenntlichwerdung der Zwillingslamellierung zersetzt ist. Der Augit ist stellenweise in einen Filz von Hornblendefäserchen umgewandelt. Titaneisen reichlich in Skelettformen. Apatit als Übergemengteil. — **Diabas.**

B. L. Nr. 283, S. Nr. 375. Makroskopisch: feinkörniges, dunkelgraues Gestein mit Intersertalstruktur. Mikroskopisch: Feine, typische Intersertalstruktur. Die Balken werden von Plagioklas gebildet, als Zwischenklemmung Augit und Olivin. Alle Bestandteile sehr frisch. Die Augite sind oft stark gekrümmt mit undulöser Auslöschung, reichlich Magnetit. Der Augit ist manchmal randlich in fasrige Hornblende umgewandelt. — **Diabas.**

Von Interesse ist das Vorkommen von **Glimmerschiefer** am oberen Rand der Ost-Iramba-Stufe SW vom Lager Masunga: B. L. Nr. 284. Das Gestein ist, wie es in der Probe vorliegt, leider bereits stark zersetzt.

7. Ussure (Grenzlandschaft zwischen Iramba und Turu).

In den von der Expedition berührten Teilen der Landschaft Ussure wurden wie in Zentral-Iramba und Turu wieder ausschließlich Granite angetroffen: Nr. 286—292 und 294 der B. L. Es sind mehr oder minder feinkörnige, mehr oder minder zersetzte Biotit-Granite. Als Beispiel die folgenden:

Nr. 86 der B. L., S. Nr. 460. Nahe Lager Sagenda. Makroskopisch: Mittelkörniges Tiefengestein mit Quarz, Feldspat und Biotit. Mikroskopisch: Es besteht aus Quarz, Orthoklas, Mikroklin, wenig Plagioklas. Der Plagioklas, oft als Kern im Orthoklas, ist zersetzt. Die Feldspäte mit Quarz oft eutektisch verwachsen. Biotit mit Einschlüssen von Apatit und Zirkon, letztere in pleochroitischen Höfen. Etwas Titanit und sekundär Epidot. — **Biotit-Granit.**

Nr. 289 der B. L., S. Nr. 376. Lager Sagenda. Makroskopisch: helles, gelblichgraues, feinkörniges Tiefengestein. Mikroskopisch: hypidiomorphkörnige Struktur, Gleichmäßiger Aufbau, Quarz in klaren Körnern, stark undulös auslöschend. Die Feldspäte: Mikroklin, Orthoklas und Plagioklas meist zersetzt; wenig Biotit, etwas Muscovit, Titaneisen mit Leukoxenrand, etwas Epidot, Apatit. — **Granit.**

B. L. Nr. 294, S. Nr. 377. Am Lager Monaschime. Makroskopisch: frisches, körniges, blaßfleischfarbenes Tiefengestein mit Quarz, Feldspat und Glimmer. Mikroskopisch: hypidiomorphkörnige Struktur. Quarz mit undulöser Auslöschung. Orthoklas, Mikroklin, wenig Plagioklas. Die Feldspäte sind kaolonisiert. Wenig Biotit, der meist chloritisiert ist, etwas Muscovit. — **Granit.**

II. Ostflügel des Obstschen Forschungsgebiets.

1. Grenzlandschaft zwischen Turu und Irangi.

Nach abermaliger Durchquerung des granitischen Turu-Hochlandes wandte sich die Expedition sodann im Herbst 1911 nach Osten. Sie passierte dabei auf der Karawanenstraße Ssingida-Kondoa-Irangi ein weites, sehr dünn besiedeltes Buschland, die Völkerscheide zwischen Wanjaturu und Waïrangi. Es ist ein seltsames Spiel des Zufalls, daß dieses Buschland auch in petrographischer Beziehung als Grenzgau bezeichnet werden muß, als Übergangszone des vorwiegend granitischen Westens zum überwiegend aus kristallinen Schiefern aufgebauten Osten. Wo hier die Grenze zwischen Turu-Granit und Irangi-Gneis liegt, hat Dr. Obst nicht mit Sicherheit feststellen können, obwohl er bei einer zweiten Bereisung dieser Gebiete im Januar 1912 auf diesen Punkt ganz besonders achtete. Wie er mir mitteilt, neigt er dazu, die Grenze der beiden Gesteine zwischen dem Lager Mkola (Madjani) und dem Ssuaga-Ssuaga-Berg anzunehmen. Tatsache ist jedenfalls, daß vom Ssuaga-Ssuaga-Berg ab allenthalben Gneis ansteht.

Die Proben vom Ssuaga-Ssuaga-Berg ergeben das folgende:

B. L. Nr. 298 und 299, S. Nr. 378. **Gneis.** Im frischen Zustand ist das Gestein hellgrau, ziemlich feinkörnig; die Schieferung ist nicht besonders deutlich. Unter dem Mikroskop sieht man Quarz, Orthoklas, Mikroklin, Plagioklaskörner in einer feinerkörnigen Masse derselben Mineralien. Quarz stark undulös auslöschend. Ebenso der Glimmer Biotit und Muscovit, welche z. T. stark gekrümmt sind. Im Biotit Zirkon mit pleochroitischen Höfen und Apatit. Die Feldspäte sind meistenteils zersetzt. Das Bild macht den Eindruck dynamometamorpher Umwandlungen. Auch **Pegmatitgänge** finden sich in diesem Gneis; sie zeigen gleichfalls Druckerscheinungen. Das Belegstück Nr. 300 der B. L. besteht fast ausschließlich aus Quarz, Muscovit und Biotit. Der wenige Feldspat ist fast vollkommen herausgewittert.

2. Irangi mit dem Zentrum Kondoa-Irangi.

Aus der Landschaft Irangi hat die Expedition eine reichhaltige Sammlung von Gesteinen mitgebracht: B. L. Nr. 301—379, 518 und 525. Es handelt sich zum größten Teil um Gesteine, die zu den kristallinen Schiefern gehören. Nur wenige Stücke befinden sich darunter, die die Schieferung nicht auf den ersten Blick zeigen. Die frischesten Stücke der Sammlung wurden genau untersucht. Es ergab sich, daß gneisartige Gesteine hier in Irangi ebenso dominieren, wie drüben im Westen in West-Ugogo, Turu, Ijambi, Issansu und Zentral-Iramba die Granite. Ganz vereinzelt auftretende Quarzlinsen und Quarzite, Hornblendeschiefer und Pegmatite vermögen dem petrographisch leidlich einförmigen Charakter dieser Provinz nichts anzuhaben.

a) Die Gneise von Irangi. B. L. Nr. 301, S. Nr. 400. **Gneis** aus der unmittelbaren Nähe von Kondoa-Irangi. Makroskopisch: Helles geschiefertes Gestein mit Quarz, Feldspat und Biotit und Muscovit. Mikroskopisch: es besteht aus Quarz, Mikroklin, Orthoklas und Plagioklas. Der Feldspat mit Quarz öfter in eutektischer Verwachsung. Biotit mehr als Muscovit. Wenig Epidot, Apatit in Körnern.

B. L. Nr. 302, S. Nr. 401. **Granatepidotgneis** vom Mukondowafluß bei Kondoa-Irangi. Makroskopisch: schwarzgrünes geschiefertes Hornblendegestein. Mikroskopisch: es besteht aus wenig Quarz und Feldspat (meist Plagioklas), oft eutektisch verwachsen. Sehr viel gemeine Hornblende. Epidot in kleinen Körnern, täuschend ähnlich dem gleichfalls vorhandenen aber in großen Feldern auftretendem Granat, reichlich Titaneisen und Apatit, wenig Titanit.

B. L. Nr. 305, S. Nr. 387. Zentral-Irangi, N vom Lager Murussu. **Hornblendegneis.** Undeutlich geschiefertes, schwarzbraunes körniges Gestein mit Plagioklas, Biotit und Hornblende. Mikroskopisch:

Hypidiomorphkörnige Struktur. Es besteht aus Plagioklas, gemeiner Hornblende, Biotit und gemeinem Augit. Letzterer wird oft randlich in regelmäßig verwachsene Hornblende umgewandelt. Im Biotit und Hornblende Zirkon mit pleochroitischen Höfen. Wenig Erz, z. T. regelmäßig als Mikrolithe in Augit eingelagert, und auch in Hornblende, Titaneisen und Apatit.

B. L. Nr. 306, S. Nr. 386. Ca. 3 km W vom Haubi-See. **Epidotgneis,** feinkörniges sehr geschiefertes Gestein. Abwechselnd quarzreiche und hornblendereiche Lagen. Mikroskopisch: Es besteht hauptsächlich aus fast fugenlos aneinander schließenden Quarzkörnchen und wenig Plagioklas, dazwischen geklemmt reichliche Körner gemeiner Hornblende. Primärer Epidot reichlich in schwachpleochroitischen blaßgelben Körnern. Etwas Titanit.

B. L. Nr. 307, S. Nr. 474. Ca. 3 km W vom Haubi-See. **Hornblendegneis,** körniges geschiefertes Gestein mit Quarz, Feldspat und Hornblende. Mikroskopisch: es besteht hauptsächlich aus grüner gemeiner Hornblende mit Quarz, Plagioklas. Stellenweise Epidotbildung. In der Hornblende Zirkone mit pleochroitischen Höfen, wenig Titanit.

B. L. Nr. 310, S. Nr. 388. **Epidotgneis** von der Intela-Höhe am Haubi-See. Geschiefertes, feinkörniges grünlichgraues Gestein mit fingerdicken Lagen, die fast aus reinem Quarz bestehen. Mikroskopisch sieht man vorwiegend Quarz mit wenig Orthoklas und Plagioklas. Darin befinden sich Körner von gemeiner Hornblende, Epidot und Titanit in lagenweiser Anordnung.

B. L. Nr. 313, S. Nr. 391. Ssioha-Berg beim Lager Mbaru, O-Irangi. **Granathornblendegneis.** Zuckerkörniges geschiefertes Gestein mit vorwiegender schwarzer Hornblende und rundlichen Granatkörnchen. Mikroskopisch sieht man sehr dunkle, braungrüne, gemeine Hornblende, Quarz, etwas Plagioklas, Granat, außerdem etwas Apatit und Titaneisen.

B. L. Nr. 331, S. Nr. 392. Massai-Stufe ca. 3 km NO vom Lager Issudja, NO-Irangi. Ein der Probe B. L. Nr. 307 (Haubi-See) ähnlich aussehendes, wenn auch nicht so deutlich geschiefertes Gestein. Unter dem Mikroskop sieht man ein Gemenge von gemeiner Hornblende mit Quarz und blassem Epidot. Seltener findet man etwas Titanit und Plagioklas. Das Gestein ist **Hornblendeepidotgneis.**

B. L. Nr. 343, S. Nr. 393. **Glimmergneis** von der Massai-Stufe ca. 3 km NO vom Lager Issudja, NO-Irangi. Braungraues geschiefertes Gestein, feinkörnig mit Feldspat, Quarz und Glimmer. Mikroskopisch: das Gestein besteht aus undulös auslöschendem Quarz, Orthoklas, Mikroklin, wenig Plagioklas. Der Orthoklas etwas zersetzt. Die Schieferung bewirkt parallel gelagerter Biotit, mit Zirkon in pleochroitischen Höfen. Außerdem etwas Titanit, gemeine Hornblende, Apatit.

B. L. Nr. 351, S. Nr. 394. **Gneis** von der Massai-Stufe beim Lager Hopi (Naria), nordöstlichstes Irangi. Braungraues feinschiefriges, feinkörniges Gestein mit größeren blaßfleischroten Feldspataugen. Mikroskopisch sieht man wesentlich Quarz, Orthoklas, Mikroklin, Plagioklas, Biotit, wenig Muscovit, Erz (Magnetit) und etwas Apatit.

B. L. Nr. 354, S. Nr. 395. Dunkler feinkörniger **Hornblendegneis** von der Massai-Stufe beim Lager Hopi (Naria), nordöstlichstes Irangi. Mikroskopisch: es besteht aus Quarz und zum größten Teil aus dunkler gemeiner Hornblende, wenig Plagioklas und Mikroklin, Titanit, Apatit, sekundärer Epidot.

B. L. Nr. 363, S. Nr. 396. **Hornblendeepidotgneis** vom Kondusi-Bach beim Jumben Matundu, nordöstlichstes Irangi. Feingeschiefertes körniges Gestein mit abwechselnd weißen und schwarzen Lagen. Es besteht aus Plagioklas, Quarz, gemeiner Hornblende und Epidot. Titanit reichlich. Die Bestandteile sind recht frisch.

B. L. Nr. 379, S. Nr. 397. **Gneis** vom Lager Schangaha, NNW-Irangi. Hellgraues, körniges, geschiefertes Gestein mit Quarz, Feldspat und viel Biotit. Mikroskopisch: Es besteht aus Quarz, Mikroklin, Orthoklas, Plagioklas. Die Feldspäte in beginnender Zersetzung. Viel Biotit, selten mit Zirkoneinschlüssen, außerdem Titanit. Sehr wenig Epidot, auch wenig Muscovit und Apatit.

B. L. Nr. 518, S. Nr. 439. Höhe ca. 4 km NW von Kondoa-Irangi, westliches Irangi. **Hornblendegneis.** Makroskopisch: Hornblendereiches feinkörniges, geschiefertes Gestein mit vereinzelten hellen Lagen. Mikroskopisch: Das Gestein besteht aus gemeiner grüner Hornblende, Quarz, Orthoklas, Mikroklin und wenig Plagioklas, außerdem etwas Titanit und Apatit.

Die übrigen Gneisproben bieten nichts wesentlich Neues. Zwar ist die Korngröße und die Farbe sowie auch der Grad der Zersetzung verschieden; aber nur selten ist die Schieferung nicht deutlich ausgeprägt wie z. B. bei den Nrn. 305 und 311 der B. L. — Interessant sind die Proben von verwittertem Glimmergneis von der Massai-Stufe beim Jumben Matundu. Es wittern zollgroße Cyanitkristalle heraus (B. L. Nr. 371 und 372).

b) Hornblendeschiefer. An der Massai-Stufe O vom Lager Mbaru zeigt der Hornblendegneis der dortigen Proben (vergl. Probe Nr. 313, hier S. 170) eine derartige Anreicherung an gemeiner Hornblende, daß man das Gestein geradezu als **Hornblendeschiefer** bezeichnen muß.

B. L. Nr. 317, S. Nr. 390. Makroskopisch: schwarzgrünes, geschiefertes, körniges Hornblendegestein. Mikroskopisch: Außer gemeiner Hornblende findet sich im Gestein etwas Quarz, Biotit und Titanit.

c) Quarzit und Quarzlinsen. Nur an einer einzigen Stelle, an der Massai-Stufe O vom Lager Mbaru, traf die Expedition auf eine größere **Quarziteinlagerung im Gneis** (B. L. Nr. 320). Aber auch sie kann nicht sehr ausgedehnt sein, denn schon 5 km nördlich und südlich davon war von Quarzit keine Spur mehr.

B. L. Nr. 320, S. Nr. 389. Mikroskopisch: Das Gestein besteht hauptsächlich aus großen klaren Quarzkörnchen. Darin eingesprengt Epidot, Biotit, Muscovit, Apatit und Erz.

Etwas häufiger sind im Gneis von Irangi kleine Quarzlinsen anzutreffen. Die Expedition sammelte sie auf dem Gipfel des Ssioha-Berges beim Lager Mbaru (B. L. Nr. 314—316), an der Massai-Stufe N vom Lager Issudja (B. L. Nr. 330) und an der Massai-Stufe beim Jumben Matundu (B. L. Nr. 366, 367, 373).

d) Pegmatitgänge im Gneis von Irangi. Von ganz untergeordneter Bedeutung sind endlich auch die **Pegmatitgänge.** Dr. Obst hat nur an zwei Stellen Pegmatitproben sammeln können: am Kitsimbikili-Hügel beim Lager Mieka (Bl L. Nr. 322) und an der Massai-Stufe N von Lager Issudja (B. L. Nr. 333).

e) „Konglomerate“ und Opalsandsteine sind im Gneisgebiet von Irangi außerordentlich viel seltener als im Granitgebiet von Ugogo, Turu usw. **„Konglomerate“** stellte die Expedition u. a. am oberen Rand der Itjoi-Stufe im nördlichen Irangi fest (B. L. Nr. 374), **Opalsandsteine** brachte sie vom oberen Talgebiet W vom Haubi-See mit.

3. Uassi.

Die Landschaft Uassi ist in petrographischer Beziehung nichts weiter als die nördliche Fortsetzung von Irangi. Auch hier waltet der Gneis absolut vor, und die Verwandtschaft dieses Gesteins mit dem Gneis von Irangi wird insbesondere durch die Proben Nr. 382 und 387 klar bewiesen.

B. L. Nr. 382, S. Nr. 398. **Gneis** von der Höhe bei den Temben Klawi, S-Uassi. Makroskopisch: Geschiefertes, blaßfleischfarbenes, feinkörniges Gestein. Mikroskopisch: es besteht aus Quarz in klaren rissigen Körnern, Orthoklas, Mikroklin, Plagioklas, meistenteils recht frisch. Biotit, Muscovit, Titanit, Apatit in großen Körnern.

B. L. Nr. 387, S. Nr. 399. **Hornblendegneis** von Kisesse am Fuß der Massai-Stufe, O-Uassi. Makroskopisch: Geschiefertes, schwarzgrünes Hornblendegestein. Mikroskopisch: Es besteht hauptsächlich aus gemeiner Hornblende mit wenig Quarz und zersetztem Feldspat. Reichlich Titanit und Titaneisen. Anscheinend sekundär Zoisit.

Die übrigen Gesteinsproben, auch die aus dem nördlichen Teile von Uassi (B. L. Nr. 480—487), fügen sich in das eben gebotene Bild. Einige Stücke sind reich an dunkler Hornblende und Biotit. Nr. 484 und 485 (Gara-Berge) zeigen neben Quarz und Feldspat fast ausschließlich Muskowit.

„Konglomerate", rotgefärbte, eisenschüssige Zersetzungsprodukte, fanden sich auch in Uassi nur sehr selten. Die Sammlung enthält nur eine Probe dieses Gesteins, die in einem Taltrichter nördlich von den Temben Klawi anstehend gefunden wurde (B. L. Nr.383). Opalsandsteine fehlen anscheinend gänzlich.

4. Ufiomi.

Aus der einförmigen Gneislandschaft von Irangi-Uassi ragt nun, wenige km von der Nordgrenze von Uassi entfernt und unmittelbar am Rande der Massai-Stufe, der breitausladende vulkanische Ufiomi-Berg empor. Ergußgesteine nephelinitischer Natur, begleitet von spärlichen Tuff- und Aschenmassen, bauen den abgestumpften Kegel des Hauptberges auf, basaltische Tuffe und Laven finden sich bei den parasitären Kratern in Ost- und West-Ufiomi.

a) Nephelinite. Die Nephelinite, das Gestein des eigentlichen Ufiomi-Berges, sind grau, bald feinkörnig, bald porös, bald mit zentimetergroßen Nephelinkristallen. Sie sind in zahlreichen Exemplaren sowohl als Feldlesesteine wie vom anstehenden Gestein am Ufiomi-Berg gesammelt worden. Häufig sind Trümmer der durchbrochenen kristallinen Schiefer in der Lava eingebacken.

B. L. Nr. 389, S. Nr. 402. Feldlesestein. Makroskopisch: Porphyrisches Gestein mit großen klaren Nephelinen und schwarzgrünen Augiten. Mikroskopisch: Porphyrische Struktur. Die Grundmasse ist sehr dicht, undurchsichtig, enthält blaßgrünes Glas, Nephelin und Magnetit. Als Einsprenglinge treten auf: große Nephelinkristalle mit Anwachszonen und Einschlüssen von Augit und Magnetit, Augite grün, auch mit Anwachszonen und meist oft verzwillingt und große Magnetitoktaeder. — **Nephelinit.**

B. L. Nr. 399, S. Nr. 404. Feldlesestein. Makroskopisch: schlackiges, graubraunes Gestein mit Einschluß eines grobkörnigen Hornblendegesteins. Mikroskopisch: holokristallines Gestein. Es besteht aus Kristallen und Mikrolithen von Nephelin, Augit und Aegirin, letzterer oft einen Mantel um den Augit bildend. Außerdem etwas Titanit, sphärolithische Zeolithe und Erz. Der Einschluß ist stark verändert, jedoch sind noch Plagioklas, Hornblende und Biotit zu erkennen. Besonders reiche Aegirinbildung umsäumt den Einschluß. — **Nephelinit.**

B. L. Nr. 400, S. Nr. 405. Feldlesestein. Makroskopisch: Porphyrisches, braungraues Gestein mit Nephelineinsprenglingen. Mikroskopisch: Holokristallin, kein großer Gegensatz zwischen Grundmasse und Einsprenglingen. Als Bestandteile · Nephelin, Augit, Magnetit, Aegirin, wenig Sanidin. Der Augit ist meist prachtvoll zonar gebaut, randlich in Aegirin übergehend. Titanit in Körnern. Zuweilen Knäuel, die aus kleinen Augitkriställchen oder auch nur aus kleinen Nephelinkriställchen bestehen. — **Nephelinit.**

B. L. Nr. 401, S. Nr. 406. Feldlesestein bei Ufiomi. Makroskopisch: porphyrisches, graubraunes Gestein mit Nephelineinsprenglingen. Mikroskopisch: porphyrische Struktur, holokristallin. Die Grundmasse besteht aus Mikrolithen und Kriställchen von Augit, Aegirin, Nephelin und Magnetit. Als Einsprenglinge treten auf: Nephelin, Augit, welcher meist mit einem Aegirinsaum umgeben ist. — **Nephelinit.**

B. L. Nr. 403, S. Nr. 407. Feldlesestein bei Ufiomi. Makroskopisch: braungraues, verwittertes Gestein mit porphyrischen Augiteinsprenglingen. Mikroskopisch: holokristallines Gemenge von kleinen Kristallen und Mikrolithen von Nephelin, Augit und Aegirin. Der Nephelin enthält Einschlüsse von Aegirin. Vereinzelt braune Hornblende. Als Zersetzungsprodukt häufig Calcit. Das Gestein enthält einen grobkristallinen Einschluß von Biotit mit Orthoklas und Plagioklas, dessen genauerer Charakter sich aber nicht mehr ermitteln läßt. Es handelt sich wahrscheinlich um ein Stück vom durchbrochenen Gneis. — **Nephelinit mit Gneis-Einschluß.**

B. L. Nr. 404, S. Nr. 403. **Nephelinit mit Hornblendegneis.** Makroskopisch: Grüngraues, dichtes, porphyrisches Gestein mit Nephelin-

und Augiteinsprenglingen und mit Einschluß eines schiefrigen Gesteins, in welchem sich Quarz, Feldspat, Biotit und Hornblende erkennen läßt. Mikroskopisch: der Nephelinit zeigt porphyrische Struktur. In der Grundmasse blaßgrünes Glas mit Augit- und Nephelinmikrolithen. Als Einsprenglinge treten auf: Nephelin, Sanidin, Augit. Aegirin tritt teils selbständig teils Augit umwachsend auf, außerdem etwas Magnetit und Titanit. Das Schiefergestein besteht aus Quarz; in großen, klaren, rissigen Körnern, mit Orthoklas, Plagioklas, gemeiner Hornblende, Epidot, Biotit, Titanit und Apatit. Der Einschluß ist ziemlich zersetzt.

B. L. Nr. 405, S. Nr. 408. Feldlesestein. Makroskopisch: Braungraues Gestein mit kleinen porphyrischen Nephelin-, Augit- und Magnetiteinsprenglingen. Mikroskopisch: porphyrisches holokristallines Gestein. Die Grundmasse besteht aus kleineren, die Einsprenglinge aus größeren Nephelin-, Augit-, Aegirin- und Magnetitkristallen. Der Pyroxen ist bald Augit mit Aegirinkern, bald Aegirin mit Augitkern. Beide wiederholen sich auch zonenweise. Stellenweise Hornblende, Biotit und Pyroxenknäuel. An einigen Stellen zeigt sich Zeolithisierung und Calcit als Zersetzungsprodukte. — **Nephelinit.**

B. L. Nr. 417, S. Nr. 412. Fuß des Ufiomibergs. Makroskopisch: graubraunes Gestein mit porphyrischen Nephelineinsprenglingen. Mikroskopisch: holokristallin, porphyrisch. Die Grundmasse besteht aus Nephelin, Augit und Aegirin. Wenig Magnetit. Zum Teil hat Zeolithbildung eingesetzt. Als Einsprenglinge Nephelin mit Aegirineinlagerungen. Augit oft zonar mit Aegirin verwachsen. Sekundär Calcit. — **Nephelinit.**

B. L. Nr. 421, S. Nr. 414. Ufiomi-Berg 3/4 Höhe. Makroskopisch: dunkelbraungraues Gestein mit porphyrischen Nephelineinsprenglingen und miarolithischen Hohlräumen, die mit Calcit angefüllt sind. Mikroskopisch: Die Grundmasse besteht aus gelblichem Glas mit Nephelin, Augit, Aegirin und wenig Magnetit. Als Einsprenglinge dieselben Gemengteile. Der Nephelin oft mit Einschlüssen von Augit und Aegirin; etwas Titanit, reichlich Perowskit, selten Melilith. — **Nephelinit.**

B. L. Nr. 422, S. Nr. 413. Ufiomiberg in 4/5 Höhe des Berges. Makroskopisch: bräunlichgraues, feinkörniges Gestein mit miarolithischen Hohlräumen, die mit Zeolithen ausgekleidet sind, und kleinen porphyrischen Nephelineinsprenglingen. **Nephelinit.** Mikroskopisch: holokriststallin, porphyrisch. Die Grundmasse und Einsprenglinge bestehen aus Nephelin, Augit, Aegirin, Magnetit. Außerdem etwas Titanit und Calcit. An einer Stelle ein **Einschluß von Biotitgneis.**

B. L. Nr. 424, S. Nr. 417. Ufiomiberg. 100 m unterhalb des Gipfels. Makroskopisch: bräunlichgraues Gestein mit zahlreichen porphyrischen Nephelineinsprenglingen. Mikroskopisch: porphyrische Struktur, glasfrei. Die Grundmasse besteht aus Nephelin, Augit und Aegirin, durchsetzt von Zeolithbildungen, sehr wenig Erz. Als Einsprenglinge große Nepheline, Augit, oft mit Aegirinsaum, Aegirin, etwas Titanit. Der Nephelin beherbergt Aegirinmikrolithe. — **Nephelinit.**

B. L. Nr. 425, S. Nr. 415. Ufiomi 200 m unterhalb des Gipfels. Makroskopisch: sehr dichtes, braungraues, mattglänzendes Gestein. Mikroskopisch: sehr feinkörniges Gemenge von Nephelin, Augit und Aegirin mit wenig gelblicher Glasbasis. Etwas Titanit in Kristallen, wenig Erz und Perowskit. Vereinzelt größere Nephelineinsprenglinge. — **Nephelinit.**

B. L. Nr. 427, S. Nr. 416. Abstieg vom Ufiomi-Berg, 350—400 m unterhalb des Gipfels. Makroskopisch: schlackiges, graubraunes Gestein mit bis 4 mm großen Nephelineinsprenglingen. Mikroskopisch: zersetztes, porphyrisches Gestein. Die Grundmasse ist glasig mit viel Erzstaub und besteht aus Nephelin, Augit und Aegirin. Als Einsprenglinge große Nepheline, Augit, Aegirin und Titanit. Die Nephelineinsprenglinge mit Anwachszonen und vielen Einlagerungen. In den zahlreichen Blasenhohlräumen Zeolithbildungen, sphärolithisch, von optisch positivem Charakter. — **Nephelinit.**

b) Basaltische Gesteine. Basaltische Eruptivgesteine treten bei fast allen parasitären Kratern in Ost- und West-Ufiomi auf, vor allem beim Harangadida und Gitsimi. Im Gegensatz zu den Nepheliniten des Hauptberges herrschen bei den basaltischen Gesteinen Tuffe vor; anstehende Basaltlava ist nicht angetroffen worden. Die davon vorhandenen Handstücke sind in Basalttuffen eingebettet und zeigen Veränderungen, die auf Umschmelzen hindeuten; vermutlich sind sie bei Eruptionen mit herausgeschleudert worden. — Die Basalttuffe sind größtenteils sehr olivinreich und haben ein grüngraues Aussehen. Sie sind manchmal recht frisch und fest, oft bestehen sie aber auch nur aus durch Kalk oder zeolithähnliche Verbindungen locker verkitteten Kristallmassen. In den lockeren Tuffmassen des Harangadida konnte Dr. Obst die hier fast unverkitteten Kristalle in großer Menge aufsammeln. Sie bestehen hauptsächlich aus 1—3 cm großen Augitkristallen von dunkelolivgrüner Farbe;

dazwischen finden sich braune Olivinkristalle, große Biotitkörner, Magnetitoktaeder und Hornblendefragmente. Zum Teil sind verschiedene Kristalle in Knäueln verwachsen.

Von den gesammelten Proben mögen die folgenden hier genauer beschrieben werden:

B. L. Nr. 407, S. Nr. 409. **Basalttuff** vom Harangadida, Ost-Ufiomi. Makroskopisch: Tufföses Gestein. Zersetzte Gesteinskörner und Kristalle sowie Kristallfragmente von Biotit, Augit, Olivin, Hornblende sind überkrustet von Zeolithen und mit Calcit zum Gestein verkittet. Mikroskopisch: Dasselbe Bild. Die Gesteinsbrocken sind sehr stark umgewandelt, sie waren schlackig ausgebildet. Ob die Zeolithbildung auf Nephelin zurückzuführen ist, läßt sich nicht ohne weiteres entscheiden, denn Nephelin wurde nicht angetroffen.

B. L. Nr. 410, S. Nr. 410. **Basalt** vom Harangadida, Ost-Ufiomi. Makroskopisch: braunes, feinkörniges, porphyrisches Gestein mit Einsprenglingen von Augit, Olivin, Magnetit. Mikroskopisch: Die Grundmasse des stark zersetzten Gesteins ist glasreich und mit zahlreichen Zeolithen ausgefüllt. Als Einsprenglinge Augit, Olivin, Magnetit, wenig Plagioklas. Nephelin ist zwar nicht mehr vorhanden, die Zeolithe können aber daraus hervorgegangen sein.

B. L. Nr. 468, S. Nr. 429. Kleine Kraterruine ca. 5 km NNO vom Lager in Ost-Ufiomi. Man sieht ein stark zersetztes, schlackiges Gestein. Zuweilen finden sich frischere Körner von Augit und Olivin, reichlich Magnetit, seltener Quarz. Es handelt sich um **Basalt**, dessen nähere Natur nicht mehr zu bestimmen ist. Makroskopisch kann man in den Hohlräumen Calcit- und Zeolithkrusten erkennen.

B. L. Nr. 470. Kleine Kraterruine ca. 5 km NNO vom Lager in Ost-Ufiomi. Körnige Massen, die aus zollgroßen durcheinander gewachsenen **Hornblende-** und **Magnetitkristallen** bestehen. Die Probe stammt von derselben östlichen Kraterwand wie Nr. 468.

B. L. Nr. 474, S. Nr. 431. **Basalttuff** von der Nordwand der Kraterruine NNO vom Lager in Ost-Ufiomi. Makroskopisch: Violettgraues tufföses Gestein mit Olivinkristallen, die randlich in Roteisen verwandelt sind, und Körnern von Augit und Magnetit. Mikroskopisch: die Grundmasse des Gesteins besteht aus gelblichem Glas mit Augitkriställchen und viel Magnetitstaub. Klümpchen von diesem Gestein bilden die Hauptmasse, die Zwischenräume sind mit Zeolithen ausgefüllt. Außerdem finden sich darin Kristallkörner von Augit, Olivin und Magnetit.

B. L. Nr. 476, S. Nr. 430. Nordwand der Kraterruine NNO

vom Lager in Ost-Ufiomi. Das hier angetroffene dunkelgrüne feinkörnige Gestein stammt aus dem Basalttuff der Probe Nr. 474. Es besteht aus einem innigen Gemenge von Magnetit und Augit und muß als **Augitit** bezeichnet werden.

B. L. Nr. 430, S. Nr. 419. **Basalttuff** vom Gitsimi, West-Ufiomi. Makroskopisch: Rundliche Eruptivgesteinsstückchen verkittet durch Calcit zu einem oolithähnlichen Gestein. Mikroskopisch: Die Gesteinsbröckchen sind basaltisch: sie enthalten Feldspat, Augit, Olivin und Magnetit, erstere aber fast vollständig in Calcit verwandelt. Öfter große Olivinkristalle. Stellenweise Einschlüsse von Mikroklinaggregaten. Die Gesteinsbrocken sind zum Teil reich an gelblichem Glas. Nephelin tritt nur vereinzelt auf und scheint der Verwitterung anheimgefallen zu sein.

B. L. Nr. 432, S. Nr. 418. **Basalttuff** vom Gipfel des Gitsimi, West-Ufiomi. Makroskopisch: Verfestigter Kristallsand von Biotit, Augit, Olivin und Magnetit. Mikroskopisch: Gesteinsbrocken, die in einer erzreichen Glasbasis Olivin, Augit und Biotit enthalten, sind mit Körnern letztgenannter Mineralien, an denen die Grundmasse noch anhaftet, aber auch mit ganz fremdartigen Mineralkörnern, wie Mikroklin durch Zeolithbildung verkittet.

B. L. Nr. 438, S. Nr. 422. **Basalt** vom Gitsimi, West-Ufiomi. Makroskopisch: dichtes, graues Gestein mit porphyrisch eingesprengtem Olivin und Magnetit. Mikroskopisch: Porphyrische Struktur. Die Grundmasse besteht aus einem glasgetränkten Mikrolithenfilz von Augit und Magnetit mit größeren zersetzten Melilith leisten. In dieser Grundmasse Einsprenglinge von Augit und Olivin. Außerdem korrodierte Körner von Biotit und Mikroklin. Besonders die Feldspateinschlüsse sind von einem Glaseinschmelzrand umgeben. Nephelin scheint in Zeolithe umgewandelt zu sein.

B. L. Nr. 439, S. Nr. 420. **Basalt** von Gitsimi, West-Ufiomi. Makroskopisch: braungraues, dichtes Gestein mit porphyrisch eingesprengtem Biotit und Magnetit. Stellenweise Graniteinschlüsse? Mikroskopisch: Das Gestein hat porphyrische Struktur und ist sehr zersetzt. Die Grundmasse besteht aus Augitmikrolithen, Magnetit und gelblichem Glas, Olivinkörnern und einem zersetzten leistenförmigen Mineral (Plagioklas oder Melilith). Als Einsprenglinge: Olivin und Augit. Nephelin scheint vorhanden gewesen zu sein, ist aber vollkommen zeolithisiert.

B. L. Nr. 479. Gendi-Hügel am Ost-Ufer des Bassoda-Sees,

West-Ufiomi. Stark verwitterter **Basalttuff**, der demjenigen vom Harangadida ähnlich sieht.

B. L. Nr. 443, S. Nr. 421. **Basalttuff** vom Nakwa-Maar, Westflanke des Bassoda-Grabens, West-Ufiomi. Makroskopisch: gelblichgraues, körniges, olivinreiches Gestein. Der Olivin in idiomorphen Kristallen. Mikroskopisch: Tufföses Gestein. Es ist sehr zersetzt. Rundliche olivinreiche und feldspathaltige Brocken, Bruchstücke und Kristalle von Olivin, Augit und Magnetit sind durch Kalk und Zeolithe verkittet.

c) Kristalline Schiefer. Über die kristallinen Schiefer, die von den Nepheliniten und Basalten in Ufiomi durchbrochen worden sind, erhalten wir durch eine Reihe von Proben guten Aufschluß. Schon oben S. 174, 175, erwähnten wir bei den Proben Nr. 399, 403, 404, 422 Einschlüsse von grobkörnigem Hornblendegestein, von Biotitgneis, Hornblendegneis usw. Größere Stücke ähnlicher Gesteine fand Dr. Obst im Nephelinit des Ufiomi-Berges sowie in den Tuffen des Harangadida und aller übrigen parasitären Krater. An mehreren Stellen im N und S des Ufiomi-Berges konnten endlich auch anstehende kristalline Schiefer festgestellt werden. Es treten ziemlich grobkörnige, gutgeschichtete, quarz- und feldspatreiche Gneise auf, dann aber auch feinerkörnige, sehr glimmerreiche Schiefer. Weniger häufig sind unter den Gesteinsproben hornblendeführende Gesteine, die zum Teil haselnußgroße Granaten enthalten (B. L. Nr. 391).

B. L. Nr. 411. **Granatamphibolit** aus den Tuffen des Harangadida, Ost-Ufiomi. S. Nr. 411. Makroskopisch: undeutlich geschiefertes, körniges, granatreiches, violettgraues Gestein. Mikroskopisch: Es besteht aus gemeiner Hornblende, Plagioklas, Granat und wenigen Diallag ähnlichen Pyroxenkristallen. Viel Titaneisen. Die Mineralkörner durchdringen sich gegenseitig poikilitisch.

B. L. Nr. 467, S. Nr. 428. **Hornblendegneis** aus den Basalttuffen der Kraterruine NNO vom Lager in Ost-Ufiomi. Makroskopisch: sehr regelmäßig feingebändertes Gestein von abwechselnd feldspat- und hornblendereichen Lagen. Mikroskopisch: Das Gestein besteht aus Quarz, viel Orthoklas, Plagioklas und gemeiner Hornblende. Dazu kommt etwas Epidot, Zoisit und Titanit.

B. L. Nr. 445, S. Nr. 424. **Hornblendegneis,** anstehend auf den Bambaai-Bergen S vom Ufiomi-Berg. Makroskopisch: feinkörniges, geschiefertes Gestein mit abwechselnd hornblende- und feldspatreichen Lagen. Unter dem Mikroskop sieht man ein körniges

Gemenge von Quarz, Orthoklas, wenig Plagioklas und gemeiner Hornblende, außerdem viel Titanit und wenig Biotit. Die Feldspäte sind stellenweise sehr zersetzt.

B. L. Nr. 477, S. Nr. 432. Nauwari-Hügel am Ostufer des Bassoda-Sees, West-Ufiomi. Anstehend? Makroskopisch: Mittelkörniges, geschiefertes, gelbfleischfarbenes Gestein mit viel Feldspat und Biotit. Mikroskopisch: Das Gestein besteht aus Quarz, Orthoklas, Mikroklin, weniger Plagioklas. Biotit nur wenig in kleinen Fetzen, etwas gemeine Hornblende. Als Übergemengteile finden sich Magneteisenerz, Titanit, Zirkon und Apatit. — **Hornblendegneis.**

d) Ab und zu finden sich in dem Ufiomi-Gebiet auch Kalksteinbildungen: Nr. 429, 436 und 442 der B. L. Die Kalke sind hellbraungrau und zeigen bei dichtem Korn zahlreiche mineralische Verunreinigungen.

B. L. Nr. 442, S. Nr. 423 **Kalkstein** vom Maiba-Hügel. Makroskopisch: dichtes, graubraunes Gestein mit eckigen Mineralkörnern. Mikroskopisch: Die Hauptmasse besteht aus äußerst feinkörnigem Calcit, in welchem eckige Fragmente von Quarz, Feldspat, viel Biotit und Augit eingebettet sind. Außerdem Gesteinsbruchstücke, welche sehr verkalkt sind mit Augit und Magnetit.

5. Massai-Steppe östlich von Ufiomi.

Bei der Exkursion von Ufiomi nach dem Oldonjo Ssambu in der Massai-Steppe wurden zunächst noch bis über 13 km in die Steppe hinein Gesteine angetroffen, die mit dem Ufiomi-Berg zusammenhängen: Nephelinite und Basalte. Erst etwa 15 km O vom Lager in Ost-Ufiomi beginnt die Region der Gneise, die über den Oldonjo Ssambu hinaus bis zum Ostafrikanischen Küstenland hin reicht. Kalksinterkrusten überziehen hier und dort die verschiedensten Gesteine.

a) Nephelinite und Basalte am Rande der Massai-Steppe. B. L. Nr. 451, S. Nr. 425. Flacher Hügel ca. 9 km NO vom Lager in Ost-Ufiomi. Das Gestein, den dortigen Tuffmassen entnommen, ist ein **Melilithbasalt.** Makroskopisch: braungraues, dichtes Gestein mit porphyrisch eingesprengtem Olivin, Augit und Magnetit. Mikroskopisch: porphyrische Struktur. Die Grundmasse besteht aus einem glasgetränkten Mikrolithenfilz von Augit, Magnetit und Melilithleistchen. Als Einsprenglinge treten auf: Augit, Olivin, Magnetit und Biotit. Zeolithbildungen füllen die Hohlräume aus. Stellenweise Calcitbildung.

B. L. Nr. 453, S. Nr. 467. **Nephelinit.** Flacher Hügel ca. $13^1/_2$ km NO vom Lager in Ost-Ufiomi. Makroskopisch: dunkelgrüngraues Gestein mit großen porphyrischen Nephelinen. Mikroskopisch: Porphyrische Struktur. Die Grundmasse besteht aus einem glasgetränkten Mikrolithenfilz von Aegirin mit Nephelin und wenig Erz. Als Einsprenglinge große Nepheline, selten Sanidin, Augit (gewöhnlich mit Aegirin) und Aegirin in Kristallen und Knäueln. Titanit häufig in klaren verzwillingten Kristallen.

b) Gneise der Ssambu-Berge in der Massai-Steppe. Die markanten felsigen Ssambu-Berge bestehen aus verschiedenen Arten von Gneisen, die im wesentlichen den Proben aus Ost-Ufiomi (besonders B. L. Nr. 467) ähnlich sind. Leider sind die Gesteinsproben von den Ssambu-Bergen meist sehr verwittert, so daß eine genauere Untersuchung schwierig ist. Zum Teil sind die **Gneise** sehr regelmäßig gebändert, zum Teil flaserig; auch kommen grob- und feinkörnige Abarten vor. Manche der Proben zeigen vorwaltend dunkle Gemengteile, hauptsächlich Hornblende; in anderen wiederum herrscht Quarz und Feldspat vor.

B. L. Nr. 455, S. Nr. 427. Makroskopisch: feinkörniges, geschiefertes Gestein mit abwechselnd hellen und dunklen Lagen. Mikroskopisch: das Gestein besteht aus Quarz, verhältnismäßig frischem Orthoklas, Plagioklas und brauner gemeiner Hornblende. Dazu kommt etwas Apatit, Titanit und Eisenerz.

6. Der Gurui und seine Umgebung.

Nach Ufiomi zurückgekehrt, marschierte die Expedition nunmehr nach SW zum Gurui. Die am Gurui und in seiner Umgebung gesammelten Proben bestätigen im wesentlichen das von L. Finckh auf Grund der F. Jaegerschen Gesteinssammlung entworfene Bild von dem Aufbau dieser Provinz[1]). Da aber die Obstsche Route südlich von der Jaegerschen verläuft und weiter nach O und W übergreift, so kommt manch wertvolle Ergänzung zu dem bereits Bekannten hinzu.

a) Nephelinite und Basalte. Genau wie beim Ufiomi beteiligen sich auch am Aufbau des Gurui-Vulkans vor allem nephelinitische und basaltische Gesteine, und wieder treffen wir die Nephelinite vorwiegend am Hauptberg, die Basalte an den parasitären Kratern.

Der Nephelinit des Gurui-Berges ist feinkörniger und dunkler

---

[1]) Mitt. a. d. d. Schutzgeb. Erg.-Heft Nr. 4. Berlin 1911. S. 73.

als der von Ufiomi, auch finden sich darin, wenigstens in den vorliegenden Proben, keine so großen Nephelineinsprenglinge wie dort.

B. L. Nr. 491, S. Nr. 434. Lager SO vom Gurui, **Nephelinit**, Makroskopisch: grünlichbraunes Gestein mit klaren Nephelineinsprenglingen. Mikroskopisch: porphyrische Struktur. Die Grundmasse besteht aus gelblichem Glas, Nephelin, Augit, Aegirin und wenig Magnetit. In Hohlräumen haben sich Zeolithe ausgeschieden. Als Einsprenglinge: größere Nepheline, Augite und Magnetitkörner. Der Augit enthält oft einen Aegirinkern. Manchmal sind die Pyroxene zu Knäueln vereinigt.

B. L. Nr. 493, S. Nr. 435. Lager SO vom Gurui, **Nephelinit.** Makroskopisch: Dunkelbraungraues, feinkörniges Gestein mit vereinzelten großen Biotitfetzen. Mikroskopisch: Feinkörniges Gestein. Die Hauptmasse wird von Augit mit wenig Aegirin gebildet. Nephelin tritt meist nur als Füllmasse und in helleren Partien auf und ist häufig zeolithisiert. Viel Magnetit und Perowskit. Der Augit zeigt schönen zonaren Bau. Stellenweise grobkörnige Knäuel von Augit mit Perowskit.

B. L. Nr. 502 a, S. Nr. 437. Am Südost-Fuß des Guruiberges. **Nephelinit.** Makroskopisch: Graubraunes Gestein mit porphyrisch eingesprengtem, zersetztem Nephelin und dunklem Augit. Mikroskopisch: das Gestein ist zersetzt. Die Nepheline der Grundmasse sind meist zeolithisiert, letztere wird außerdem von Augit und Aegirinkörnern gebildet. Als Einsprenglinge treten auf: größere Nephelin- und Aegirinkristalle und Aegirinknäuel. Die großen Nepheline zeigen Calcit und Zeolithe als Zersetzungsprodukte.

B. L. Nr. 502b, S. Nr. 438. Am Südostfuß des Guruiberges. **Nephelinit.** Makroskopisch: grünlichgraues, mattglänzendes Gestein mit klaren Nephelineinsprenglingen. Mikroskopisch: Die Grundmasse besteht aus einem glasgetränkten Filz von Augit und Nephelinkristallen. Als Einsprenglinge Kristalle und Knäuel von Nephelin mit Aegirineinlagerungen, Aegirin auch in Kristallen und Knäueln, außerdem wenig Magnetitoktaeder und selten Titanit.

Die Basalte stammen sämtlich aus kleinen parasitischen Kratern im S des Gurui-Berges.

B. L. Nr. 501, S. Nr. 436. Lager SSO vom Gurui, dem dortigen Basalttuff entnommen. Makroskopisch: porphyrisches Gestein. Die Grundmasse ist graubraun mit zahlreichen Einsprenglingen von Augit, Olivin und Biotit. Mikroskopisch: die Grundmasse besteht aus einem glasgetränkten Mikrolithenfilz von Augit und Magnetit.

Die Hohlräume sind mit radialstrahligen Zeolithen ausgefüllt. Als Einsprenglinge treten blaßgrüne Augite, Olivin und reichlich Biotit auf. Alle Einsprenglinge mit deutlichen Korrosions- bezw. Resorptionserscheinungen. Die Glimmerblättchen sind oft verbogen. — **Glimmerbasalt.**

Die Tuffmassen am Gurui sind weitgehend zersetzt. Stellenweise sind sie noch fest, meist aber leicht zerreiblich. Oft machen sie den Eindruck verfestigter Lapillimassen.

B. L. Nr. 507, S. Nr. 472. Lager Waraïda, SW vom Gurui. Makroskopisch: **tuffiges Gestein.** In einer dichten, gelbbraunen Masse Körner von Biotit, Magnetit, Feldspat, Augit und Pyrit. Mikroskopisch: deutliche Aschenstruktur. Das Gestein ist vollkommen verkalkt. Im Kalk eingebettet sind Bruchstücke von Augit, Biotit, Quarz, Plagioklas, Magnetit und zersetzte Gesteinsbröckchen.

B. L. Nr. 509, S. Nr. 440. Oberer Rand der Turu-Stufe SW vom Gurui. Makroskopisch: rauhes, lockeres, **tuffiges Gestein.** Mikroskopisch: Bruchstücke von Biotit, Aegirin, Augit, zersetztem Plagioklas, Mikroklin und Quarz sind durch ein kalkig toniges Bindemittel verbunden.

Verfestigte Kristallsande, wie sie in der Umgegend von Ufiomi häufig waren, scheinen hier vollkommen zu fehlen.

b) Kristalline Schiefer des Grundgebirges in der Umgebung des Gurui. Von dem Grundgebirge in der Umgebung des Gurui stammen eine größere Reihe von Proben. Sie sind z. T. von anstehendem Gestein genommen, z. T. sind es Trümmer, die sich in den Basalttuffen der parasitären Krater fanden. — Unter den gesammelten Proben sind folgende Arten vertreten:

1. **Gutgeschieferte, feinkörnige Gneise,** reich an Hornblende. Z. B. B. L. Nr. 488, S. Nr. 433. Oberer Rand der Stufe OSO vom Gurui. Anstehend!

Makroskopisch: Es ist ein körniges graues geschiefertes Gestein mit Feldspat und Biotit. Mikroskopisch: Man sieht ein feinkörniges Gemenge von Quarz, Orthoklas, Plagioklas, wenig Mikroklin, viel Biotit, Muscovit und etwas Erz, Titanit und Apatit.

2. Grobkörnige, wenig flaserige, **sehr an Granit erinnernde Gneise.** B. L. Nr. 499, 500 und 508. Aus den Tuffen SSO und SW vom Gurui.

B. L. Nr. 508, S. Nr. 473. Aus den Tuffen des Waraïda, SW vom Gurui. Makroskopisch: grobkörniges Gestein mit Quarz, fleischrotem Feldspat und Biotit. Mikroskopisch: Große Körner von Quarz mit undulöser Auslöschung, zersetzter Mikroklin und Plagioklas. Nur wenig Biotit mit kleinen Zirkonen in pleochroitischen Höfen und etwas Erz.

Die 3. Gruppe schließlich stellt **vollkommen gleichmäßig geschichtete, graugrüne, feinkörnige Schiefer** dar, in denen die einzelnen Bestandteile nicht mehr mit bloßem Auge kenntlich sind.

B. L. Nr. 514, S. Nr. 443. Epidotgneis von der Iraku-Stufe WSW vom Gurui. Makroskopisch: grüngraues, schwachgeschiefertes sehr feinkörniges Gestein, matt schimmernd. Mikroskopisch: es ist sehr gleichmäßig gekörnt und besteht aus Quarz, Orthoklas und Plagioklas mit Epidot und Chlorit. Der Chlorit ist aus Hornblende hervorgegangen und enthält bisweilen Zirkonkriställchen mit pleochroitischen Höfen. Außerdem tritt etwas Muscovit in Büscheln auf.

c) Diabas- und Dioritgänge im Grundgebirge nahe dem Gurui. Stellenweise durchbrechen Diabas- und Dioritgänge den Gneis der Gurui-Provinz, und zwar fand Dr. Obst derartige Gänge besonders in der Nähe und an der Iraku-Stufe, die den Gurui im W einrahmt.

B. L. Nr. 505, S. Nr. 441. Aus den Basalttuffen SSW vom Gurui. Unter dem Mikroskop: das Gestein ist weitgehend zersetzt, die Intersertalstruktur aber noch deutlich erkennbar. Die Plagioklasbalken haben am meisten gelitten. Als Füllung tritt verhältnismäßig frischer Augit auf und Titaneisen. Als sekundäre Bildung Epidot und Kaolin. — **Diabas.**

B. L. Nr. 511, 513 und 516, S. Nr. 493 und 494. An der Iraku-Stufe WSW vom Gurui anstehend. Unter dem Mikroskop sieht man ein körniges Gemenge reich an Orthoklas, Plagioklas und fast farblosem Augit, der manchmal restlos uralitisiert, seltener chloritisiert ist. Es ist nur ganz wenig Quarz vorhanden. Dazwischen finden sich Körner von Titanit und kurze Apatitsäulchen. Es handelt sich um **dioritähnliche Gesteine,** wie wir sie früher bereits längs der Westflanke des Wembere-Njarasa-Grabens kennen gelernt haben (B. L. Nr. 219, 222, 237—248, 265). Das Gestein tritt hier an der Iraku-Stufe in einer feinkörnigen und einer mittelkörnigen Abart auf.

d) Kalkkrusten sind im Gurui-Gebiet eine häufige Erscheinung. Die Expedition fand sie vielfach im Bereich der lockeren Aschengesteine im S des Gurui, traf sie aber auch an der Iraku-Stufe in großer Ausdehnung an. B. L. Nr. 506, 512 und 517.

B. L. Nr. 512, S. Nr. 442. Iraku-Stufe WSW vom Gurui. Makroskopisch: dichtes, graugelbes **Kalkgestein** mit Mineralsplittern.

Mikroskopisch: äußerst feinkörniger Kalk mit Bruchstücken von Quarz und Mikroklin. Die Mineralkörner sind sinterartig von Kalkstein überzogen.

7. Burungi.

Aus dem Gurui-Gebiet kehrte die Expedition im Januar 1912 nach Irangi zurück und widmete sich fortan der Erforschung der beiden letzten Landschaften: Burungi und Ussandaui. — Die aus Burungi mitgebrachten Proben lassen diese Provinz als südöstliche Fortsetzung von Irangi erkennen. Hornblende-und Biotitgneise bauen Burungi auf, B. L. Nr. 526—535.

B. L. Nr. 532, S. Nr. 446. SO vom Lager Damass (Goïma). Heller flaseriger **Gneis.** Unter dem Mikroskop sieht man Quarz, Orthoklas, Mikroklin und etwas Plagioklas. Außerdem grünbrauner Biotit und etwas Muscovit. Als Übergemengteile Titanitkörner, Apatit und Zirkon. Letzterer ist im Biotit von pleochroitischen Höfen umgeben.

B. L. Nr. 526—530, N-Burungi. Die hier gesammelten **Gneise** sind z. T. hell durch das Vorwalten von salischen Gemengteilen, z. T. dunkel durch das Vorwalten femischer Bestandteile. Manchmal wechseln auch helle und dunkle Lagen ab. Bemerkenswert ist das Gestein B. L. Nr. 528, S. Nr. 445. Die Probe scheint von einem Feldlesestein genommen zu sein. Mit bloßem Auge sind einzelne Bestandteile nicht zu erkennen. Das Gestein ist äußerst feinkörnig, dunkelgrau mit einem Stich ins Rötliche. Unter dem Mikroskop sieht man ein sehr feinkörniges, gleichmäßiges Gemenge von Plagioklas, Hornblende und Granat. Neben der braungrünen Hornblende ist auch fast farbloser Augit vorhanden. Es ist ein **Granatamphibolit,** wahrscheinlich als Umwandlung von Ganggesteinen entstanden.

Bei einigen Stufen, insbesondere B. L. 535 aus dem Grenzgebiet gegen Ussandaui, ist die Schieferung am Handstück nicht zu konstatieren. Man könnte das Gestein mit Recht als **Granit** ansehen.

8. Ussandaui.

Aus dieser letzten Provinz des Obstschen Forschungsgebiets liegen die Proben B. L. Nr. 519, 523—524b, 536—565 vor. Außer den Nrn. 559—561 von der Turu-Bruchstufe im südlichen Ussandaui, welche (durch Dynamometamorphose aus Granit entstandene?) feinkörnige Gneise darstellen, sind fast alle anderen Gesteinsproben aus diesem Gebiet Granite.

a) Granite. Die Granite von Ussandaui sind meist mittel- bis feinkörnig, von heller Farbe, oft zersetzt. Stellenweise ist der Granit porphyrisch ausgebildet mit zollgroßen Feldspatkristallen (z. B. Nr. 550 der B. L.).

B. L. Nr. 540, S. Nr. 447. NW vom Lager beim Akiden Leba, Zentral-Ussandaui. Makroskopisch: Mittelkörniges Tiefengestein mit Quarz, gelblichem Feldspat und Biotit. Mikroskopisch: es besteht aus Quarz mit stark undulöser Auslöschung, Orthoklas, Mikroklin, Plagioklas, etwas Biotit und Muscovit. Zirkon im Biotit mit pleochroitischen Höfen. Titanit in größeren Körnern. Sekundär Chlorit und Epidot. Die Feldspäte, besonders der Plagioklas sind öfter zersetzt, manchmal mit Quarz eutektisch verwachsen. Etwas Apatit. — **Granit.**

B. L. Nr. 553, S. Nr. 461. SW von Ssola, Ost-Ussandaui. Makroskopisch: mittelkörniges Tiefengestein mit Quarz, hellfleischfarbenem Feldspat und Biotit. Mikroskopisch: es besteht aus Quarz, Orthoklas, Mikroklin, zersetztem Plagioklas und Biotit. Die Struktur ist hypidiomorphkörnig. Als Übergemengteile Erz, Apatit und Zirkon im Biotit mit pleochroitischen Höfen. Als Zersetzungsprodukte Epidot und Chlorit. — **Granit.**

Vom Gipfel des Gissaue im nordöstlichsten Ussandaui, Grenzgebiet gegen Irangi, stammt der **Granit** der B. L. Nr. 524b, S. Nr. 313. Er ist mittelkörnig, rötlichgrau und ergab bei der mikroskopischen Untersuchung folgendes: Die Quarzfelder bestehen aus vielen kleinen verzahnt eingreifenden Quarzkörnchen. Die Feldspatfelder sind meist einheitlich. Es ist Orthoklas, Mikroklin und wenig Plagioklas vorhanden. Die Feldspäte sind meist zersetzt. Etwas Ilmenit, welcher fast vollständig in Leukoxen umgewandelt ist, wenig Biotit und Muscovit. Sekundär Epidot resp. Zoisit.

B. L. Nr. 558, S. Nr. 450. **Granit** von der Kilimatinde-Stufe im südwestlichsten Ussandaui. Makroskopisch: feinkörniges, grünliches Tiefengestein mit Quarz und Feldspat. Mikroskopisch: es besteht aus undulös auslöschendem Quarz, Mikroklin und Orthoklas in groben und feineren Körnern, etwas Biotit, Muscovit, Magnetit, Apatit, Titanit. Der Biotit ist oft chloritisiert.

Auch der Heliographenberg Ssongoro im südwestlichsten Ussandaui besteht aus körnigem **Granit** mit Quarz, fleischfarbenem Feldspat und Biotit. B. L. Nr. 564, S. Nr. 451. Mikroskopisch: das Gestein besteht aus Quarz, Mikroklin, zersetztem Plagioklas. Feldspat und Quarz sind zum Teil eutektisch verwachsen, außerdem

Biotit mit Zirkon in pleochroiitischen Höfen, Magnetit, etwas Epidot, Titanit und Apatit.

b) Diabas- und Dioritgänge. Stellenweise wird der Granit auch in Ussandaui von Diabas- uhd Dioritgängen durchbrochen.

B. L. Nr. 545, S. Nr. 458. Zersetzter **Diabas** vom Dujuberg, NW von Kurjo. Makroskopisch: grüngraues Gestein mit Intersertalstruktur. Mikroskopisch: sehr stark zersetztes Gestein. Bei den Plagioklasen ist die Zwillingslamellierung kaum wahrzunehmen. Der Augit ist epidotisiert und chloritisiert. Viel Magnetit. Stellenweise etwas Quarz und Feldspat eutektisch verwachsen.

B. L. Nr. 547, S. Nr. 448. Tigango-Berg, SW von Kurjo. **Olivindiabas.** Makroskopisch: graues, feinkörniges Gestein. Mikroskopisch: typische Intersertalstruktur. Die Balken werden von Plagioklas gebildet. Als Füllmasse treten auf Augit und Magneteisen und unter Hinterlassung von Magnetitstaub resorbierte Olivinkörner.

Nr. 541 der Befundliste (Quelltrichter NW vom Lager beim Akiden Leba, Zentral-Ussandaui) ist ein feinkörniges Gestein und sehr reich an dunkelgrünem Augit, so daß dies Gestein als **Diorit** bezeichnet werden kann.

c) Als Zersetzungsgestein finden sich hier ähnlich wie in andern Granitgegenden Ostafrikas die stark eisenschüssigen „Konglomerate“ und Opalsandsteine.

B. L. Nr. 556, S. Nr. 449. Makroskopisch: eckige Quarzkörner verkittet durch graulichgelbe Opalmasse. Mikroskopisch: eckige Fragmente von Quarz und Mikroklin, selten Plagioklas sind durch ein Zement verkittet, welches aus farblosem Opal mit kleinen Splittern derselben Mineralien gebildet wird. Der Opal zeigt stellenweise Chalcedonisierung unter Gelbfärbung. — **Opalsandstein.**

Verzeichnis sämtlicher von Dr. Obst gesammelten Gesteinsproben.

A. Chronologisch geordnet.

Lfd. Nr.	Datum	Fundort	Art des Gesteins	D.S. Nr.	Bemerkungen
1	27.I.-7.II.11	Felsen ca. 1 km N vom Stationsgebäude Kilimatinde (West-Ugogo)	Granit	302	
2	„	Südende der „Schönen Aussicht“ bei Kilimatinde (Oberer Rand der Kilimatinde-Stufe)	Granit	307	

Lfd-Nr.	Datum	Fundort	Art des Gesteins	D.S. Nr.	Bemerkungen
3	27.I.-7.II.11	„Schöne Aussicht" bei Kilimatinde (Oberer Rand der Kilimatinde-Stufe)	Konglomerat		
4	„	desgl.	Konglomerat		
5	„	Felsen nahe Stationsgebäude Kilimatinde	Pegmatit		
6	„	Ssolia-Bach, S vom Stationsgebäude Kilimatinde	Granit	306	
7	„	Felsen NW vom Stationsgebäude Kilimatinde vergl. Nr. 13	Konglomerat		
8	„	„Schöne Aussicht" bei Kilimatinde (Oberer Rand der Kilimatinde-Stufe).	Opalsandstein		
9	„	desgl.	Konglomerat		
10	„	desgl.	Opalsandstein	308	
11	„	Felsen ca. 1½ km N vom Stationsgebäude Kilimatinde	Granit	304	
12	„	„Schöne Aussicht" bei Kilimatinde (Oberer Rand der Kilimatinde-Stufe)	Kieselsinter		
13	„	Felsen NW von Kilimatinde, ca. 100 m N von der Straße Kilimatinde-Muhalala	Opalsandstein	309	
14	„	Bach an der N-Grenze der Felsen v. Nr. 13	Pegmatit		
15	„	„Schöne Aussicht" bei Kilimatinde (Oberer Rand der Kilimatinde-Stufe)	Opalsandstein	301	
16	„	desgl.	Opalsandstein		
17	„	desgl.	Opalsandstein		zersetzt
18	„	Felsen WNW von Kilimatinde, nahe Fundort Nr. 13	Opalsandstein	305	zersetzt
19	„	„Schöne Aussicht bei Kilimatinde (Oberer Rand der Kilimatinde-Stufe)	Opalsandstein	303	zersetzt
20	„	desgl.	Opalsandstein	310	Fuß der Anhöhe
21	„	Felsen nahe Stationshebäude Kilimatinde	Granit	462	
22	„	Bachbett ca. 3 km NW von Kilimatinde	Opalsandstein	311	
23	„	desgl.	Opalsandstein		
24	„	desgl.	Opalsandstein		
25	„	desgl.	Opalsandstein	312a	
26	„	desgl.	Opalsandstein	312b	
27	„	desgl.	Opalsandstein		
28	„	desgl.	Opalsandstein		
29	„	desgl.	Opalsandstein		
30	„	Felsen an der Straße Kilimatinde-Muhalala ca. 2–3 km NW vom Stationsgebäude Kilimatinde	Granit		
31	„	desgl.	Pegmatit		
32	„	desgl.	Granit		
33	„	desgl.	Pegmatit		
34	„	Felsen ca. 1½ km SW vom Stationsgebäude Kilimatinde	Schriftgranit		
35	„	desgl	Schriftgranit		
36	„	desgl.	Schriftgranit		
37	„	desgl.	Granit	314	
38	12. II. 11	Am Fuß der Turu-Stufe bei Mesomapia, WNW von Kilimatinde	Granit	315	
39	„	Halbe Höhe der Turu-Stufe bei Mesomapia, WNW von Kilimatinde	Eisenschüssiges Konglomerat		
40	„	Oberer Rand der Turu-Stufe bei Mesomapia, WNW von Kilimatinde	Opalsandstein	316	
41	„	desgl.	Opalsandstein		

Lfd. Nr.	Datum	Fundort	Art des Gesteins	D.S. Nr.	Bemerkungen
42	12. II. 11	Oberer Rand der Turu-Stufe bei Mesomapia	Opalsandstein		
43	„	desgl.	Opalsandstein		
44	„	desgl.	Opalsandstein		
45	„	desgl.	Opalsandstein		
46	13. II. 11	Mahnke-Schwelle, O von Mesomapia	Verw. Granit		
47	„	desgl.	Pegmatitgang im Biotitgranit		
48	„	desgl.	Granit	319	
49	„	desgl.	Opalsandstein	320	
50	„	desgl.	Biotitgranit	459	undeutlich geschiefert
51	„	Sohle eines kleinen Wasserrisses am oberen Rand der Turu-Stufe bei Mesomapia	Pegmatit		
52	„	desgl.	Granit	318	
53	„	desgl.	Hornblendeschiefer	317	
54	„	desgl.	Granit		
55	„	desgl.	Pegmatit		
56	„	desgl.	Pegmatit		
57	„	Oberer Rand der Turu-Stufe bei Mesomapia	Opalsandstein		
58	„	Turu-Stufe N von Mesomapia, Weg Mesomapia-Manjoni	Granit		
59	14. II. 11	Bahneinschnitte der Ostafrikanischen Zentralbahn längs des Abstiegs von Manjoni nach Saranda (Turu-Stufe)	Opalsandstein	323	
60	„	desgl.	Granit	324	
61	„	desgl.	Granit		
62	14. II. 11	desgl.	Granit		
63	„	desgl.	Granit		stark zersetzt
64	„	desgl.	Granit	321	zersetzt
65	„	desgl.	Granit	322	
66	„	desgl.	Granit		mit Epidotgängen epidotisiert
67	„	desgl.	Granit		
68	„	desgl.	Granit		zersetzt
69	„	desgl.	Granit		
70	„	desgl.	Granit		zersetzt
71	„	desgl.	Granit		epidotisiert und floritisiert
72	„	desgl.	Hornblendepegmatit		
73	„	desgl.	Granit		
74	„	desgl.	Epidotfels	325	
75	„	desgl.	Pegmatit		
76	„	desgl.	Epidotfels	465	
77	„	desgl.	Biotitgranit		grobkörnig
78	„	Bahneinschnitte der Ostafrikanischen Zentralbahn längs des Abstiegs von Manjoni nach Saranda (Turu-Stufe), (kurz vor Lager W vom Bahnhof Saranda)	Opalsandstein		
79	15. II. 11	Am Fuß der Turu-Stufe W vom Bahnhof Saranda	Pegmatit		
80	„	desgl.	Pegmatit		
81	„	desgl.	Pegmatit		
82	„	desgl.	Pegmatit		

Lfd. Nr.	Datum	Fundort	Art des Gesteins	D.S. Nr.	Bemerkungen
83	19. II. 11	Ca. 5 km vor dem Kiringa-Berg, O vom Lager Makulu (Mkotea), südöstlichstes Turu	Quarzsand		wenige mm dünner Decksand
84	,,	desgl.	lehmiger Sand		Unterlage von Nr. 83
85	,,	Am Fuß des Kiringa-Felsbergs, O vom Lager Makulu (Mkotea), südöstlichstes Turu	Granit	326	Vgl. lfd. Nr. 567
86	,,	desgl.	Granit		
87	,,	desgl.	Pegmatit		
88	20. II. 11	1 km O vom Lager Mahelera, südlichstes Turu	Konglomerat		
89	22/23. II	Felsen beim Lager Ssuna (Kitula), südliches Turu	Granit	327	angedeuteteSchieferung
90	24. II. 11	ca. 4 km N vom Lager Ssuna an der Karawanenstraße nach Ssingida	Granit		mächtige Felsen
91	,,	desgl.	Augitgranit	328	einzelne Blöcke
92	25. II. 11	Kleine Anhöhe ca. 1½ km SO vom Lager Tungapinda, S-Turu	Konglomerat		
93	,,	desgl.	Konglomerat		
94	26. II. 11	ca. 3 km NW vom Lager Tungapinda	Granit		
95	,,	ca. 1½ km W von den Temben des Jumben Mutoni, Mitte zwischen Lager Tungapinda und Lager Kapango, SW-Turu	Granit		
96	,,	Welle O von den Temben des Jumben Mutoni SW-Turu	Granit	330	
97	,,	Welle O von den Temben des Jumben Kagori, SW-Turu	Opalsandstein		
98	,,	Am Talhang O von den Temben des Jumben Kagori, SW-Turu	Hornblendegranit	329	
99	28. II. 11	Ca. 50 m mächtige Sandsteinfelsen, etwa 4 km NO vom Lager Kapango, SW-Turu	Opalsandstein	471	
100	,,	Höhe ca. 5 km NO vom Lager Kapango, SW-Turu	Konglomerat		
101	,,	Ca. 8 km NO vom Lager Kapango, SW-Turu	Sand		
102	28. II. 11	desgl.	Toniger Sand		
103	1. III. 11	Niedrige Felsköpfe auf der Hochfläche 1 km S vom Lager Tchima, Zentral-Turu	Granit		
104	,,	Felsberg Mkoma, S von Ssingida, Zentral-Turu	Granit		
105	,,	desgl.	Granit		
106	,,	desgl.	Granit		verwittert
107	,,	desgl.	Granit	331	
108	6. III. 11	Felsen bei dem Stationsgebäude Ssingida, Zentral-Turu	Granit	333	
109	,,	Ssingida-Salzsee, Zentral-Turu	—		Salzwasser-Probe
110	15. III. 11	Rücken am SW-Ufer des Ssingida-Sees, Straße Ssingida-Mkalama	Konglomerat		
111	18. III. 11	desgl.	Konglomerat		
112	23. III. 11	desgl.	Konglomerat		
113	30. III. 11	Höhe nahe Ssamamba-Felsberg, SSO von Ssingida	Konglomerat		
114a	31. III. 11	Kalkstelle der Mission St. Leo, SO-Turu ca. 1½ km SW vom Missionsgebäude	Schwarzerde mitKalkbrocken		

Lfd. Nr.	Datum	Fundort	Art des Gesteins	D.S. Nr.	Bemerkungen
114b	31. III. 11	Kalkstelle der Mission St. Leo, SO-Turu	Schwarzerde mit Kalkbrocken		
115	„	desgl.	Kalkstein		anstehend aufgeweicht
116	4. IV. 11	2 km NNW vom Lager an der Heliographenstation O-Turu	Opalsandstein		
117	4/6. IV. 11	Kalkgruben der Militärstation Ssingida, ca. 4 – km N vom Lager Ssiki, NO-Turu	Sinterkalk		
118	„	desgl.	Sinterkalk	332	feinkörnig
119a	6. IV. 11	Südufer des Tonge-Salzsees, NO-Turu	Granit		Wasserprobe
119b	„	Tonge-Salzsee, NO-Turu	Granit		
120	7. IV. 11	Oberer Stufenrand 4 km O vom Lager Mande, ONO-Turu	Konglomerat		
121	9./10. IV. 11	Gidaru-Felsberg, W vom Lager Magumu, nordöstlichstes Turu	Opalsandstein	334	
122	„	Bachbett 5 km SW vom Lager Magumu, nordöstlichstes Turu	Opalsandstein	336	
123	11. IV. 11	SW-Ufer des Balangida-Salzsees, nordöstlichstes Turu	Kalkstein	335	
124	„	Balangida-Salzsee, nordöstlichstes Turu	—		Salzwasser-Probe
125	„	desgl.	—		Schlick
126a	18. IV. 11	Beim Lager Igwe, nördlichstes Turu	—		rote Töpfererde
126b	„	desgl.	—		rote Töpfererde
126c	„	desgl.	—		rote Töpfererde
127	19. IV. 11	Kalkbrüche ca. 2 km NW vom Lager Mgelua Landschaft Ijambi, NW von Turu, SO von Issansu	Kalkstein		
127a	28. IV. 11	5 km W von der Militärstation Mkalama	Granit	457	epidotisiert
128	26. V. 11	Digedagaschi-Berg an der NW-Flanke des Hohenlohe-Grabens	Pegmatit		
129	„	desgl.	Hornblende		
130	„	desgl.	Hornblendepegmatit		
131	„	desgl.	Hornblendepegmatit		
132	„	desgl.	Hornblendepegmatit		
133	„	desgl.	Hornblendesyenit	337	
134	„	desgl.	Hornblende	338	
135	„	desgl.	Pegmatit		
136	„	desgl.	Hornblendesyenit		
137	„	desgl.	Pegmatit		
138	„	desgl.	Pegmatit		
139	„	desgl.	Pegmatit		
140	27./28. V. 11	Lager im nördlichen Wakindiga-Land, beim Munjatuhi-Berg, NO-Flanke des Njarasa-Grabens	Gneis	339	
141	„	desgl.	Gneis		
142	„	desgl.	Sinterkalk		
143	10. VI. 11	Lager im nördlichen Wakindiga-Land, SW vom Fundort 140 – 142. NO-Flanke des Hohenlohe-Grabens (sog 1. Wakindiga-Lager)	Biotitgneis		
144	„	desgl.	Hornblendegneis	343	[Lager im Bachbett beim
145	„	desgl.	Sinterkalk		15Min. S. v. Lager
146	„	desgl.	Sinterkalk		15Min. S. v. Lager
147	„	desgl.	Kalkstein	345	15Min. S. v. Lager am Abhang umherliegend

Lfd. Nr.	Datum	Fundort	Art des Gesteins	D.S. Nr.	Bemerkungen
148	11. VI. 11	1. Wakindiga-Lager	Hornblendegneis	341	30Min. S. v. Lager
149		desgl.	Epidotfels		25Min. S. v. Lager
150	,,	desgl.	Gneis	342	45Min. S. v. Lager
151	14. VI. 11	Lager im mittleren Wakindiga-Land, am Ufer des Indeleguedako (sog. Zwischen-lager)	Hornblendegneis		
152	,,	desgl.	Gneis		Trümmer anstehend
153	,,	desgl.	Hornblendegneis		fein geschichtet
154	,,	desgl.	Hornblendegneis		flaserig
155	,,	desgl.	Hornblendegneis	346	sehr feinkörnig
156	,,	desgl.	Hornblendegneis		
157	,,	desgl.	Pegmatit		
158	,,	desgl.	Granit		geschiefert
159	,,	desgl.	Granit		Druse mit Calcit und Chlorit
160	,,	desgl.	Granit		Kalküberzug
161	,,	desgl.	Hornblendegneis		Geröll
162	,,	desgl.	Pegmatit		
163	,,	desgl.	Pegmatit		
164	,,	desgl.	Pegmatit		
165	,,	desgl.	Pegmatit		geschiefert
166	,,	desgl.	Gneis	340	
167	,,	desgl.	Gneis		
168	,,	desgl.	Gneis		
169	,,	desgl.	Hornblendegneis		
170	,,	desgl.	Pegmatit		
171	15. VI. 11	PeilbergI 10Min.W vomFundortNr.151-169	Hornblendegneis	344	Hauptgestein
172	,,	desgl.	Pegmatit		
173	,,	Peilberg II 15 Min. N vom Fundort Nr. 151 – 169	Granit		geschiefert
174	,,	desgl.	Granit		
175	,,	desgl.	Pegmatit		
176	16. VI. 11	Ca. 5 km nördlich vom Lager im mittleren Wakindiga-Land vergl. Nr. 177 – 182	Gneis (Hornstein-ähnlich)	347	
177	19. VI. 11	Lager im mittleren Wakindiga-Land, nahe beim Tkongorokoto-Berg (sog. 2. Wakindiga-Lager)	Quarzlinse		
178	,,	desgl.	Glimmerschiefer		10Min.W. v. Lager
179	,,	desgl.	Glimmerschiefer	348	10Min. W.v.Lager
180	,,	desgl.	Glimmerschiefer		10Min. W.v.Lager
181	,,	desgl.	Glimmerschiefer		
182	,,	desgl.	Quarz		Quarzgang typisch für Schiefer
183	21/23. VI. 11	Boden des z. Zt. ausgetrockneten Njarasa (Ejassi)-Sees	—		Schlamm-Probe der Schlammsprudel
184	21/23. VI.	desgl	—		Salz-Probe der Schlammsprudel
185	,,	desgl.	—		Salz-Probe der Schlammsprudel
186a	,,	desgl.	—		Erde mit Salzausblühungen
186b	,,	desgl	—		Salzausblühungen
187	,,	desgl.	—		Normaler Seeboden

Lfd. Nr.	Datum	Fundort	Art des Gesteins	D.S. Nr.	Bemerkungen
188	27. VI. 11	10 Minuten SO vom Lager im mittleren Wakindiga-Land	Diabas	351	Gang im Schiefer
189	„	Am Fuß des Tkongorokoto-Bergs, 1 1/2 km SO vom Lager im mittleren Wakindiga-Land	Gneis		
190	„	desgl.	Gneis	352	
190a	„	desgl.	Granit	350	geschiefert
191	„	desgl.	Granit		
192	„	Gipfel des Tkongorokoto-Berges	Hornblendegranit	349	geschiefert mit Epidotgängen
193	„	desgl.	Granit	466	
194	28. VI. 11	Lager im mittleren Wakindiga-Land, nahe beim Tkongorokoto-Berg	Glimmerschiefer	353	
195	„	desgl.	Diabas	354	
196	„	desgl.	Gneis		
197	1 VII. 11	desgl.	Granit		
198	2. VII. 11	desgl.	Sinterkalk	364	
199	5. VII. 11	desgl.	—		Quarz m. Brauneisen
200	7. VII. 11	ca. 3–4 km O vom Lager im mittleren Wakindiga-Land	Glimmerschiefer		
201	„	desgl.	Quarzglimmerschiefer	355	
202	„	desgl.	Pegmatit		
203	„	desgl.	Glimmerschiefer		
204	„	ca. 7 km O vom Lager im mittleren Wakindiga-Land	Granit		
205	9. VII. 11	Gipfel der Ssipunga-Berge, NO-Flanke des Hohenlohe-Grabens	Hornblendeschiefer	356	
206	„	desgl.	Gneis	357	
207	„	desgl.	Gneis		
208	„	Am Fuß der Ssipunga-Berge, NO-Flanke des Hohenlohe Grabens	—		Roterde
209	„	desgl.	—		Quarz m. Manganerz
210	10. VII. 11	Salzschlammsprudel am Boden des z. Z. ausgetrockneten Njarasa(Ejassi) Sees	—		Wasserprobe aus einem Salzschlammsprudel
211	13. VII. 11	Ca. 1 1/2 km W vom Lager im mittleren Wakindiga Land	Sinterkalk		
212	13/14.VII.11	Lager im südlichen Wakindiga Land, am Fuße der O-Flanke des Njarasa-Grabens	Sinterkalk		
213	„	desgl.	Quarzitschiefer	365	
214	„	desgl.	Quarzitschiefer	362	
215	14. VII. 11	Südlichstes Wakindiga-Land, am Fuß der O Flanke des Njarasa-Grabens	Hornblendeschiefer	359	
216	„	desgl.	Granit	358	
217	„	desgl	Granit	469	
218	„	desgl.	Augitdiorit	360	
219	„	desgl.	Diorit		
220	„	Südlichstes Wakindiga-Land, am Fuß der O-Flanke des Njarasa-Grabens, Gipfel des Ikuruga-Berges	Diabas	464	
221	„	Südlichstes Wakindiga-Land, am Fuß der O-Flanke des Njarasa-Grabens, Fuß des Ikuruga-Berges	Granit	363	

Lfd. Nr.	Datum	Fundort	Art des Gesteins	D.S. Nr.	Bemerkungen
222	15. VII. 11	Quelltrichter S vom Matelele-Wasserfall, N-Issansu	Augitdiorit	361	
223	„	desgl.	Granit	470	
224	„	desgl.	Gneis		
225	2. IX. 11	Lager beim Jumben Matutu, O-Issansu	Konglomerat		
226a	„	desgl.	Konglomerat		
226b	„	desgl.	Roterde		Töpferton
227	2. IX. 11	desgl.	Granit	366	
228	3. IX. 11	desgl.	Konglomerat		
229	„	desgl.	Konglomerat		
230	„	desgl.	Granit		
231		Sekenke, am Rande der Wembere-Niederung, westlichstes Iramba	Gold im Quarz		nahe d.Oberfläche
232		desgl.	Gold im Quarz		Schacht 5
233		desgl.	Gold im Quarz		nahe d.Oberfläche
234		desgl.	Gold im Quarz		
235		desgl.	Gold im Quarz		größere Tiefe
236		desgl.	Gold im Quarz		nahe d.Oberfläche
237		desgl.	Diorit (geschiefert)		Schacht 5
238		desgl.	Diorit (geschiefert)	379	
239		desgl.	Diorit (geschiefert)		
240		desgl.	Diorit (geschiefert)	382	
241		desgl	Diorit (geschiefert)		
242		desgl.	Diorit feinkörnig	380	Dernburggang
243		desgl.	Diorit feinkörnig	381	
244		desgl.	Diorit feinkörnig	383	
245		desgl.	Diorit feinkörnig	384	
246	12./13. IX. 11	desgl.	Diorit zersetzt	385	Nebengestein
247		desgl.	—		Opal mit Quarz
248		desgl.	Diorit		
249		desgl	Opalsandstein		400 m WSW von Sekenke
250		desgl.	Opalsandstein		desgl.
251		desgl.	Opalsandstein		desgl.
252		desgl.	Opalsandstein		desgl.
253		desgl.	Opalsandstein		desgl.
254		desgl.	Konglomerat		desgl.
255		desgl.	Konglomerat		desgl.
256		Kironda-Fluß, nahe Pochwerk Sekenke	schwarzer Ton		
257		desgl.	schwarzer Ton		
258		desgl.	—		Muschelschalen aus dem schwarzen Ton (Nr. 256)
259		desgl.	Konglomerat		
260		desgl.	—		Muschelschalen aus dem schwarzen Ton (Nr 256)
261	14./15. IX. 11	Lager beim Jumben Mulingi am Fuße der W-Iramba-Stufe, SO von Sekenke	eisenschüssiger Kalk		
262	„	desgl.	eisenschüssiger Kalk		
263	„	desgl.	Sinterkalk		
264	„	desgl.	zersetzter Diabas	368	
265	„	desgl.	Diorit		
266	„	desgl.	zersetzter Tuff	367	
267	„	desgl	Olivindiabas	369	
268	16. IX. 11	Lieblingers-Farm (Kirondatal), südwestliches Iramba-Hochland	Glimmerschiefer	370	
269	„	desgl.	Olivindiabas	371	

Lfd. Nr.	Datum	Fundort	Art des Gesteins	D.S. Nr.	Bemerkungen
270	16. IX. 11	Lieblingers-Farm (Kirondatal), Iramba	Glimmerschiefer		
271	17. IX. 11	Ca. 4 km O von Lieblingers-Farm (Kirondatal)	Granit	372	
272	„	Ca. 9 km O von Lieblingers-Farm (Kirondatal)	Glimmerschiefer		
273	17./18.IX.11	Lager Manakiungi, Zentral-Iramba	Augitgranit	373	
274	„	desgl.	Granit		
275	18. IX. 11	Ca. 3 km NNO vom Lager Manakiungi, Zentral-Iramba	Granit		
276	„	Ca 5 km NNO vom Lager Manakungi, Zentral-Iramba	Pegmatit		
277	20. IX. 11	O-Iramba-Stufe, SSO von der Heliographenstation in O-Iramba	Diabas	374	
278	„	desgl.	Diabas		
278a	„	desgl.	Granit		
279	„	Am Fuße der O-Iramba-Stufe, SO von der Heliographenstation in O-Iramba	Diabas		Geröll.
280	21. IX. 11	Am Fuße der O-Iramba Stufe, 2 km NNO vom Lager Ilalu	Granit		
281	„	Lager Ilalu am Fuße der O-Iramba-Stufe	Kalk		
282	„	desgl.	Granit		
283	24. IX. 11	Oberer Rand der O-Iramba-Stufe SW vom Lager Masunga	Olivindiabas	375	
284	„	desgl.	Glimmerschiefer		
285	„	desgl.	Sand		
286	25./29.IX.11	Lager Nsawika (Sagenda), Landschaft Ussure	Biotitgranit	460	500 m W vom Lager
287	„		Granit		500 m W vom Lager
288	„	desgl.	Granit		500 m W vom Lager
289	„	desgl.	Granit	376	750 m W vom Lager
290	„	desgl.	Granit		750 m W vom Lager
291	„	desgl.	Granit		300 m S vom Lager
292	„	dessgl.	Granit		200 m W vom Lager
293	29. IX. 11	Ca. 9 km O vom Lager Nsawika (Sagenda)	Konglomerat		
294	29./30.IX.11	Lager Monaschime, W-Ussure, Grenzgebiet zwischen Ussure und Turu	Granit	377	
295	8. X. 11	Stufenhang ca. 10 km OSO von Militärstation Ssingida	Opalsandstein		
296	10. X. 11	Hochfläche 2 km W vom oberen Rand der Turu-Stufe, Straße Turu-Irangi	Opalsandstein		
297	„	desgl.	Opalsandstein		
298	12. X. 11	Lager am SO-Fuß des Ssuagassuaga-Bergs, Straße Turu-Irangi	Gneis		
299	„	Gipfel des Ssuagassuaga-Bergs	Gneis		
300	„	desgl.	Pegmatit	378	
301	5. XI. 11	Lager Kondoa-Irangi	Gneis		
302	„	desgl.	Granatepidotgneis	400	Im Bett des Mukondowa
303	13. XI. 11	Ca. 2 km ONO von Kondoa-Irangi, Straße Kondoa-Irangi-Mbaru	Gneis	401	
304	„	Ca. 3 1/2 km ONO von Kondoa-Irangi, Straße Kondoa-Irangi-Mbaru	Hornblendegneis		
305	14. XI. 11	Höhe ca. 3 km vom Lager Murussu, Zentral-Irangi	Hornblendegneis	387	
306	„	Taltrichter 3 km W vom Lager am Haubi-See	Epidotgneis	386	

Lfd. Nr.	Datum	Fundort	Art des Gesteins	D S. Nr.	Bemerkungen
307	14. XI. 11	Taltrichter 3 km W vom Haubi-See	Hornblendegneis	474	
308	„	desgl.	Opalsandstein		
309	16. XI. 11	Intela-Höhe beim Lager Ikome am Haubi-See	Gneis		
310	„	desgl.	Epidotgneis	388	
311	„	desgl.	Granitgneis		
312a	„	desgl.	Gneis		
312b	„	desgl.	Gneis		mit Quarz
313	17. XI. 11	Ssioha-Berg beim Lager Mbaru, O-Irangi	Gneis		am Fuß
313a	„	desgl.	Granathornblende-	391	halbe Höhe
314	„	desgl.	Quarzlinse [gneis		Gipfelpartie
315	„	desgl.	Quarzlinse		„
316	„	desgl.	Quarzlinse		Gipfelpartie
317	„	Massai-Stufe, O vom Lager Mbaru, O-Irangi	Hornblendeschiefer	390	
318	„	desgl.	Gneis		
319	„	desgl.	Gneis		
320	„	desgl.	Quarzit	389	
321	„	desgl.	Gneis		
322	17./18. XI. 11	Kitsimbikili-Hügel beim Lager Mieka am Fuß der Massai-Stufe, östlichstes Irangi	Pegmatit		
323	18. XI. 11	Girafi-Hügel beim Lager Issudja am Fuß der Massai-Steppe	Gneis		
324	„	desgl.	Gneis		
325	19. XI. 11	Bachbett 3½ km NO vom Lager Issudja	—		Erzsand (Magnet-
326	„	desgl.	—		[eisensand)
327	„	desgl.	—		desgl.
328	„	desgl.	—		Roheisen
329	„	desgl.	—		gereinigtes Eisen
330	20. XI. 11	Massai-Stufe 2 – 3½ km NO vom Lager Issudja	Quarzlinse im Gneis		
331	„	desgl.	Hornblendeepidot-	392	
332	„	desgl.	Gneis [gneis		
333	„	desgl.	Pegmatit		
334	„	desgl.	Gneis		
335	„	desgl.	Gneis		
336	„	desgl.	Gneis		
337	„	desgl.	Gneis		
338	„	desgl.	Gneis		
339	„	desgl.	Gneis		
340	„	desgl.	Gneis		
341	„	desgl.	Gneis		
342	„	desgl.	Gneis		
343	„	desgl.	Gneis	393	
344	„	desgl.	Gneis		
345	„	desgl.	Gneis		
346	„	desgl.	Gneis		
347	„	desgl.	Gneis		
348	„	desgl.	Gneis		
349	„	Umbiegungsstelle der Massai-Stufe NO von Issudja, OSO von Hopi	Gneis		
350	„	desgl.	desgl.		
351	21. XI. 11	Massai-Stufe beim Lager Hopi (Naria), nordöstlichstes Irangi, Mikiulu-Mukongka-Höhe	Gneis	394	
352	„	desgl.	Gneis		

Lfd. Nr.	Datum	Fundort	Art des Gesteins	D.S. Nr.	Bemerkungen
353a	21. XI. 11	Massai-Stufe beim Lager Hopi (Naria)	Gneis		
353b	„	desgl.	Gneis		
354	„	desgl.	Hornblendegneis	395	Gipfel in 2120 m Höhe
355	„	desgl.			Gipfel in 2120 m Höhe
356	„	desgl.	Gneis		
357	22. XI. 11	Kondussi-Bach beim Jumben Matundu, W von Naria	Epidotgneis		
358	„	desgl.	Gneis		
359	„	desgl.	Granatgneis		
360	„	desgl.	Gneis		
361	„	desgl.	Gneis		
362	„	desgl.	Gneis		
363	„	desgl.	Hornblendeepidot-[gneis	396	
364	„	desgl.	desgl.		
365	„	desgl.	desgl.		
366	„	desgl.	Quarzlinse		
367	„	desgl.	Quarzlinse		
368	„	desgl.	Gneis		
369		desgl.	Gneis		
370	„	Massai-Stufe beim Jumben Matundu	Gneis		
371	„	desgl.	Gneis mit Syenit		
372	„	desgl.	Gneis mit Syenit		
373	„	desgl.	Quarzlinse		
374	23. XI. 11	Oberer Rand der Itjoi-Stufe, ca. 7 km NW vom Lager am Haubi-See	Konglomerat		
375	„	desgl.	Gneis		
376	25. XI. 11	Lager Schangaha. NNW-Irangi	Gneis		
377	„	desgl.	Gneis		
378	„	desgl.	Gneis		
379	„	desgl.	Gneis	397	
380	26. XI. 11	Felshügel ca. 2½ km N von Schangaha, südlichstes Uassi	Gneis		
381	„	Höhe ca. 4½ km N von Schangaha, südlichstes Uassi	Gneis		
382	„	Temben Klawi, ca. 10 km N von Schangaha, südlichstes Uassi	Gneis	398	
383	„	Taltrichter nördlich von den Temben Klawi, ca. 13 km N von Schangaha	Konglomerat		
384	27. XI. 11	Lager beim Akiden Gele, Uassi	Gneis		
385	28. XI. 11	Oberer Rand der Massai-Stufe, SW vom Lager Pangani (Kisesse)	Gneis		
386	„	desgl.	Gneis		
387	30. XI. 11	Am Fuß der Massai-Stufe ca. 6 km N vom Lager Pangani (Kisesse)	Hornblendegneis	399	
388	„	Lager Kikore am Fuß der Massai-Stufe, S von Ufiomi	Gneis		
389	1. XII. 11	Lager in Ost-Ufiomi, nahe dem Missionsgebäude	Nephelinit	402	Feldlesestein
390	„	desgl.	Gneis		Feldlesestein
391	„	desgl.	Granatgneis		Felslesestein
392	„	desgl.	Gneis		Feldlesestein
393	„	desgl.	Gneis		Feldlesestein
394	„	desgl.	Gneis		Feldlesestein

Lfd. Nr.	Datum	Fundort	Art des Gesteins	D.S. Nr.	Bemerkungen
395	1. XII. 11	Lager in Ost-Ufiomi	Gneis		Feldlesestein
396	„	desgl.	Nephelinit		Feldlesestein
397	„	desgl.	Pegmatit		Feldlesestein
398	„	desgl.	Hornblendegneis		Feldlesestein
399	„	desgl.	Nephelinit	404	Feldlesestein
400	„	desgl.	Nephelinit	405	
401	„	desgl.	Nephelinit	406	
402	„	desgl.	Nephelinit		
403	„	desgl.	Nephelinit	407	
404	„	desgl	Nephelinit	403	m. Einschlüssen von Hornblendegneis
405	„	desgl.	Nephelinit	408	
406	3. XII. 11	Harangadida-Hügel ca. 4 km SO vom Lager in Ost-Ufiomi	Basalttuff		lose Kristalle
407	„	desgl.	Basalttuff	409	
408	„	desgl.	Basalttuff		
409	„	desgl.	Basalttuff		
410	„	desgl.	Basalt	410	
411	„	desgl.	Granatamphibolit	411	
412	„	desgl.	Basalttuff		mit Hornblende-
413	„	desgl.	Basalttuff		[gneis
414	„	desgl.	Basalttuff		
415	„	desgl.	Basalttuff		
416	„	desgl.	Basalttuff		ausgewaschen
417	4. XII. 11	Ufiomi-Berg	Nephelinit	412	Fuß des Berges
418	„	desgl.	Gneis		1/3 Höhe des Berges in Nephelinit eingebacken
419	„	desgl.	Quarzit		2/3 Höhe des Berges in Nephelinit eingebacken
420	„	desgl.	Gneis		desgl.
421	„	desgl.	Nephelinit	414	3/4 Höhe des Berges
422	„	desgl.	Nephelinit	413	4/5 Höhe des Berges
423	5. XII. 11	desgl.	Nephelinit		Gipfel in 2415 m Seehöhe
424	„	desgl.	Nephelinit	417	100 m unterhalb des Gipfels
425	„	desgl.	Nephelinit	415	200 m unterhalb des Gipfels
426	„	desgl.	Tuff		300 m unterhalb des Gipfels
427	„	desgl.	Nephelinit	416	350—400m unterhalb des Gipfels
428	„	desgl.	Gneis		450—500m unter halb des Gipfels im Nephelinit eingebacken
429	6. XII. 11	Lager Seidi am Nordende des Bassoda-Sees, W-Ufiomi	Kalk		

Lfd. Nr.	Datum	Fundort	Art des Gesteins	D.S. Nr.	Bemerkungen
429a	6. XII. 11	Ca. 2 km W vom Lager Seidi	Basalttuff		zersetzt
430	„	Gitsimi-Berg, ca. 7 km W vom Lager Seidi	Basalttuff	419	
431	„	desgl.	Basalttuff		
432	„	desgl.	Basalttuff	418	Gipfel
433	„	desgl.	Basalttuff		Gipfel
434	„	desgl.	Basalttuff		Gipfel
435	„	desgl.	Basalttuff		Gipfel
436	„	desgl.	Kalk		
437	„	desgl.	Gneis		Im Tuff eingebacken
438	„	desgl.	Basalt	422	nahe Krater
439	„	desgl.	Basalt	420	
440	„	desgl.	Basalt		
441	„	Meigwa-Hügel, ca. 3 km SW vom Lager Seidi	Gneis		
442	„	desgl.	Kalkstein	423	
443	„	Am Nakwa-Maar, ca. 5½ km Sw vom Lager Seidi	Basalttuff	421	
444	„	desgl.	Gneis		
445	7. XII. 11	Gipfel der Bambaai-Berge, ca. 3 km S vom Ufiomi-Berg	Hornblendegneis	424	
446	„	desgl.	Gneis		
447	„	desgl.	Basalttuff		
448	9. XII. 11	Kleiner Hügel am Rande der Massai-Steppe, ca. 8 km NO vom Lager Ost-Ufiomi	Basalt		
449	„	Höhe nahe bei Fundort Nr. 448	Kalk	426	
450	„	desgl.	Kalk		
451	„	Flacher Hügel am Rande der Massai-Steppe, ca. 9 km NO vom Lager Ost-Ufiomi	Melilith-Basalt	425	
452	„	desgl.	Basalttuff		
453	„	Flacher Hügel am Rande der Massai-Steppe, ca. 13½ km NO vom Lager Ost-Ufiomi	Nephelinit	467	
454	12. XII. 11	Felsberg Oldonjo Ssambu in der Massai-Steppe, ca. 56 km NO vom Lager Ost-Ufiomi	Gneis		Am Fuß des Berges
455	„	desgl.	Hornblendegneis	427	Gipfel des Berges
456	„	desgl.	Granatgneis		In halber Höhe des Berges
457	„	desgl.	Gneis		desgl.
458	„	desgl.	Gneis		desgl.
459	„	desgl.	Gneis		desgl.
460	„	desgl.	Gneis		desgl.
461	„	desgl.	Gneis		desgl.
462	„	desgl.	Gneis		desgl.
463	„	desgl.	Gneis		desgl.
464	„	desgl.	Gneis		desgl.
465	„	desgl.	Gneis		desgl.
466	„	desgl.	Gneis		desgl.
467	17. XII. 11	Kraterruine ca. 5 km NNO vom Lager-Ost-Ufiomi	Hornblendegneis	428	Peilberg I
468	„	desgl.	Nephelinbasalt	429	Peilberg I

Lfd. Nr.	Datum	Fundort	Art des Gesteins	D.S. Nr.	Bemerkungen
469	„	Krater 5 km NNO vom Lager Ost-Ufiomi	Nephelinbasalt		Peilberg I
470	„	desgl.			Peilberg I Magnetit
471	„	desgl.	Gneis		desgl.
472	„	desgl.	Gneis		desgl.
473	„	desgl.	verkalkter Tuff		desgl.
473a	„	desgl.	Hornblendegneis		Peilberg VI
474	18. XII. 11	Kleiner Hügel $1^1/_2$ km SSO vom Lager Gwansawe	Basalttuff	431	Peilberg III
475	„	desgl	Basalttuff		Peilberg III
476	„	desgl.	Augitit	430	Peilberg III Magnetit und Augit
477	21. XII. 11	Nauwari-Hügel ca. 3 km S vom Lager Seidi, W-Ufiomi	Hornblendegneis	432	
478	„	desgl.	Gneis		
479	„	Gendi-Hügel ca. 3 km S vom Lager Seidi, W-Ufiomi	Basalttuff		
480	22. XII. 11	Gara-Berge an der SO-Flanke der Basso-da-Senke, NNO von Bongka	Gneis		
481	„	desgl.	Gneis		
482	„	desgl.	Gneis		
483	„	desgl.	Gneis		$^3/_4$ Höhe
484	„	desgl.	Gneis		Gipfel
485	„	desgl.	Gneis		Gipfel
486	27. XII. 11	Bubu-Tal ca. $11^1/_2$ km W vom Lager Ssalanka, westlichstes Uassi	Gneis		
487	„	desgl.	Gneis		
488	27/28.XII.11	Oberer Rand der Stufe OSO vom Gurui	Gneis	433	
489	28/29.XII.11	Lager auf dem Rande einer kleinen Kraterruine, SO vom Gurui	Tuff		
490	„	desgl.	Tuff		
491	„	desgl.	Nephelinit	434	
492	„	desgl.	Tuff		
493	„	desgl.	Nephelinit	435	
494	„	desgl.	Nephelinit		
495	„	desgl.	Nephelinit		
496	29. XII. 11	Lager SSO vom Gurui	Tuff		
497	„	desgl.	Tuff		
498	„	desgl.	Tuff		
499	„	desgl.	Gneis		granitähnlich, im Tuff eingebacken
500	„	desgl.	Gneis		desgl.
501	„	desgl.	Glimmerbasalt	436	
502	„	desgl	Basalttuff		
502a	„	SO-Abhang des Gurui-Berges	Nephelinit	437	
502b	„	desgl.	Nephelinit	438	
503	1./2. I. 12	Kleiner parasitärer Krater SSW vom Gurui	Tuff		
504	„	desgl.	Hornblendegneis		Im Tuff eingebacken
505	„	desgl.	Diabas	441	desgl.
506	„	desgl.	Kalk		
507	„	Lager Waraïda, SW vom Gurui	Tuff	472	
508	„	desgl.	Gneis	473	
509	2. I. 12	Oberer Rand der Turu-Stufe an ihrem Nordende, SW vom Gurui	Tuff	440	
510	„	desgl.	Tuff		
511	2./3. I. 12	Lager am Fuße der Iraku-Stufe WSW vom Gurui	Diorit		

Lfd. Nr.	Datum	Fundort	Art des Gesteins	D.S. Nr.	Bemerkungen
512	„	Iraku-Stufe WSW vom Gurui	Kalk	442	
513	„	desgl.	Diorit	493 494	
514	„	desgl.	Epidotgneis	443	
515	„	desgl.	Epidotgneis		
516	„	desgl.	Diorit		
517	3. I. 12	Oberer Rand der Iraku-Stufe SW vom Fundort Nr. 511 – 516	Kalk		
518	19. I. 12	Höhe ca. 4 km NW von Kondoa-Irangi	Hornblendegneis	439	
519	27. I. 12	Felshügel bei Temben Wakera, nordwestlichstes Ussandaui	Gneis		
520	28. I. 12	Turu-Bruchstufe ca. 24 km NW vom Fundort Nr. 519	Granit		
521	30. I. 12	Turu-Bruchstufe ca. 7 km NO von der Mission St. Leo. O-Turu	Granit		
522	„	desgl.	Granit	444	
523	5. II. 12	Boro-Felsberg, ca. $13^1/_2$ km ONO von der Mission Kurjo, NO-Ussandaui	Granit		
524a	„	desgl.	Granit		
524b	6. II. 12	Gipfel der Gissaue-Berges, Grenzgebiet Ussandaui-Irangi	Granit	313	
525	11. II. 12	Lager Kidunda, OSO von Kondoa-Irangi	Gneis		
526	14. II. 12	Temben des Jumben Kende von Eimabu, Grenzgebiet Burungi-Irangi	Gneis		
527	„	desgl.	Hornblendegneis		
528	„	desgl.	Granatamphibolit	445	
529	16. II. 12	Landschaft Kibaja am Rande der Massai-Steppe, Grenzgebiet Irangi-Burungi	Gneis		
530	„	desgl.	Gneis		
530a	17. II. 12	Felsberge Tschandama bei Lager Simbo (Hamiss), Grenzgebiet Irangi-Burungi Ugogo	Gneis		
531	19. II. 12	Stufenhang ca. 2 km SO vom Lager Damass (Goïma), N-Burungi	Gneis		
532	„	desgl.	Gneis	446	
533	21. II. 12	Höhe ca. $2^1/_2$ km S vom Lager Haletu, Zentral-Burungi	Gneis		
534	23. II. 12	Felshügel beim Lager Njanga, westlichstes Burungi	Hornblendegneis		
535	23. II. 12	Kioli-Felsberg, SSW vom Lager Njanga, Grenzgebiet Burungi-Ussandaui	Granit		
536	„	Höhe ca. 4 km O vom Lager Ssola, O-Ussandaui	Granit		
537	24. II. 12	Rechter Bubu-Talhang NW vom Lager Ssola, nahe Akide Leba	Granit		
538	„	desgl.	Granit		
539	„	desgl.	Konglomerat		
540	„	Höhe ca. 6 km NW vom Lager beim Akiden Leba	Granit	447	
541	25. II. 12	Quelltrichter ca. 10 km NW vom Lager beim Akiden Leba	Diorit		
542	„	desgl.	Opalsandstein		
543	„	Felsen bei Mission Kurjo, N-Ussandaui	Granit		
544	„	desgl.	Granit		
545	2. III. 12	Duju-Berg, NW von der Mission Kurjo, NW-Ussandaui	Diabas	458	

Lfd. Nr.	Datum	Fundort	Art des Gesteins	D.S. Nr.	Bemerkungen
546	2. III. 12	Am Tgako-Berg ca. $5^1/_2$ km WSW von Missionsstation Kurjo, N-Ussandaui	Granit		
547	„	Am Tigango-Berg, ca. $7^1/_2$ km SW von Missionsstation Kurjo, N-Ussandaui	Olivindiabas	448	
548	„	Ca. 1 km N vom Lager beim Jumben Leba, SW-Ussandaui	Granit		
549	3. III. 12	Linke Talflanke des Marasse, SSW-Ussandaui	Opalsandstein		
550	„	Höhe kurz vor Abstieg zum Bubu-Tal, SSW-Ussandaui	Granit		porphyrisch
551	4. III. 12	Felshügel ca. 10 km W vom Lager Ssola, O-Ussandaui	Granit		
552	„	Ca. 8 km W vom Lager Ssola, O-Ussandaui	Granit		
553	„	Felshügel ca. 1 km SW vom Lager Ssola, O-Ussandaui	Granit	461	
554	5. III. 12	Ca. $1^1/_2$ km SW vom Jumben Mualimu, SO-Ussandaui	Granit	468	
555	6. III. 12	Nord-Ugogo-Stufe ca. 5 km NW vom Lager Marenga	Granit		
556	7. III. 12	Am Fuß der Nord-Ugogo Stufe, W vom Lager Ndahani, ca. 30 m über dem Bubu	Opalsandstein	449	
557	„	desgl.	Sand		
557a	8. III. 12	Kilimatinde-Stufe im südwestlichsten Ussandaui, W von Kambirombiro	Granit		
558	„	desgl.	Granit	450	
559	„	desgl.	Gneis-Granit		
560	„	desgl.	Gneis-Granit		
561	„	Ca. $6^1/_2$ km NNW vom Fundort 557a-560	Gneis-Granit		
562	„	desgl.	Granit		
563	„	Lager Gaïa, SW-Ussandaui	Granit		
564	9. III. 12	Lager am Fuß des Ssongoro-Berges, südwestlichstes Ussandaui	Granit	451	
565	„	Gipfel des Ssongoro-Berges. Oberer Rand der Nord Ugogo-Stufe	Granit		
566	10. III. 12	Turu-Stufe SW vom Lager Ssongoro	Amphibolit		
567	11. III. 12	Gipfel des Felsberges Kiringa, südöstlichstes Turu	Granit	452	Vgl. lfd. Nr. 85 bis 87
568	„	Oberer Rand der Turu-Stufe SO vom Kiringa	Opalsandstein		
569	12. III. 12	Oberer Rand der Kilimatinde-Stufe, S vom Lager Ssoboro	Opalsandstein	456	
570	„	Kilimatinde-Stufe, S vom Lager Ssoboro	Diabas	453	
571	„	desgl.	Diabas	455	
572	„	Schwarzerde-Niederung NNO vom Nkwita-Berg, W-Ugogo	Kalk	454	
573	„	Nkwita-Berg, W-Ugogo, am Fuß der Kilimatinde-Stufe, N von der Zentralbahn	Granit		
574	„	desgl.	Granit	463	

Nach Landschaften geordnet.

I. Westflügel des Forschungsgebiets.

1. West-Ugogo mit dem Zentrum Kilimatinde: Lfd. Nr. 1—82, 568—574.
2. Turu mit dem Zentrum Ssingida: Lfd. Nr. 83—126c, 295—297, 520—522, 566—567.
3. Ijambi (Grenzlandschaft zwischen Turu und Issansu-Iramba): Lfd. Nr. 127.
4. Issansu mit dem Zentrum Mkalama: Lfd. Nr. 127a, 222—230.
5. Hohenlohe-Graben und Wakindiga-Land: Lfd. Nr. 128—221.
6. Iramba: Lfd. Nr. 231—285.
7. Ussure (Grenzlandschaft zwischen Iramba und Turu): Lfd Nr. 286—294.

II. Ostflügel des Forschungsgebiets.

1. Grenzlandschaft zwischen Turu und Irangi: Lfd. Nr. 298—300.
2. Irangi mit dem Zentrum Kondoa-Irangi: Lfd. Nr. 301—379, 518, 525.
3. Uassi: Lfd. Nr. 380—388, 480—487.
4. Ufiomi: Lfd. Nr. 389—447, 467—479.
5. Massai-Steppe östlich von Ufiomi: Lfd. Nr. 448—466.
6. Umgebung des Gurui: Lfd. Nr. 488—517.
7. Burungi: Lfd. Nr. 526—535.
8. Ussandaui: Lfd. Nr. 519, 523—524b, 536—565.

Dr. E. Obst's Botanische Sammlung

aus dem

abflußlosen Rumpfschollenland des nordöstlichen Deutsch-Ostafrika

von

Dr. W. Heering

(Institut für allgemeine Botanik in Hamburg)

Die Pflanzensammlung wurde den Botanischen Staatsinstituten in Hamburg von der Geographischen Gesellschaft überwiesen, unter der Bedingung, daß sie bearbeitet würde. Die Bearbeitung wurde nach Trennung der Botanischen Staatsinstitute in ein Institut für allgemeine und ein Institut für angewandte Botanik im Herbarium des Instituts für allgemeine Botanik ausgeführt.

Nach Mitteilung von Herrn Dr. Obst stellt die hier bearbeitete Sammlung nur einen kleinen Teil der gemachten Sammlungen dar, da 4 Blechgefäße bereits in Ostafrika ausgelaufen waren und ihr Inhalt weggeworfen werden mußte, während eins in den Fluten des plötzlich mit rasender Gewalt abgekommenen Bubu-Flusses verloren ging. Die beiden glücklich nach Hamburg gekommenen Gefäße zeigten allerdings auch einen wenig erfreulichen Inhalt. Die Gefäße waren nicht genügend verzinkt, so daß der Inhalt, der in Formalin konserviert war, schwarz wie Tinte war. Durch Auswaschen mit verdünnter Salzsäure wurde das Aussehen etwas verbessert. Auch die Vollständigkeit des Materials ließ zu wünschen übrig, wie aus den Angaben in der systematischen Aufzählung hervorgeht.

Die eine Sammlung stammt zur Hauptsache aus dem Land der Wakindiga, die zweite vom Gipfel des Ufiomi-Vulkans. Besonders die Pflanzen aus dem Wakindiga-Land lagen meist in verblühtem oder gänzlich sterilem, oft auch blattlosem Zustande vor, was auf die Jahreszeit zurückzuführen ist. Sehr viel besser ist die Sammlung vom Ufiomi-Gipfel. Hier waren die meisten Arten in Blüte und die kleineren Arten sind auch in guten Exemplaren mit den unterirdischen Teilen eingesammelt worden.

Da aus beiden Gebieten, aus denen die Sammlungen stammen, meines Wissens keine botanischen Objekte bekannt sind, lohnt es sich wohl, die Liste der beobachteten Pflanzen zusammenzustellen.

Systematische Aufzählung der gefundenen Pflanzen.[1])

Lichenes.

Stictaceae.

Stictina argyracea Bory.

Nebelwald von Uassi — Ufiomi-Gipfel auf Trichilia Volkensii Gürke.

Usneaceae.

Usnea barbata (L.) Fr.

Ufiomi-Gipfel auf Trichilia Volkensii Gürke.

Physciaceae.

Anaptychia leucomelaena Wainio.

Ufiomi-Gipfel auf Trichilia Volkensii Gürke.

Musci.

An den Holzgewächsen auf dem Ufiomi-Gipfel fanden sich mehrere Moose, aber sämtlich steril und unbestimmbar.

Pteridophyta.

Polypodiaceae.

Asplenium rutaefolium Mett.

Ufiomi-Gipfel — ca. 70 cm hoch, fertil.

Asplenium caudatum Forst.

Ufiomi-Gipfel — ca. 60 cm hoch, fertil. Das Exemplar stimmt gut überein mit der von Engler gegebenen Abbildung (Pflanzenwelt Afrikas II S. 28, Fig. 24 A, B), weniger mit den nicht aus Ostafrika stammenden Exemplaren dieser Art im Hamburger Herbar.

Pteridium aquilinum (L.) Kuhn. var. lanuginosum Hook.

Ufiomi-Gipfel — steril.

Phanerogamae.

Gymnospermae.

Podocarpus milanjianus Rendle.

Ufiomi-Gipfel — in sterilem Zustand.

Angiospermae.

Cyperaceae.

Cyperus callistus Ridley ex descr.

Ufiomi-Gipfel. — Das Exemplar ist 75 cm hoch, in Blüte; die Scheiden an der Basis sind dunkel, stark glänzend.

Cyperus compactus Lam.

---

[1]) Bei der Bestimmung der Kryptogamen war mir Herr Dr. Heinsen behilflich, Herr Dr. Brunner bei der anatomischen Untersuchung einiger steriler Pflanzen zwecks Feststellung der Familie.

Ufiomi-Gipfel — in Blüte.

Carex Johnstonii Boeck.

Ufiomi-Gipfel. — Das Exemplar ist 75 cm hoch, in Blüte.

Gramina.

Themeda triandra Forsk.

Wakindiga-Land — verblüht.

Aristida adoensis Hochst.

Wakindiga-Land. — Nur eine Frucht mit entwickelten Grannen wurde gefunden. Im Habitus stimmt die Pflanze ebenfalls mit der genannten Art überein.

Sporobolus marginatus Hochst.

Wakindiga-Land. — Das Exemplar ist verblüht. Zeigt die charakteristische Beschaffenheit des Blattrandes und den Habitus von Sporobolus marginatus.

Außer diesen Gräsern liegt eine Probe vom 1. Wakindiga-Lager vor, die aber nur die Ausläufer enthält, welche flache Bogen ca. 20 cm Länge bilden. Bei dem dürftigen Material ist eine Bestimmung nicht möglich.

Commelinaceae.

Commelina spec. (? C. Bainesii C. B. Clarke).

Ufiomi-Gipfel. — Exemplar sehr unvollständig.

Liliaceae.

Kniphofia zombensis Baker.

Ufiomi-Gipfel — in Blüte.

Aloë secundiflora Engler.

Wakindiga-Land. — in Blüte.

Drimia Obstii Heering n. spec.

Zwiebel eiförmig, ca. 6 cm Durchmesser, äußere Blätter braun, glänzend. Laubblätter mit den Blüten gleichzeitig entwickelt, grundständig, zu 5, umgekehrt-eiförmig, kurz zugespitzt, am Grunde spatelförmig verschmälert, 18 cm lang, 9 cm breit, kahl, krautig. Aus der Zwiebel entspringen 2 Blütenschäfte, der längste 58 cm lang, davon 38 cm auf den traubigen Blütenstand entfallend. Brakteen sehr klein, ca. 2 mm lang, Blütenstiele 0,5—1 cm lang. Blütenhüllblätter am Grunde verwachsen, von der Verwachsungsstelle ab 12 mm lang, unten deutlich verbreitert, 2 mm breit, oben sehr schmal, linealisch, 1 mm breit, Fruchtknoten tief geteilt.

Die Pflanze gleicht im Habitus der Drimia brevifolia Baker

(siehe die Abbildung in Engler, Pflanzenwelt Afrikas II S. 303, Fig. 205 F.).
Ufiomi-Gipfel — in Blüte.

Amaryllidaceae.

Hypoxis urceolata Nel — bestimmt von dem Autor der Art.
Ufiomi-Gipfel — in Blüte.

Moraceae.

Sloetiopsis usambarensis Engler?
Die Bestimmung ist sehr unsicher, da nur ein steriler Zweig vorliegt. Der Blattquerschnitt zeigt die Höhlungen für die Cystolithen, diese selbst sind durch die Behandlung des Materials mit Salzsäure verschwunden.
Ufiomi-Gipfel.

Amarantaceae.

Achyranthes aspera L.
Wakindiga-Land — verblüht.

Capparidaceae.

Boscia oder Maerua spec.
Wakindiga-Land — gänzlich steril, daher nicht sicher bestimmbar.

Crassulaceae.

Crassula globularioides Britten.
Ufiomi-Gipfel — in Blüte.

Rosaceae.

Rubus dictyophyllus Oliv.
Ufiomi-Gipfel — in Frucht.

Leguminosae.

Acacia nubica Benth.
Epidermis der Zweige kahl, gelbbraun. Lenticellen nicht auffallend. Stipulardornen 1 cm lang, gelb, an der Spitze schwarz. Verdickungen der Zweige neben den Dornen mit zitronengelben Haaren besetzt. Blätter mit 4 Paar Fiedern, jede Fieder mit 7—8 Fiederblättchen. Blattspindel und Stiel zusammen 5 cm lang, Fiedern bis $2^1/_2$ cm lang, Blättchen 7 mm lang, 2 mm breit. Blattspindel und Rand der Blättchen mit einzelnen Härchen besetzt. Hülsen einzeln, auf 1,5 cm langem Stiel, 10 cm lang, 1,5—1,8 cm breit, an der Spitze verjüngt aber stumpflich, in den Stiel verschmälert, von einem 2—4 mm breiten, deutlich abgesetzten dünnen Rande umgeben, deutlich schräg-längsnervig, kurz behaart.

Die Pflanze erinnert an Acacia usambarensis Taubert.

Wakindiga-Land — in Frucht.

Acacia spec.

Stipulardornen schräg aufrecht, 1 cm lang, Blätter ca. 30 cm lang, 11 Paar Fiedern, gegenständig, 28 Paar Fiederblättchen, Spindel der Fiedern rinnig, mit kurzen abstehenden Haaren besetzt, ebenso der Grund der Fiederblättchen.

Ufiomi-Gipfel — steril.

Cassia usambarensis Taubert?

Die Pflanze gehört zu Chamaecrista. Pfahlwurzel 1,5 cm dick. Blätter gefiedert, 4—10 Paar Fiederblättchen, Blättchen schief. Kelchblätter spitz. Hülse 3,5 cm lang, 4,5 mm breit, behaart.

Ufiomi-Gipfel — in Blüte und Frucht.

Dalbergia lactea Vatke.

Ufiomi-Gipfel — steril.

Dolichos (Penicillatae) ufiomiensis Heering n. spec.

Aufrechte Staude, 75 cm hoch, Stengel bis 11 cm über dem Boden unverzweigt, 4 mm dick, sehr eckig, gestreift, kahl, oben verzweigt, sehr scharf eckig, tief gerieft, die jüngsten Zweige zottig behaart, Haare nach unten gerichtet. Blätter bis $16^1/_2$ cm lang, Stiel 10 cm lang. Stiel des Endblättchens 12 mm lang, Stipellen 3 mm lang. Blättchen 4 cm lang, 18 mm breit, zugespitzt, an der Basis abgerundet, auf der Oberseite zerstreut behaart, auf der Unterseite auf den Nerven braun, zottig behaart, Blütenstand achselständig. Stiel des Blütenstandes $1^1/_2$ cm lang, 1—2 (?) Blüten in der Blattachsel. Kelch glockenförmig, die beiden oberen Abschnitte zu einem schwach eingeschnittenen Blatt verwachsen, außen behaart, dicht netzartig gezeichnet. Fahne fast kreisrund 13 mm lang und breit, Flügel und Schiffchen ca. 15 mm lang, Schiffchen nicht geschnäbelt, alle Blütenblätter zwischen helleren Streifen mit einer dunklen dichten netzartigen Zeichnung. Griffel über dem Fruchtknoten rinnig, kaum gedreht, dann verdickt, glatt, glänzend, am Ende um die Narbe herum pinselförmig behaart. Hülse (unreif) 3 cm lang, 4 mm breit, linealisch, gestreckt oder zusammengedreht, dicht sammetartig braun behaart.

Ufiomi-Gipfel — Da die meisten Blüten bereits Früchte entwickelt haben und die meisten Blätter sich erst zu entfalten beginnen, scheint die Blütenentfaltung im wesentlichen der Blattentwicklung voranzugehen.

Zygophyllaceae.

Tribulus terrestris L.

Wakindiga-Land — steril.

Rutaceae.

Toddalia simplicifolia Engler var. eugeniifolia Engler.

Wakindiga-Land — steril.

Meliaceae.

Trichilia Volkensii Gürke.

Das Material ist sehr dürftig. Es fand sich nur eine Blütenknospe, aus der aber die Zugehörigkeit zu der Sekt. Lepidotrichilia sicher hervorging. Wahrscheinlich ist die Pflanze auch nicht spezifisch von der genannten Art verschieden.

Ufiomi-Gipfel. — Blättchen sehr dünn, durchscheinend, Spreite 9,5 cm lang, 3 cm breit, Stiel 0,5 cm lang.

Euphorbiaceae.

Acalypha villicaulis Hochst.

Pflanze ca. 20 cm hoch. Holzige Wurzel bis $1^1/_2$ cm dick.

Ufiomi-Gipfel — in Blüte.

Euphorbia matabelensis Pax.

An der auffälligen trichotomischen Verzweigung erkennbar.

Wakindiga-Land — steril.

Euphorbia spec.

Nach der Beschreibung an E. graciliramea Pax erinnernd.

Wakindiga-Land — steril.

Anacardiaceae.

Lannea nana Engler vel affinis.

Holzpflanze, Stamm oder Zweig unter dem Blütenstand 12 mm dick, Holz rotgefärbt. Blätter ca. 30 cm lang, Blättchen 9 cm lang, 6,5 cm breit, oben nur an den Nerven mit zerstreuten Haarbüscheln, unten büschelig-filzig behaart. Früchte 11 mm lang, 8 mm breit.

Ufiomi-Gipfel — mit Frucht.

Balsaminaceae.

Impatiens Kilimandjari Oliv.

Ufiomi-Gipfel — in Frucht.

Tiliaceae.

Grewia villosa Willd.

Wakindiga-Land — in Frucht, Nahrungsmittel.

Grewia bicolor Juss.

Rinde der Zweige grün. Blätter 32 mm lang, 13 mm breit,

unten ganzrandig, oben klein aber deutlich gesägt, oben dünn unten dicht graufilzig. Früchte meist einzeln, nur einmal zu zweit, bis 7 mm Durchmesser, ganz glatt.
Wakindiga-Land — in Frucht, Nahrungsmittel.

Combretaceae.

Combretum purpureiflorum Engl. ex descr.
Stengel im oberen Teil anscheinend kletternd. Stacheln einzeln, schwach nach unten gebogen, 12 mm lang, Blätter 8 cm lang, 3 cm breit, traubige Blütenstände ca. 4 cm lang, Blüten einseitswendig.
Wakindiga-Land — in Blüte.

Apocynaceae.

Adenium spec. (? coëtaneum Stapf).
Ein 40 cm langes Bruchstück, unten 2 cm dick, nach 6 cm verzweigt, Zweige 13 mm dick, 2—6 cm lange Zweige tragend, die dicht mit Blattnarben und dazwischen mit Spreuhaaren besetzt sind. Blattnarben an den jüngsten Zweigen 5 mm breit, 2 mm hoch, die an den älteren Zweigen weniger ausgeprägt. Die Blätter (die gänzlich fehlen) haben anscheinend nur an den jüngsten Zweigen gesessen.
Die Bestimmung ist natürlich bei dem dürftigen Material unsicher. Da aber Milchsaftschläuche vorhanden sind und im Aussehen eine gute Übereinstimmung mit Adenium vorhanden ist, halte ich die Pflanze für hierher gehörig.
Wakindiga-Land — steril und blattlos.

Asclepiadaceae.

Calotropis procera R. Br.
Für die Umgegend Mkalamas sehr charakteristisch.

Labiatae.

Scutellaria Schweinfurthii Briq. ex descr.
Wurzel holzig, 2 cm dick. Aus ihr entspringen zahlreiche 30 cm hohe Stengel. Blätter bis 22 mm lang, 6 mm breit.
Ufiomi-Gipfel — nach der Blüte.

Leonitis nepetaefolia R. Br.
Mkalama, Issansu-Iramba — in Blüte und Frucht.

Solanaceac.

Solanum tomentellum Klotzsch?
Etwa $^1/_2$ m hoher Strauch. Pfahlwurzel 20 cm lang. Stamm bis 30 cm einfach, 5 mm dick, dann spärlich verzweigt, drehrund, kahl, oben kurz weichhaarig, hellbraun, mit zerstreuten

abstehenden Stacheln von 4 mm Länge besetzt. Stacheln gerade, aus 2 mm breiter Basis spitz zulaufend, sehr hart. Jüngste Zweige dichter sternhaarig. Blätter 5 cm lang, 1,8 cm breit, spitz, ganzrandig, am Grunde spitz oder etwas abgerundet, fiedernervig, auf der Oberseite nur der Mittelnerv sichtbar, auf der Unterseite auch die Seitennerven hervortretend, auf beiden Seiten dicht mit Sternhaaren bedeckt, auf der Oberseite gelblich, unten grau. Beeren an $1^1/_2$ cm langen Stielen, einzeln. Kelch 8 mm lang, Beere 17 mm Durchmesser, kugelig, anscheinend satt gelb.

Wakindiga-Land — mit Frucht, Nahrungsmittel.

Scrophulariaceae.

Ramphicarpa Herzfeldiana Vatke.

Ufiomi-Gipfel — in Blüte.

Acanthaceae.

Thunbergia spec.

Stengel kletternd (?), an den Knoten dicht zottig behaart, Internodien kahl, nur die jüngsten spärlich abstehend behaart. Stengel krautig in getrocknetem Zustand tief gefurcht. Blätter sitzend, in eine Spitze auslaufend, an der Basis verschmälert, sehr zart durchsichtig, 7—$7^1/_2$ cm lang, 2 cm breit, im Alter nur am Rande gewimpert, in der Jugend auch auf der Fläche behaart. Blüten einzeln, Stiel 2,5—3,5 cm lang, Brakteen 3 cm lang.

Ufiomi-Gipfel — in Blüte.

Blepharis (affinis edulis Pers.).

Pfahlwurzel ca. 10 cm lang. Aus dem Wurzelkopf entspringen mehrere, dichotomisch verzweigte Stengel von grauer Farbe, fast kahl oder ganz kurz borstig-haarig. Blütenstand zapfenähnlich, durchschnittlich 4 cm lang, Brakteen $1^1/_2$ cm lang, zugespitzt, zurückgekrümmt, am Rande stachelig, auf und zwischen den Nerven zottig behaart. Alle Brakteen mit Früchten. Kelch mit einem kurzzweizähnigen oberen, 1 cm langem Blatt, mit 5 Nerven, von denen die mittleren 3 deutlicher hervortreten, mit einem 9 mm langen unteren Blatt, das ebenfalls 5 nervig ist und zwei wesentlich kleineren seitlichen Zipfeln, die 7 mm lang sind. Alle sind schwärzlich grau, anliegend weißhaarig. Brakteolen zwei, linealisch ca. 7 mm lang. Kapsel 8 mm lang, 2 samig.

Wakindiga-Land — in Frucht.

Compositae.

Sphaeranthus ukambensis Vatke et Hoffm. ex descr.

Wakindiga-Land — ca. 50 cm hoch, Blütenstand zylindrisch, ca. 2 cm lang, 4 mm dick.
Wakindiga-Land — in Blüte.
Helichrysum nudifolium Less. var. leiopodium Moeser.
Ufiomi-Gipfel — in Blüte.

Besprechung nach pflanzengeographischen Gesichtspunkten.[1])

Die bei Mkalama eingesammelte Calotropis procera R. Br. und die ebenda und bei Issansu-Iramba beobachtete Leonitis nepetaefolia R. Br. gehören zu den verbreitetsten Pflanzen Afrikas.

Die Sammlung aus dem Lande der Wakindiga setzt sich aus folgenden Arten zusammen:

Gräser: Themeda triandra Forsk., Aristida adoensis Hochst.?, Sporobolus marginatus Hochst. und ein unbestimmbares Gras mit Ausläufern.

Holzgewächse: Boscia oder Maerua spec.?, Acacia nubica Bth., Toddalia simplicifolia Engl. var. eugeniifolia Engl., Grewia bicolor Juss., Grewia villosa Willd., Combretum purpureiflorum Engl., Solanum tomentellum Klotzsch.

Blatt- und Stammsukkulente: Aloë secundiflora Engl., Euphorbia matabelensis Pax, Euphorbia spec. (? graciliramea Pax), Aderium spec. (? coëtaneum Stapf).

Kräuter: Achyranthes aspera L., Tribulus terrestris L., Blepharis aff. edulis Pers., Sphaeranthus ukambensis Vatke et Hffm.

Auf dem Ufiomi-Gipfel, 2400 m Höhe, wurden folgende Arten beobachtet:

Farne: Asplenium rutaefolium Mett., Asplenium caudatum Forst., Pteridium aquilinum Kuhn var. lanuginosum Hook.

Gymnospermen: Podocarpus milanjianus Rendle.

Sauergräser (Cyperaceae): Cyperus callistus Ridley, Cyperus compactus Lam., Carex Johnstonii Boeck.

Laubbäume und Sträucher: Sloetiopsis usambarensis Engl.?, Rubus dictyophyllus Oliv., Acacia spec., Dalbergia lactea Vatke, Trichilia Volkensii Gürke, Lannea nana Engl. vel affinis.

Zwiebelgewächs: Drimia Obstii Heering n. spec.

Krautige Pflanzen oder Halbsträucher: Commelina spec. (? C. Bainesii C. B. Clarke), Kniphofia zombensis Baker, Hypoxis

---

[1]) Vgl. den folgenden Aufsatz.

urceolata Nel, Crassula globularioides Britten, Cassia usambarensis Taub. ?, Dolichos ufiomiensis Heering n. spec., Acalypha villicaulis Hochst., Impatiens Kilimandjari Oliv., Scutellaria Schweinfurthii Briq., Ramphicarpa Herzfeldiana Vatke, Thunbergia spec., Helichrysum nudifolium Less. var. leiopodium Moeser.

Dr. E. Obst's Sammlung pflanzengeographischer Aufnahmen

aus dem

abflußlosen Rumpfschollenland des nordöstlichen Deutsch-Ostafrika

von

Prof. Dr. L. **Diels**
(Berlin)

Das von der Ostafrika-Expedition der Hamburger Geographischen Gesellschaft untersuchte Gebiet gehört zu den botanisch noch wenig erschlossenen Teilen von Deutsch-Ostafrika. Zwar enthalten die einschlägigen Reisewerke gelegentliche Notizen, aber nur G. A. Fischer (1885) hat umfangreichere Sammlungen mitgebracht, die von A. Engler und anderen Botanikern aufgearbeitet und in den Publikationen des Berliner Botanischen Museums verwertet worden sind. Literarische Angaben spezieller pflanzengeographischen Charakters hat W. Busse gegeben, der allerdings nur ganz im Süden bei Kilimatinde das Arbeitsgebiet der Expedition berührt hat.

Herr Dr. Obst hat sich bemüht, auf seiner Reise ein Herbarium charakteristischer Gewächse anzulegen. Leider ist diese Sammlung größtenteils verloren gegangen. Nur einige Bruchteile haben Europa erreicht; sie sind von Herrn Dr. W. Heering bearbeitet und hier S. 205—216 publiziert worden. Außerdem aber beziehen sich zahlreiche photographische Aufnahmen, welche die Expedition mitgebracht hat, auf die Vegetation der besuchten Gebiete. Diese Ansichten erlauben eine allgemeine Orientierung über die Pflanzendecke, und wenn auch durch den Verlust der dem Herbarium einverleibten speziellen Nachweise vieles fehlt, was man wünschte, so rechtfertigt doch die Mannigfaltigkeit der Aufnahmen eine kurze Übersicht der Resultate.

1. Von Kilimatinde durch Turu nach Mkalama (Februar und März 1911). Da die Zeit des Besuches von Turu noch in die Regenperiode fiel, so bot sich Gelegenheit, die Miombo-Bestände des Gebietes auf der Höhe ihrer Vegetationstätigkeit abzubilden. Diese Miombo-Bestände setzen sich vorwiegend zusammen aus Leguminosenbäumen, die in der Trockenzeit ihr Laub abwerfen. Ihre botanische Kenntnis ist noch unvollkommen, da zur Regenzeit, wenn Baum und Strauch das zur Bestimmung notwendige Material an Blättern und Blüten bieten, wenig darin gesammelt worden ist. Hier harren der weiteren Forschung noch lohnende Aufgaben. Busse[1])

---

[1]) Tropenpflanzer V, 1901, S. 27.

gibt an, er habe auf der Hochscholle von Kilimatinde eine ganze Anzahl von Pflanzen getroffen, denen er in Ugogo nicht begegnet wäre.

Eine Ansicht, die Obst von dem belaubten Zustand eines Miombobestandes auf der Höhe der zweiten Bruchstufe (Turu-Bruchstufe) in 1250 m Seehöhe aufgenommen hat (Taf. 17 Abb. 29), läßt die reichliche Beblätterung des Buschwerkes erkennen und bestätigt, daß diese Miombowälder auch während ihres aktiven Wachstums äußerlich viele Ähnlichkeit mit den sogenannten Monsunwäldern Asiens haben.

In den etwas tiefer gelegenen und sich nach Westen erstreckenden Teilen Turus sind baumarme Savannen offenbar verbreitet, die nach Obsts Berichten streckenweise einen recht xerotischen Charakter annehmen. Besonders da, wo anstehende Felsgruppen sich finden, pflegen Xerophyten vorzuherrschen. In der Gegend von Mkalama und nordöstlich davon tritt auf der Savanne häufig *Adansonia digitata*, der Brotfruchtbaum, stark in den Vordergrund, und es entstehen Bilder wie sie sich im ganzen Savannengebiet des tropischen Afrika von Senegambien bis zu den Nilländern und südlich bis Angola wiederholen (Taf. 4 Abb. 7). Es ist dies die Formation, die von Engler u. a. als Baumgrassteppe bezeichnet wird. Auffallenderweise hat Obst die *Adansonia* in Turu nirgends angetroffen.

2. Das Land der Wakindiga (Mai—Juni 1911). Im Gebiete der Wakindiga waren auch botanisch noch wichtige Aufschlüsse zu erwarten, da nichts über die Pflanzendecke bekannt war. Auf der Vegetationskarte von Deutsch-Ostafrika, die A. Engler in Hans Meyer „Das Deutsche Kolonialreich" I Leipzig 1909 veröffentlicht und im ersten Bande seiner „Pflanzenwelt Afrikas" 1910 auf Taf. II wiederholt hat, ist das Wakindiga-Land mit der Signatur roter Streifung bezeichnet, welche „Hochweideland und Hochgebirgssteppe nebst Hochgebirgsbusch" angeben soll. Diese natürlich auf Kombination von Daten aus Nachbargebieten beruhende Darstellung erweist sich nicht als zutreffend. Vielmehr ergibt sich aus den gerade hier recht zahlreichen Aufnahmen Obsts, daß die Wakindiga in einem Lande wohnen, wo neben Savannen stark xerophile Baum- und Strauchbestände, „Dornbuschsteppen" in der Terminologie Englers, vorwalten (Taf. 18 Abb. 31). In den Savannen herrschen die Schirmakazien, von denen *Acacia spirocarpa* häufig zu sein scheint. Auch *Adansonia* kommt vor (Taf. 18 Abb. 32). Oft aber tritt der Graswuchs zurück, es entwickeln sich „grasarme

Steppen“ im Sinne Englers, auf denen Succulenten, wie *Aloe secundiflora* und cactoide Kandelaber-Euphorbien häufig werden (Taf. 19 Abb. 33). Von diesen eigenartigen Euphorbien, die für die ariden Gebiete des wärmeren Afrikas so bezeichnend sind, scheint bei den Wakindiga eine der *Euphorbia Nyikae* Pax nahe stehende, mehrere Meter hohe und reich verzweigte Art sehr oft tonangebend aufzutreten (Taf. 19 Abb. 34). Sie findet sich auch als Begleiterin der oben kurz angedeuteten Assoziationen xerotischer Bäume und Sträucher. Unter diesen sind die meisten periodisch blattlos, und da die Arbeiten Obsts in die regenarme Zeit fielen, so stellen diese Gewächse auf den Bildern meistens eine unruhige Masse kahler Äste, starrer Dornen oder verworrener Schlingzweige dar. Floristisch dürften, nach einigen spärlichen Proben, diese Bestände noch manches gemein haben mit Unjamwesi (Taf. 20 Abb. 35). — Von der mit Salzausblühungen bedeckten Ebenheit auf der Sohle des Wemberegrabens erscheinen einige Bilder in der absoluten Vegetationslosigkeit, die von zu starker Konzentration der Bodensalze bedingt ist (Taf. 20 Abb. 36).

3. Iramba—Irangi. (September—Oktober 1911). Aus diesen Gebieten ist die Zahl der Vegetationsbilder relativ geringer. Was sie zeigen, deutet auf weite Verbreitung von grasreichen Savannen mit einzelnen Bäumen, die da, wo Flußläufe hinziehen, z. B. am Dulumo, von Uferwäldern durchzogen werden. Auch in diesen Gegenden ist die Zahl und Bedeutung der in der Trockenzeit laublosen Arten sehr groß. Mehrere interessante Aufnahmen versetzen uns in die Ruhezeit des Miombowaldes an der Grenze zwischen Iramba und Ussure (Taf. 21 Abb. 37). Es ist Ende September, die ganze Landschaft gleicht täuschend einem Walde bei uns zur Winterszeit oder im ersten Vorfrühling. Ich kenne aus der Literatur keine Aufnahme von dem blattwerfenden Leguminosenwalde Ostafrikas, die diesen physiognomischen Eindruck so nachhaltig hervorbrächte.

4. Uassi, Ufiomi (November—Dezember 1911). Die höheren Teile dieser Gebiete tragen den von Obst in seinen Berichten mehrfach erwähnten Höhenwald. Die große Rolle epiphytischer Moose und Flechten, welche auf den Baumästen wohnen, ist auf den Bildern unverkennbar. Als wichtigstes Element unter den Bäumen erscheint *Juniperus procera*, dessen große ökonomische Bedeutung unter den Holzpflanzen der Kolonie von vielen Seiten bereits hervorgehoben wurde. Die Ausdehnung dieses Höhenwaldes in Uassi (Taf. 11

Abb. 20) bedingt wiederum eine bemerkenswerte Modifikation der Englerschen Karte. Ebenso war nicht näher bekannt, daß der Ufiomi-Gipfel bei 2100—2400 m den typischen montanen Nebelwald trägt. Er fügt sich als neue zu den grünen Nebelwaldinseln, die jene Karte verzeichnet. Die interessanten Ansichten vom Ufiomi-Gipfel, der mit den obersten 300 m in die täglichen Cumuli ragend „in einen wahren Pflanzenpelz gehüllt ist"[1]), machen die Dichtigkeit besonders des epiphytischen Kryptogamenwuchses sehr anschaulich (Taf. 22 Abb. 38, 39). Von den Gewächsen des Bodens erkennt man *Pteridium*, den Adlerfarn; unter den gedrungenen, knorrigen Baumgestalten *Podocarpus*, wohl *milanjana* Rendle, die sich bei den Herbar-Fragmenten befindet. Wahrscheinlich kommt auch *Hagenia abyssinica* noch am Ufiomi vor, ich glaube ihr Fiederlaub auf einer der Aufnahmen zu erkennen; sie ist von mehreren Berggebieten Ostafrikas bereits bekannt geworden. Von Interesse wäre es, den Ufiomi-Nebelwald floristisch einmal gründlicher zu erforschen; es ist wohl die am weitesten gegen die Massai-Steppe vorgeschobene Position dieser interessanten montanen Formation, und als solche vielleicht auch floristisch vor anderen Nebelwaldinseln gekennzeichnet.

In die Massai-Steppe selbst führen ein paar Ansichten, die auf dem Ausflug zum Oldonjo Ssambu gewonnen wurden. Es ist ein weitgedehntes Panorama typischer Steppe, das sich hier bietet (Taf. 13 Abb. 23 und Taf. 23 Abb. 40). Gramineen herrschen vor, auch Strauchwuchs ist erkennbar, aber Bäume sieht man entweder nur in sehr spärlicher Zahl, oder sie fehlen gänzlich.

5. Ussandaui (März 1912). Die auf Ussandaui bezüglichen Aufnahmen geben eine bedeutende Mannigfaltigkeit der Pflanzenbedeckung wieder. Einige Bilder führen in die Kulturen in der Umgebung von Kwa Mtoro. Eine dichte Grassavanne zeigt sich beim Ausblick auf die Igunguberge bei Busa in guter Entwicklung, da hier die Expedition wieder im Ausgang der Regenzeit hindurchzog. Gegenüber den früheren Aufnahmen der mächtigen *Adansonia*-Bäume, die sie in ihrem kahlen Ruhezustand wiedergaben (Taf. 18 Abb. 32), wirken die nun belaubten Exemplare des Baumes als eine eindrucksvolle Illustration des periodischen Klima-Wechsels in diesen Savannengebieten (Taf. 24 Abb. 41). Auch die dichteren Bestände kleinerer Bäume aus der Gattung *Commiphora* stellen sich

---

[1]) Obst, Vorläufiger Bericht IV, Mitt. der Geogr. Ges. in Hamburg Bd. XXVII, p. 170.

im März allgemein im Schmuck ihres zierlichen Fiederlaubes dar (Taf 24 Abb. 42). Eine interessante Einzelansicht veranschaulicht einen charakteristischen Strauchbaum Ussandauis, die *Euphorbia Grantii* (Taf. 25 Abb. 43). Die schopfig gedrängten schmalen Blätter dieses Gewächses sehen zunächst eher nach einer Monokotylen aus, als nach einer Wolfsmilchart. Wenn man dann die Pflanze vergleicht mit den bizarren Gestalten der cactoiden Euphorbien oder den im Zickzack verästelten Strauchbaum-Euphorbien des Wakindigalandes (Taf. 18 Abb. 31, Taf. 19 Abb. 34) und sich erinnert, daß *Euphorbia* im Obstschen Forschungsgebiete auch kleine Kräuter enthält, so kommt die Vielseitigkeit, die die Gattung in Ostafrika entfaltet, recht klar zum Bewußtsein.

Eine wesentliche Abwechslung bringen auch in Ussandaui die Flußläufe in das Vegetationsbild. Im Bette des Marassé photographierte Obst einen sehr typischen Bestand der afrikanischen Fächerpalme *Hyphaene* (Taf. 26 Abb. 44), von der in Ostafrika mehrere Arten bekannt geworden sind, und die Busse[1]) auch vom Bubu-Ufer in ausgedehnten Gesellschaften erwähnt. Ihre Bestimmung allein nach der äußeren Tracht kann mit Sicherheit nicht durchgeführt werden; ich möchte aber nach dem Schnitt des Laubes annehmen, daß es sich am Marassé um die *Hyphaene plagiocarpa* Dammer handelt. — Bei der Überschreitung des Bubu traf man bezeichnenden Uferwald, an gewissen versumpften Stellen auch Bestände der Papyrusstaude (Taf. 26 Abb. 45), des *Cyperus Papyrus*, der überall im tropischen Ostafrika ein wichtiges Element der Sümpfe darstellt.

Süd-Ussandaui ist besonders im westlichen Teile mit einem lichten Savannenwald überzogen (Taf. 15 Abb. 26 und Taf. 27 Abb. 46).

Jenseits Ussandaui nach Süden gewinnen wir wieder den Anschluß an Ugogo, also an die Miombo-Bestände, die beim Beginn der Expedition getroffen und oben S. 219/220 erwähnt wurden, und weiterhin an die Vegetationsformationen, die wir durch Busse aus den östlicheren Teilen von Ugogo kennen (Taf. 27 Abb. 47).

---

[1]) Tropenpflanzer V (1901). S. 25.

F. Obst phot.

Abb. 29. Miombo-Buschwald auf der Höhe der Turu-Bruchstufe westlich vom Lager Makemba (Grenzgebiet zwischen den Landschaften Ugogo und Turu). 1250 m Seehöhe. Februar 1911.

E. Obst phot.

Abb. 30. Miombo-Buschwald im nordwestlichen Teil der Landschaft Ussandaui. 1300 m Seehöhe. Januar 1912.

Verlag: L. Friederichsen & Co., Hamburg. Lichtdruck von Knackstedt & Co., Hamburg.

E. Obst phot.

Abb. 31. Dornbusch im Wakindiga-Land. 1200—1300 m Seehöhe. Juni 1911.

E. Obst phot.

Abb. 32. Schirmakazie und Affenbrotbaum, die Charakterbäume der Savanne im Wakindiga-Land. 1200—1300 m Seehöhe. Juni 1911.

Verlag: L. Friederichsen & Co., Hamburg. Lichtdruck von Knackstedt & Co., Hamburg.

E. Obst phot.

Abb. 33. Succulenten-Savanne in Issansu. 1400—1500 m Seehöhe. Juli 1911.

E. Obst phot.

Abb. 34. Blühende Baum-Euphorbien (Euphorbia Njikae Pax nahestehend) im Wakindiga-Land, ca. 1300 m Seehöhe. Juli 1911.

Verlag: L. Friederichsen & Co., Hamburg. Lichtdruck von Knackstedt & Co., Hamburg.

E. Obst phot.

Abb. 35. Gestrüpp-Vegetation im Wakindiga-Land.
1200—1300 m Seehöhe. Juli 1911.

E. Obst phot.

Abb. 36. Salzwüste auf der Sohle des Wembere-Njarasa-Grabens (z. Z. völlig ausgetrockneter Njarasa- oder Ejassi-See). 1030 m Seehöhe. Juni 1911.

Verlag: L. Friederichsen & Co., Hamburg. Lichtdruck von Knackstedt & Co., Hamburg.

E. Obst phot.

Abb. 37. Miombo-Wald in der Trockenzeit; südlicher Teil der Landschaft Iramba.
1450 m Seehöhe. September 1911.

Verlag: L. Friederichsen & Co., Hamburg. Lichtdruck von Knackstedt & Co., Hamburg.

Abb. 38. Montaner Nebelwald mit Podocarpus auf dem Gipfel des Ufiomi-Vulkans. 2400 m Seehöhe. Dezember 1911.

Abb. 39. Montaner Nebelwald mit Podocarpus, Hagenia, Pteridium etc. auf dem Gipfel des Ufiomi-Vulkans. 2400 m Seehöhe. Dezember 1911.

Verlag: L. Friederichsen & Co., Hamburg. Lichtdruck von Knackstedt & Co., Hamburg.

E. Obst phot.

Abb. 40. Die Massai-Steppe mit dem Oldonjo Ssambu. 1175 m Seehöhe. Dezember 1911.

Verlag: L. Friederichsen & Co., Hamburg.

Lichtdruck von Knackstedt & Co., Hamburg.

E. Obst phot.

Abb. 41. Adansonia-Savanne im südlichen Teil der Landschaft Ussandaui. Im Hintergrund der nördlichste Abschnitt der Kilimatinde-Bruchstufe. 950 m Seehöhe. März 1912.

E. Obst phot.

Abb. 42. Busch-Savanne mit Commiphora im zentralen Teil der Landschaft Ussandaui. 1200 m Seehöhe. März 1912.

Verlag: L. Friederichsen & Co., Hamburg. Lichtdruck von Knackstedt & Co., Hamburg.

E. Obst phot.

Abb. 43. Euplorbia Grantii, der für weite Teile der Landschaft Ussandaui charakteistische Strauchbaum. 1150 m Seehöhe. März 1912.

Verlag: L. Friederichsen & Co., Hamburg. Lichtdruck von Knackstedt & Co., Hamburg.

E. Obst phot.

Abb. 44. Hyphaene-Palmen am Márassé, Zentral-Ussandaui. 1200 m Seehöhe. März 1912.

E. Obst phot.

Abb. 45. Papyrus-Stauden im oberen Bubu-Tal. 1400 m Seehöhe. Dezember 1911.

Verlag: L. Friederichsen & Co., Hamburg. Lichtdruck von Knackstedt & Co., Hamburg.

E. Obst phot.

Abb. 46. Savannen-Wald im südwestlichen Ussandaui.
1450 m Seehöhe. März 1912.

Abb. 47. Dichter Dornbusch südwestlich von Kilimatinde (West-Ugogo).
1250—1300 m Seehöhe. Ende März 1912.

Verlag: L. Friederichsen & Co., Hamburg. Lichtdruck von Knackstedt & Co., Hamburg.

Dr. E. Obst's zoologische Sammlung

aus dem

abflußlosen Rumpfschollenland des nordöstlichen Deutsch-Ostafrika.

1. Begleitworte. Von Dr. O. Steinhaus (Hamburg).
2. Reptilien. Von Prof. Dr. Franz Werner (Wien).
3. Mollusken. Von Dr. Max Leschke (Hamburg).
4. Insekten, Acariden u. Araneiden. Von Prof. Dr. M. v. Brunn (Hamburg).
5. Myriopoden u. Gliederspinnen. Von Prof. Dr. K. Kraepelin (Hamburg).

Begleitworte.

Von Dr. O. Steinhaus.

Die zoologischen Sammlungen des Herrn Dr. Obst sind mit großem Eifer zusammengebracht worden. Naturgemäß sind nicht alle Abteilungen des Tierreiches gleichmäßig stark vertreten. Von Säugetieren findet sich in der Ausbeute nur der Schädel eines jungen Löwen (aus Singidda, Landschaft Turu), Balg und Skelett eines Klippschiefers vom 1. Wakindiga-Lager (Wakindiga-Name: Pimbi) und der Balg eines afrikanischen Schuppentieres (Manis temminckii Smuts). Vogelbälge sind gar nicht vorhanden, desgleichen Fische. Dagegen hatte Herr Dr. Obst in überaus dankenswerter Weise sein Hauptaugenmerk auf die wirbellosen Tiere gerichtet und hier wiederum einige Tiergruppen im Besonderen berücksichtigt, wie aus den folgenden Ausführungen hervorgeht.

Reptilien.

Von Prof. Dr. Franz Werner-Wien.

Die gesammelten Reptilien[1]) (24 Nummern in 46 Exemplaren) sind größtenteils charakteristische Formen einer Steppe (Baumsteppe), wie dies Latastia, Nucras, Eremias deutlich zeigen. Von besonderem Interesse scheint mir die bisher noch niemals so weit nördlich gefundene Agama distanti zu sein, ebenso auch die morphologisch mit Mabuia striata fast in allen Punkten übereinstimmende, aber in Größe und Färbung wesentlich verschiedene, neue Mabuia obsti, schließlich auch die beiden recht seltenen Arten Pachydactylus boulengeri und Glauconia signata, beide anscheinend spezifisch ostafrikanische Formen.

Schildkröten.

1. 1 Testudo pardalis Bell — Panzer aus der Massai-Steppe östlich von Ufiomi.
2. 1 Cinixys belliana Gray ♂ — Panzer, gesammelt am Bubu.

---

[1]) Veröffentlicht in: Mitteilungen aus dem Naturhistorischen Museum XXX. Hamburg 1913.

Eidechsen.

1. 3 Hemidactylus mabuia Mor. Umgebung von Kwa Mtoro und Kurjo (Landschaft Ussandaui).
2. 1 Pachydactylus boulengeri Torn. Umgebung von Kwa Mtoro und Kurjo (Landschaft Ussandaui).
3. 3 ♂, 4 ♀ Agama planiceps Ptrs. Umgebung von Kwa Mtoro und Kurjo (Landschaft Ussandaui).
4. 1 juv. Agama planiceps Ptrs. 2. Wakindiga-Lager.
5. 3 ♂, 2 ♀ Agama hispida L Var. distanti Blngr. Umgebung von Kwa Mtoro und Kurjo (Landschaft Ussandaui).
6. 2 Latastia longicaudata Rss. 2. Wakindiga-Lager.
7. 2 Latastia longicaudata Rss. juv. Ssuna-Singidda (Landschaft Turu).
8. 1 Nucras tesselata L juv. Ssuna-Singidda (Landschaft Turu).
9. 2 Eremias spekii Gthr. Umgebung von Kwa Mtoro und Kurjo (Landschaft Ussandaui).
10. 5 + 2 juv. Mabuia obsti Werner n. sp. Umgebung von Kwa Mtoro und Kurjo (Landschaft Ussandaui).
11. 2 Lygosoma sundevalli Smith. Umgebung von Kwa Mtoro und Kurjo (Landschaft Ussandaui).
12. 1 Lygosoma sundevalli Smith. 2. Wakindiga-Lager.
13. 1 Chamaeleon dilepis dilepis Leach. Umgebung von Kwa Mtoro und Kurjo (Landschaft Ussandaui).
14. 1 Chamaeleon dilepis dilepis Leach. Puma (Landschaft Turu).
15. 2 Chamaeleon dilepis quilensis Boc. Puma (Landschaft Turu).
16. 1 Chamaeleon dilepis quilensis Boc. Ufiomi.
17. 1 Chamaeleon dilepis quilensis Boc. Umgebung von Kwa Mtoro (Landschaft Ussandaui).
18. 1 Rhampholeon kersteni Ptrs. Massai-Steppe östlich von Ufiomi.

Schlangen.

1. 1 Leptodira hotamboeia Laur. Balangida-See.
2. 1 Typhlops mucruso Ptrs. Balangida-See.
3. 1 Glauconia signata Ian. Jumbe Matutu (Landschaft Issansu).
4. 1 Lycophidium capense Smith. Kilimatinde.

Frösche.

1. 1 juv. Rana (Pyxicephalus) adspersa Bibr. Balangida-See.

Mollusken.

Von Dr. Max Leschke-Hamburg.

Die Mollusken-Ausbeute des Herrn Dr. E. Obst umfaßt 50 Nummern (ca. 2500 Stück) trockene Schalen und 8 Nummern (10 Stück) in Spiritus konservierte Tiere. Die letzteren, ausschließlich vom Ufiomi-Gebirge stammend, sind fast durchweg sehr junge, nicht sicher bestimmbare Formen, während die Schalen sämtlich tot gesammelt und stark verblichen, viele schon verkalkt sind, ein Umstand, der die genauere Artbestimmung sehr erschwert. Im allgemeinen umfaßt die Sammlung weiter verbreitete, aus den Steppengebieten schon bekannte Arten. Neu scheinen mir zu sein: eine *Curvella*, eine wohl zu *Pseudoglessula* gehörige, nicht ganz ausgewachsene Form und eine *Tropidophora*. Von manchen Spezies liegen aber zahlreiche Individuen vor, so daß das Material für genaue Feststellung der Variationsbreite gewisser Arten von Bedeutung werden könnte. Die aus den Salzseen mitgebrachten Arten gehören den allgemein verbreiteten Süßwassergattungen an, ohne irgend eine Einwirkung der Salzgehaltes zu zeigen, scheinen aber in großen Mengen vorzukommen.

Neben einer *Helicarion* sp. (1 Nummer) liegen von Naninen mehrere junge Thapsien (3 Nummern) und die an der Küste wie im Innern weit verbreitete *Trochonanina mozambicensis*, Pfr. vor. Von der großen *Burtoa nilotica*, Pfr. sind 4 Nummern vorhanden, die mit der Var. *crassa* Mrts identisch sein dürften. Die Limicolarien, als echte Steppenformen in großer Anzahl vertreten, gehören zu den Formenkreisen der *flammata*, Caillaud (4 Nummern) (einer sich namentlich weiter nördlich erstreckenden Art) und der *martensiana*, Smith (4 Nummern), die östlich vom Tanganjika- und Victoria-See häufig vorkommt. Dazu kommen 4 Nummern, eine wohl neue *Pseudoglessula* und eine ebensolche *Curvella*. Von Buliminiden finden sich *Cerastus kidetensis*, Smith und *artistrius*, Kob. — Von Süßwasserformen ist *Succinea baumanni*, Stur. (3 Nummern) in großer Zahl vorhanden, ebenso die bis nach Südafrika reichende *Isidora tropica*, Krauss (2 Nummern) und die ebenfalls weit verbreitete *Planorbis sudanicus*, Mrts. (3 Nummern). Dazu kommen von Prosobranchiern *Viviparus unicolor*, Oliv. (2 Nummern), ein noch unbestimmter *Viviparus* und eine *Cleopatra*, die vielleicht zu der im Nil so häufigen *Cleopatra bulimoides*, Val. gehören dürfte. Von Ampullarien ist in großer Zahl vorhanden eine zum Formenkreis der *Lanistes ovum*

Peters (der bekannten Nilform) gehörige Art (3 Nummern) und eine zu *Ampullaria adusta*, Rve zu ziehende Form (2 Nummern). Dazu kommen noch an Landdeckelschnecken *Tropidophora anceps*, Mtrs (6 Nummern) und eine neue ziemlich hoch gewundene *Tropidophora*-Art.

Nach den Fundorten geordnet, würde sich das Material wie folgt verteilen:

1. Salzsee Singidda (Landschaft Turu). III. IV. 1911.

Limicolaria flammata, Cailliaud (2 Stück); *Achatina* juv. (2 Stück); *Stenogyra* juv. (1 Stück); *Cerastus kidetensis*, Smith (2 Stück); *Succinea baumanni*, Stur. (9 Stück); *Isidora tropica*, Krauss (1500 Stück); *Planorbis sudanicus*, Mtrs (50 Stück); *Lanistes ovum*, Peters var. (4 Stück).

2. Balangida-See (am Fuße der Turu-Bruchstufe). 8.—13. IV. 1911.

Burtoa nilotica, Pfr. (2 Stück); *Achatina* juv. (2 Stück); *Curvella* n. sp. (cf. *delicata*, Tryon) (7 Stück); *Succinea baumanni*, Stur. (800 Stück); *Viviparus unicolor*, Oliv. (19 Stück); *Viviparus* spec. (5 Stück); *Lanistes ovum*, Peters var. (200 Stück).

3. I. Wakindiga-Lager. VI. 1911.

Trochonanina mozambicensis Pfr (25 Stück); *Limicolaria flammata*, Cailliaud (40 Stück); *Burtoa nilotica*, Pfr. (11 Stück); *Cerastus artistrius*, Kob. (5 Stück); *Tropidophora anceps*, Mrts (50 Stück).

4. I. Wakindiga-Zwischenlager. VI. 1911.

Trochonanina mozambicensis, Pfr. (36 Stück); *Limicolaria flammata*, Cailliaud (30 Stück); *Limicolaria martensiana*, Smith (40 Stück); *Tropidophora anceps*, Mrts (20 Stück).

5. II. Wakindiga-Lager. VI. 1911.

Trochonanina mozambicensis, Pfr. (27 Stück); *Limicolaria martensiana*, Smith (18 Stück); *Burtoa nilotica*, Pfr. (3 Stück); *Planorbis sudanicus*, Mrts. (70 Stück); *Tropidophora anceps*, Mrts. (20 Stück).

6. Wembere-Steppenlager am Rande des z. Z. ausgetrockneten Njarasa- oder Ejassi-Sees. VI. 1911.

Trochonanina mozambicensis, Pfr. (1 Stück); *Limicolaria martensiana*, Smith (20 Stück); *Achatina* juv. (1 Stück); *Succinea baumanni* Stur. (150 Stück); *Planorbis sudanicus*, Mrts. (6 Stück); *Tropidophora anceps*, Mrts. (1 Stück); *Tropidophora* n. sp. (30 Stück).

7. Jeida-Steppe (Hohenlohe-Graben) VII. 1911.

Limicolaria martensiana, Smith (5 Stück); *Burtoa nilotica*, Pfr. (5 Stück); Isidora *tropica*, Krauss (8 Stück); *Ampullaria cf. adusta*, Rve. (11 Stück).

8. Massai-Steppe. XII. 1911.

Trochonanina mozambicensis, Pfr. (1 Stück); *Limicolaria flammata*, Cailliaud (20 Stück); *Viviparus unicolor*, Oliv. (2 Stück); *Cleopatra bulimoides*, Val. (1 Stück); *Lanistes ovum*, Peters var. (20 Stück); *Ampullaria cf. adusta*, Rve. (16 Stück); *Tropidophora anceps*, Mrts. ck).

9. Massai-Steppe nahe Ost-Ufiomi. XII. 1911.

Thapsia spec. juv. (3 Stück); *Buliminide* juv. (1 Stück).

10. Ufiomi-Berg. XII. 1911.

Helicarion spec. (1 Stück); *Thapsia* spec. juv. (1 Stück); *Pseudoglessula* spec. (1 Stück); *Stenoggride* juv. (1 Stück).

11. Ufiomi. XII. 1911.

Thapsia spec. juv. (1 Stück); *Succinea baumanni* Stur. (1 Stück).

Insekten, Acariden u. Araneiden.

Von Professor Dr. M. v. Brunn-Hamburg.

Die in Alkohol wohlkonservierten Insekten-Sammlungen des Herrn Dr. E. Obst umfassen rund 4800 Stücke in mehr als 900 Arten und etwa 1280 Nummern. Am besten sind vertreten die Coleopteren (Käfer), nächstdem die Orthopteren (Geradflügler) und Rhynchoten (Schnabelkerfe); von anderen Familien wurde nur geringes Material gesammelt, Lepidopteren (Schmetterlinge) fehlen ganz.

Eine vorläufige Sichtung ergab das Folgende. Es sind vorhanden:

Thysanuren .	4	Stck.	in	2 Arten	3 Nummern
Orthopteren	ca. 840	„	„	ca. 105 Arten	206 „
(darunter 366 Larven[1])					
Termiten . .	ca. 50	„	„	ca. 4 „	10 „
Mallophagen.	9	„	„	1 „	1 „
Rhynchoten	ca. 560	„	„	ca. 90 „	ca. 140 „
(darunter 150 Larven)					
Neuropteren.	4	„	„	3 „	3 „
Dipteren . .	35	„	„	13 „	16 „
(darunter 18 Larven)					
Coleopteren .	ca. 3030	„	„	ca. 650 „	ca. 835 „
Hymenopteren	270	„	„	ca. 45 „	ca. 70 „
(darunter ca. 200 Ameisen			„	ca. 20 „	ca. 30 „)

[1]) Unter „Larven" sind hier und folgend nicht voll entwickelte Stücke jeden Alters zu verstehen.

Im Übrigen wurde bisher festgestellt:

Orthopteren. Die 53 Dermapteren (Ohrwürmer) gehören 5 Arten in 18 Nummern an. Eine Forficula-Art (die in Afrika weit verbreitete Forf. senegalensis Serv. oder ihr sehr nahestehend) ist im Reisegebiet vielfach beobachtet worden; es wurden davon gesammelt 28 ♂ und 13 ♀ in 12 Nummern. Wertvoll erscheint der Nachweis in jenen zentralen Landschaften von Labidura riparia (Pall.) durch 1 ♂ und 4 ♀ in 2 Nummern. Von einer der Anisolabis felix Burr 1910 (Kilimandjaro; Y. Sjöstedt) mit Ausnahme des schwarzen (nicht „ziegelroten") Kopfes ganz ähnlichen Form sind 3 ♂ und 2 ♀ vorhanden. 1 ♀ vertritt eine Apterygida-Art, 1 ♂ die fünfte Art. — Von den 466 Blattodeen (Schaben, Kakerlaken; worunter jedoch über 200 Larven), 25—27 Arten in 57 Nummern, sind nicht weniger als 318 (43 ♂ 135 ♀ 140 Larven) einer einzigen Art der Gattung Oxyhaloa zugehörig (? O. Ferreti R. et F.); diese stammen bis auf 5 Stücke von dem gleichen Fundorte her, Mkalama i. d. Landschaft Iramba-Issansu 19. IV.—19. V. 1911. Unter den übrigen 148 sind zwei Perisphaeriden-Arten am zahlreichsten vertreten: Gynopeltis cryptospila (Wlk.) = G. picta Gerst. (2 ♂ 2 ♀ 36 Larven in 8 Nummern) und eine Derocalymma (1 ♂, 19 ♀ und Larven in 7 Nummern). Auf die übrigen 22—24 Arten entfallen somit 88 Stücke in 38 Nummern. — Die 33 Mantodeen (Fangschrecken, Gottesanbeterinnen) weisen 14 Arten in 24 Nummern auf. Hervorgehoben seien: 7 ♂ der durch die recht verschiedenen Geschlechter sehr interessanten Achlaena Kuhlgatzi Werner; 1 ♀ Larve von Tarachodes usambarica Sjöst. 1910; 1 ♂ von Galepsus capitatus Sauß; 3 ♂, 4 ♀ und Larven zweier Hoplocorypha-Arten; 3 ♂ 1 ♀ Miomantis spec.; 2 ♀ einer vielleicht neuen Parasphendale (? P. costalis Kirby; von P. vincta Gerst. neben Abweichungen der Zeichnung, Färbung etc. am auffallendsten verschieden durch die wesentlich kürzeren und kräftigeren mittleren und hinteren Beine); 1 ♀ einer schönen, langgeflügelten, anscheinend Paradanuria W.-M. recht nahe stehenden Gattung (? Calamothespis adusta Werner 1907, 1 ♀ n.); 1 ♂ Popa; 1 ♂ Hemiempusa; 2 ♀ der großen, durch schildartige Verbreiterung des Bruststückes und ähnliche Ausstattung an Hüften und Schenkel der Vorderbeine sehr merkwürdigen Fangschrecke Idolum diabolicum Sauß. — Unter den 13 Phasmodeen (5 ♂ 2 ♀ 6 Larven) sind nur die Clitumniden-Gattungen Gratidia und Leptinia (2 ♀) durch 6 Arten in 9 Nummern vertreten. Von der ersten zählt Y. Sjöstedt aus dem Kilimandjaro-Meru-Gebiet 21 Arten auf, er selbst sammelte dort 1905/06 nicht weniger als 17 Arten. — Die 150 Acridiodeen (56 Larven) verteilen sich folgendermaßen: 34 Tryxaliden (23 Larven) in 4 Arten und 8 Nummern, darunter 2 Acrida-Arten (die eine 4 ♂ 5 ♀ 22 Larven, die andere 1 ♀); 6 Oedipodiden in 6 Arten und 6 Nummern; 38 Pyrgomorphiden (29 Larven) in 4 Arten und 8 Nummern, nämlich: Chrotogonus spec. 1 ♂ 1 ♀, Zonocerus elegans Thbg. forma brachyptera 2 ♂ 4 ♀ 10 Larven in 4 Nummern, Phymateus Hildebrandti Brunn. 1 ♂ 18 Larven, 1 Larve anderer Gattung; 6 Pamphagiden (2 ♂ 3 ♀ 1 Larve) in 2 (— 3) Arten u. 6 Nummern; 21 Opomaliden und Acrididen in 12 Arten und 14 Nummern. — Von den 75 Locustodeen (40 Larven) in 23 Nummern gehören 32 Stück (11 ♂ 14 ♀ 7 Larven) zu 8—9 Arten Phaneropteriden, 1 ♂ 3 ♀ 32 Larven zu 2 Arten der Hetrodiden-Gattung Enyaliopsis; außerdem sind nur vorhanden 1 Pseudophylliden-Larve und 2 ♂ 3 ♀ einer Conocephalus-Art, wohl Con. nitidulus Scop. — Unter den 96 Gryllodeen (72 Larven) in 34 Nummern befinden sich 85 Grylliden in 9 Arten, 4 Myrmecophiliden in 1 Art und 7 Phalangopsiden in 2 Arten. —

Rhynchoten. Sämtlich Hemipteren bis auf 14 Homopteren in ca. 10 Arten (6 Nummern). —

Dipteren. Von den 17 voll entwickelten Stücken in 10 Arten erscheinen einige Tabaniden, eine vielleicht neue Conopide und eine Hippobosciden-Art von Interesse; unter den 18 Larven befinden sich etliche Oestriden und Stratiomyiden.

Coleopteren. Sowohl nach Arten- wie Stückzahl ist dieser Sammlungsteil recht wertvoll. Wenn auch in den letzten Zeiten sehr viel über die Käfer von Deutsch-Ostafrika gearbeitet worden ist, so findet sich unter dem Material der Expedition doch zweifellos eine ganze Anzahl neuer Arten; recht kleine Formen, die namentlich durch „Sieben" und „Schöpfen" zu erbeuten sind, hätten die Anzahl der Neuheiten wohl noch wesentlich erhöhen können, da nach dieser Richtung die durchzogenen Steppengebiete noch kaum erforscht sind.

Die folgenden Gruppen der gesammelten Tiere verdienen besonders hervorgehoben zu werden: Cicindeliden. Megacephala Hauseri Horn, eine sehr große Art, liegt in einigen Stücken vor; von der zierlichen Myrmecoptera, mit stark verbreiterten Fühlern, fand sich eine schöne Form. — Carabiden. Erwähnenswert sind besonders die Anthiinen, von denen Polyhirma, Anthia, Eccoptoptera in vielen Exemplaren und einer größeren Anzahl Arten vorhanden sind; sie sind typische Steppentiere. — Paussiden. Von dieser Familie, deren Mitglieder sämtlich bei Ameisen und Termiten leben, wurden nicht weniger als 4 Arten gesammelt. Sie sind sowohl ihrer Seltenheit und Lebensweise als auch ihrer merkwürdigen Fühlerbildung wegen sehr begehrt. — Coprophagen. Diesen wurde offenbar besondere Aufmerksamkeit geschenkt, denn ihre gesammelte Anzahl ist recht bedeutend. Für die Sammlung des Hamburger Museums sind viele Arten dieser „Dungkäfer" neu. — Buprestiden. Ihre Bearbeitung durch Ch. Kerremans ergab 6 Arten aus 4 Gattungen; als neue Art wurde beschrieben Chrysobothris Gebieni Kerrem., von welcher ein männliches Stück (11,5 mm l.) aus Kondoa-Irangi vorliegt.[1]) — Tenebrioniden. Eine Familie, die in allen Steppengebieten der Erde reich vertreten ist; auch die Expedition hat sie in großer Menge mitgebracht, darunter verschiedene bisher noch unbekannte Arten. Besonders charakteristisch sind die Gattungen Rhytidonota, Vieta, Sepidium, Zophosis, Anomalipus, Micrantereus — alle Steppentiere. Hingegen fehlen gänzlich die in vielen Arten das Wald- und Kulturgebiet bewohnenden Gattungen Strongylium, Praogena, Prioscelis, Platydema. — Meloiden. Einige Arten der Gattung Lytta und die schöne Mylabris aperta Gerst. nebst ihrer Varietät tricolor Gerst. sind in ziemlicher Anzahl gesammelt worden. —

---

[1]) Kerremans, Ch. — Buprestides de l'Afrique orientale allemande des collections Dr. F. Eichelbaum et Dr. E. Obst dans le Musée d'histoire naturelle de Hambourg. In Mitteil. aus dem Naturhist. Museum. XXX. Hamburg 1913.

Hymenopteren. Die an Artenzahl nur mäßige Ausbeute ist anscheinend teilweise doch recht beachtenswert; sie enthält unter anderem eine schöne Megachile, eine Trigona-Art, mehrere Belonogaster, ein interessantes Pompiliden-Männchen und wohl manche gute Ameisenart. —

Die Ausbeute an **Acariden** weist 70 Ixodiden (Zecken) in 8 Arten und 35 Nummern, leider ohne Angabe des Wirtstieres, sowie 52 Stück in 5 Nummern hochorangeroter Trombidium auf.

Die Sammlung der **Araneiden** (Spinnen) besteht aus ca. 400 Stücken in über 100 Nummern. Sie verteilen sich auf 18 Familien und ca. 62 Gattungen. Die Zahl der Arten wird sich erst nach genauerer Untersuchung feststellen lassen, dürfte aber von der Zahl der Gattungen nur wenig abweichen. Der Wert dieser reichhaltigen Sammlung wird durch den Umstand noch ganz besonders erhöht, daß es sich beinahe durchweg um reife Tiere handelt.

Myriopoden und Gliederspinnen.

Von Professor Dr. K. Kraepelin-Hamburg.

An Myriopoden umfaßt die Sammlung 52 Nummern in etwa 160 Exemplaren. Davon entfallen auf die Juliden 26 Nummern, auf die Polydesmiden 6, die Geophiliden 2, die Scolopendriden 18 Nummern. Unter den letzteren ist namentlich der seltene Pseudocryptops walkeri Poc. erwähnenswert.

Sehr reich an Individuen ist die Kollektion der Gliederspinnen; sie umfaßt 51 Nummern mit 265 Exemplaren. Die Walzenspinnen sind hierbei in 7 Arten mit den Gattungen Solpuga, Zeriassa, Daesia, Blossia und Ceroma vertreten. Die 214 Scorpione gehören ebenfalls 7 Arten an, von denen eine Art (Lychas obsti Krpl.) und 2 Varietäten neu sind.[1])

[1]) Eine ausführliche Bearbeitung der erbeuteten Gliederspinnen findet sich in den „Mitteilungen aus dem Naturhistorischen Museum“ XXX. Hamburg 1913. S. 167—196.

Dr. E. Obst's anthropologische Sammlung

aus dem

abflußlosen Rumpfschollenland des nordöstlichen Deutsch-Ostafrika

von

Dr. H. A. Ried
(Hamburg)

Die anthropologische Sammlung, die der Leiter der Expedition, Dr. E. Obst, angelegt hat, umfaßt 11 Njaturuschädel, z. T. mit Skeletten, dann 22 Issansu-, 14 Burungi-, 11 Ssandaui- und 3 Kindigaskelette, die durchweg Gräbern entnommen sind, sodann eine kleine Reihe anthropometrischer Meßblätter von Männern, Weibern und Kindern der Njaturu und Kindiga und eine etwa gleichgroße Serie von Hand- und Fingerabdrücken. Dr. Obst hat sich mit diesem außerordentlich schönen und wertvollen Skelettmaterial ein großes Verdienst um die Anthropologie erworben, erhalten wir doch durch diese Sammlung im Grunde die ersten zuverlässigeren Aufschlüsse über die anthropologischen Verhältnisse des abflußlosen Gebietes im nordöstlichen Deutsch-Ostafrika.

Die nachfolgenden Ausführungen bieten nur eine kurze Zusammenfassung der wichtigsten Ergebnisse, welche die Bearbeitung der Schädel der vorhandenen Gruppen ergaben, Ergebnisse, die weiterhin durch die Untersuchungen an den langen Knochen völlige Bestätigung fanden; daran schließt sich die aufgestellte Rassendiagnose. Ausführlicher ist die Sammlung und das anthropometrische Material an anderer Stelle behandelt worden.[1])

Der Vergleich der Gruppen ergab mit aller wünschenswerten Klarheit eine Übereinstimmung der Ssandaui und Burungi in verschiedenen Merkmalen und eine ausgesprochene Abweichung dieser beiden Gruppen von den übrigen, des weiteren ein abweichendes Verhalten der Issansu den Njaturu gegenüber in vielen wichtigen Punkten; es ist klar, daß sich die Differenzen hauptsächlich auf den

---

[1]) Ried, H. A. Zur Anthropologie des abflußlosen Gebietes im nordöstlichen Deutsch-Ostafrika auf Grund der Sammlung der Ostafrika-Expedition (Dr. E. Obst) der Geographischen Gesellschaft in Hamburg. Abhandl. des Hamburgischen Kolonialinstituts. Band XXXI (Reihe B, Band 17) Hamburg, L. Friederichsen & Co., 1915.

Ried, H. A. Über eine III. Artikulation an der Schädelbasis. — Eine außerhalb der Schädelkapsel geteilte Art. meningea media? Anatom. Anzeiger. 45. Bd. Nr. 15, 1914.

Gesichtsschädel beziehen, und es ist ebenso einleuchtend, daß sich in den Abweichungen fremde Blutbeimischung ausspricht.

Faßt man die **Ssandaui** ins Auge und hält sich die vorstehenden Vergleiche mit den übrigen Gruppen und die für eine Blutmischung von Bantu oder Hamiten in Betracht kommenden Völkerschaften der Pygmäen, Buschmänner und Hottentotten gegenwärtig, so kann es nicht zweifelhaft sein, daß nur die letztgenannten, die Hottentotten, nicht die Buschmänner, in Frage kommen, nachdem die zentralafrikanischen Pygmäen aus mehrfachen Gründen auszuscheiden haben.

Es hat sich gezeigt, daß das breitköpfigste Element das Ssandauiweib ist (Index ♂ 72,7, ♀ 73,5), daß der absolut kürzeste Kopf des Ssandauiweibes doch so breit ist, wie der des Issansuweibes, daß überhaupt alle Gruppen trotz verschiedener Länge etwa gleiche Breite haben; ich fand an 15 Hottentotten 72,5, an 6 Buschmännern 75,4, und Shrubsall gibt für die Hottentotten einen Index von 73,4, für die Buschmänner von 75,7, für die Strandloopers, die reinsten Buschmänner, 77,1 an, was mit den übrigen Ausführungen für eine Verwandtschaft der Ssandaui mit den Hottentotten spricht. Diese Tendenz nach Verbreiterung des Ssandauischädels drückt sich, wie die bezüglichen Zahlen ausweisen, besonders in der Zunahme der Mittelwerte der Stephanien-, Asterien- und Mastoidealbreite aus; außerdem haben jene Schädel, die die Gesichtsbildung ohne weiteres als Hottentotten verrät, jene schmale Stirne, jenen auffallend geradlinigen Verlauf des Seitenwandbeines und jene starke Emportreibung der Parietaltubera, wie ich sie an allen Hottentottenschädeln reiner Rasse fand und wie es Fritsch beschreibt.[1])

So sehr diese niedrigen Maße für Hottentottenblut sprechen, ebenso sehr sind die hohen Maße der Gesamtgruppe im gleichen Sinne zu werten wie jene der Issansu. Die von Fritsch charakterisierte Hottentottengesichtsbildung in Gestalt zweier Dreiecke wird von der geringen Stirnbreite mitbedingt, die bei den Ssandaui und Burungi geringer ist als bei den Njaturu und Issansu.

Die Fünfecksform[2]) in der Okzipitalansicht haben mehr als die Hälfte aller Ssandaui, wenn auch die obere Ecke ausnahmsweise

---

[1]) Fritsch, Die Eingeborenen Südafrikas. Hirt, Breslau 1872, p. 295.

[2]) Fritsch, a. a. O. p. 295.

Shrubsall, F. C. Notes on some Bushman crania and bones from the South Africa Museum, Cape Town. Annals of the South African Museum, Vol. V., pag. 230.

gerundet ist. Das Muskelrelief und die Prozessus mastoidei sind wiederum bei den Ssandaui und Burungi am schwächsten. Die Verdopplung des Foramen mastoideum ist bei den Ssandaui die Regel, das Foramen parietale fehlt im Gegensatz zu den anderen Gruppen nie ganz, ist entweder zweiseitig normal oder einseitig sehr groß; hingegen fehlt das Foramen condyloideum der Hälfte der Ssandaui; in ähnlicher Weise fehlt an nicht reinen Hottentottenschädeln das Foramen parietale nur zweimal, ist an reinen viermal nur links, aber sehr groß vorhanden, neunmal immer beidseitig, und das Foramen mastoideum ist verdoppelt oder verdreifacht; es scheint, daß diesem Unterschiede im Vorkommen des Foramen parietale eine Abweichung im Gefäßsystem der Hottentotten, bezw. Ssandaui den Negern gegenüber zugrunde liegt.

In der Norma basilaris bringt der Gaumenindex wieder eine gute Parallele zu den Hottentotten; die Gesamtgruppe der Ssandaui erreicht von allen Gruppen den höchsten Grad der Leptostaphylie, die Weiber sind mit Index 81,9 sogar schon mesostaphylin, kommen also den Hottentottenweibern mit 84,5 am nächsten; aber auch die absoluten Maße des Gaumens der Ssandaui, = 47 : 37,3, stehen den absoluten Maßen des Hottentottengaumens nicht zu ferne, = 44 : 37,2 mm; die absolute Länge des Gaumens übertrifft bei allen anderen Gruppen das Maß der Ssandaui ganz ausgesprochen. Die beiden Kindiga sind mesostaphylin. Im Oberkieferindex kommen die Ssandaui wiederum den Hottentotten mit Index 113,9 nahe; übrigens sind diese und die Ssandaui, Njaturu, Burungi und Kindiga brachyuran, die Issansu allein mesouran; die 3 Schädel mit dem Hottentottentypus haben einen Index von 114,5, meine 15 Hottentotten sogar 115,6, geben also eine noch bessere Übereinstimmung. Auf die außerordentlich schöne Rundung des Foramen magnum der Kindiga (Ind. 90) wurde schon hingewiesen; bei den Ssandaui und Issausu (Ind. 81), den Burungi (Ind. 80) und Njaturu (Ind. 74) ist sie geringer; eine Mittelstellung nehmen die Hottentotten mit Index 77,3 ein, denen wieder die bewußten 3 Schädel mit Index 77,8 sehr nahe kommen. Die Hemmungsbildungen, die sich in der Verlagerung des Foramen spinosum und im Vorhandensein von Ossifikationslücken im Porus acusticus externus aussprechen, sind bei den Ssandaui etwas häufiger als bei den anderen Gruppen.

In der Norma lateralis ist der höchste Schädel der der Kindiga, bei dem die Höhe die Breite um 3 Einheiten übertrifft; ihm steht der Issansuschädel nahe, bei dem die Höhe der Breite gleich ist;

alle anderen Schädel sind niedriger, am flachsten der Burungischädel; die ♀ Exemplare der Ssandaui mit 124 mm Höhe sind meinen ♀ Hottentotten mit 124,2 mm gleich, während meine 15 Hottentotten ♂ + ♀ = 126,5, meine 6 Buschmänner 125,5 messen; der Breiten-Höhenindex meiner 15 Hottentotten ist 95,8, meiner 6 Buschmänner 91,8, es stehen also auch hier die Burungi und Ssandaui den Hottentotten am nächsten. Shrubsall gibt für die beiden Geschlechter der Strandlooper 126,— und 121,2 an, für die Buschmänner 126,4 und 124,4, für die Hottentotten 130,6 und 126,4. Die Steilheit der Stirne und Flachheit des Parietales, von denen auch Fritsch spricht[1]), wurde ziffernmäßig nachgewiesen und gezeigt, daß die Ssandaui das flachste Parietale und Okzipitale haben. Über die außerordentliche Flachheit einiger der Ssandauischädel in der ersten und zweiten Teilstrecke des Frontales wird noch zu sprechen sein, da diese Bildung sie wieder den Hottentotten nahebringt; die Burungi zeigen in der Bildung der ersten Teilstrecke Ähnlichkeit. Nach dem Anteil des Frontales am Mediansagittalumfange ist der Ssandauischädel der primitive, der Njaturu der entwickeltste, die übrigen stehen in der Mitte; die 2 Wakindiga zeigen eine primitive und eine neutrale Form und bei meinen Topnaar stehen zwei entwickelte Formen zwei indifferenten und einer primitiven gegenüber, an meinen 14 Hottentotten 6 primitive 4 indifferenten und 4 entwickelteren, an meinen 6 Buschmännern 4 primitive 2 indifferenten. Bregmalage und Bregmawinkel nähert die Ssandaui den Australiern. Nach dem mit dem Goniometer gemessenen Obergesichtswinkel sind die Burungi, Ssandaui und Kindiga orthognath, die Njaturu und besonders die Issansu prognath; die ♀ Hottentotten stehen mit 81,6° der Obergrenze der Prognathie nahe, doch dürfte eine aus beiden Geschlechtern sich zusammensetzende Gruppe orthognath sein. Bestimmt man den Alveolarindex nach der Formel $\frac{100 \times \text{Basion — Prosthion,}}{\text{Nasion — Basion}}$ so erhält man für die

		♂	♀	♂ + ♀
Njaturu	Ried	100,7	—	—
Issansu		101,8	104,1	102,9
Burungi		100,3	—	—
Ssandaui		98,9	102,1	100,5
Kindiga		96,6	—	—
Topnaar ♀		—	102,3	—

[1]) Fritsch, a. a. O. p. 293, p. 413.

Strandlooper	Shrubsall . . .	—	—	97,5
Buschmänner		—	—	98,5
Hottentotten		—	—	101,3
Östl. Bantu		—	—	100,9

Es sind die beiden Kindiga und Strandlooper noch orthognath, die Issansuweiber schon prognath, alle übrigen Gruppen bezw. Teilgruppen mesognath (98—103).[1]) meine Hottentotten und die Ssandauiweiber stimmen wieder gut überein, die Gesamtgruppe der Ssandaui ist den Bantu Shrubsalls gleichzustellen und rückt den Hottentotten Shrubsalls näher als den Buschmännern. Daß die Art der Zahndeformierung und der Zahnbau einen durchgreifenden Unterschied bedeuten, wurde schon gesagt; während Njaturu und Burungi die Massaideformierung durch Ausschlagen der beiden unteren, mittleren Inzisiven, die Issansu eine Deformierung durch Vorbiegen der oberen oder Ausschlagen der 4 unteren Inzisiven üben, kennen die Ssandaui und Kindiga keine Zahnverunstaltung, denn der einzige Ssandauischädel mit Massaideformierung ist wahrscheinlich Massaiblut. Was Fritsch[2]) über die Zähne der Hottentotten sagt, gilt im allgemeinen auch von denen der Ssandaui und Kindiga, und eine Konsequenz dieses Reichtums an Schmelz ist die gute Erhaltung, die wohl Caries, aber nicht hochgradiges Abkauen vorkommen läßt, während die Zähne der anderen Gruppen ein gerade umgekehrtes Verhalten zeigen.

Die spezifisch hottentottische Rautenform des Gesichtes wird von der kleinsten Stirnbreite, der Jochbogenbreite und der Kinnbildung bedingt, von der Winkelbreite des Unterkiefers unterstützt[3]); nun haben aber gerade die breiten Ssandauischädel, wie gezeigt wurde, die geringste Winkelbreite des Unterkiefers und hier ganz besondes wieder die breitschädeligen Weiber, was zum Teil auch von der Stellung des Kieferwinkels nach einwärts herrührt, hingegen die ebenso breiten Issansuschädel die höchste Winkelbreite, wiederum ein Moment, das die Ssandaui an die Hottentotten angleicht. Wofern sodann die von Fritsch[4]) angegebenen Unterschiede zwischen

[1]) Auf diesen Index bezieht sich Shrubsalls Urteil, a. a. O. p. 246.

[2]) Fritsch, a. a. O. p. 286
Fritsch, a. a. O. p. 414.

[3]) Fritsch, p. 284.
Fritsch, p. 293, 294 u. s. f.

[4]) Fritsch, a. a. O. p. 293
Fritsch, a. a. O. p. 412

dem Hottentotten- und Buschmannunterkiefer allgemein zutreffen, — meine 15 Hottentotten ergeben

$$\frac{100 \times \text{Unterkieferhöhe am II. oder III. Molar}}{\text{Symphysenhöhe}} = 71.6,$$

steht wiederum der Ssandaui dem Hottentotten näher, denn nicht bloß ähnliche Formverhältnisse bestehen, die Differenz zwischen den beiden Höhen des Unterkieferkörpers ist beim Ssandaui am größten (♂ = 7,4, ♀ = 7,6; übrige Gruppen etwa 6,—), so daß sich aus beiden Höhen ein Index von 85— bei den Kindiga, 83,5 bei den Burungi, 81,7 bei den Njaturu, 81,1 bei den Issansu, aber 76,9 bei den Ssandaui (♂ = 77,—, ♀ = 76,9) berechnet, der also klar sagt, daß die Höhenzunahme gegen die Symphyse des Unterkiefers bei den Ssandaui am ausgesprochensten meinen Hottentotten am ähnlichsten ist; die Astbreite ist beim Ssandauiweibe relativ am bedeutendsten, so daß der Index aus projektivischer Asthöhe und kleinster Astbreite beim Weibe den des Mannes um 11 Einheiten übertrifft, und der Astwinkel ist bei den Männern der Gruppen etwa gleich, bei den Issansuweibern um 3°, bei den Ssandauiweibern aber um 6°, also wohl auch im allgemeinen bei den Ssandaui größer. Die Gestalt der Jochbeine tragen wesentlich mit zur typischen Flachheit des Hottentottengesichtes bei; geringe Größe und scharfe Knickung am Tuberculum jugulare bezeichnet Fritsch[1]) sehr mit Recht als hervorstechende Eigenschaften. Meine Hottentotten zeigen diese Knickung so markant, daß die beiden Prozessus maxillares von oben gesehen eine Gerade bilden, während sie sonst nach vorne konvex sind; eine weitere Konsequenz der scharfen Knickung des Jochbeines ist sein geradliniger Verlauf und die absolut und relativ geringe Jochbogenbreite infolge der mangelnden Auswölbung. Setzt man bei meinen Topnaar, bezw. meinen Hottentotten die Jochbogenbreite zur Obergesichtsbreite in Beziehung, so erhält man 86,8, bezw. 85,7; diesem Werte kommen wieder die Ssandauiweiber mit 83,5 am nächsten, hingegen erreichen die Ssandauimänner nur 80,6. Der absolute Wert der Jochbogenbreite meiner Topnaar ist 188,8, der der Ssandauiweiber 119,7, meiner 15 Hottentotten 121,—, wieder eine auffallende Ähnlichkeit, da alle anderen Teilgruppen ansehnlich höhere Werte aufweisen (Njaturu ♂ = 129,5, Issansu ♂ = 128,7, ♀ 123,6, Burungi

[1]) Fritsch, a. a. O. pag. 293.
Fritsch, a. a. O. p. 294.
Fritsch, a. a. O. pag. 295.

♂ = 128,1, Ssandaui ♂ = 131,2, Kindiga = 128); die Obergesichtshöhe ist bei beiden Geschlechtern der Ssandaui; wie schon angegeben, gleich, der Obergesichtsindex darum für die Weiber hoch, wogegen der der Männer mit meinem Topnaar = 51,7 und den Hottentotten Shrubsalls = 51,7 gleich ist[1]), meinen 15 Hottentotten = 51,5 sehr nahe steht. Erinnert sei daran, daß dies die Variationsgrenzen der absoluten Werte der Jochbreite und des Obergesichts bei den Ssandaui nicht überschneiden, jene vielmehr um 7, diese um 3 Einheiten getrennt bleiben. Bei den kleinen Differenzen in der absoluten kleinsten Breite der Stirne der verschiedenen Gruppen ist die Sexualdifferenz des Index frontozygomaticus der Ssandaui im Betrage von 4 Einheiten (♂ 73,—, ♀ 77,1) zu gunsten der Weiber auf die Jochbogenbreite zurückzuleiten, und mit diesem höchsten Werte innerhalb der Gruppen treten sie wieder meinen Hottentotten mit 76,5, bezw. meinen Topnaar mit 79,9 nahe. Daß das Jochbein, wie es Fritsch von den Hottentotten angibt, gerade bei den Ssandaui und hier besonders bei den Weibern am schwächsten ist, wurde schon ziffernmäßig gezeigt (Njaturu ♂ = 88,5, Issansu ♂ = 90,3, ♀ = 88,3, Burungi = 88,3, Ssandaui ♂ = 86,5, ♀ = 79, — Kindiga = 86,5); sie kommen hierin wieder meinen Hottentotten mit 23,— : 26,8 mm = Index 85,8 nahe, Buschmänner = 23,8 : 26,1 = Index 91,1.

Die Angaben von Fritsch über die Gestalt der Orbita[2]) treffen auch hier zu; an den Schädeln, die an Hottentotten erinnern, ist der Oberrand nach oben ausgerundet und nur schwach, der Unterrand mehr geradlinig und energischer nach unten schräg eingestellt. Ein nicht unwesentlicher Unterschied zwischen meinen Hottentotten und Topnaar einerseits und den besprochenen Gruppen andererseits besteht im Index; die Hottentotten- und Topnaarweiber sind mit Index 79,6 bezw. 81,5 mesokonch, alle Gruppen, so die Njaturu, Kindiga und Issansu, dann die Burungi und schließlich die Ssandaui hypsikonch; die Ssandaui mit den absolut und relativ größten und gerundetsten Orbitae entfernen sich also hier am weitesten von den Hottentotten, immerhin stehen diesen aber bei den Ssandaui die Weiber näher als die Männer, und in der absoluten Breite der Orbita stehen die Ssandauiweiber mit 38,5 den Hottentotten bezw. Topnaar mit 39,4 bezw. 39,1 wieder am nächsten, allein die Höhe unterscheidet

[1]) Shrubsall, a. a. O. pag. 239.
Shrubsall, a. a. O. pag. 295.

[2]) Fritsch, a. a. O. pag. 294.

hier wie im allgemeinen. Im übrigen ist der Index meiner Hottentotten ganz ungewöhnlich niedrig; Shrubsall[1]) verzeichmet für Hottentotten 86,3, für Bantu in guter Übereinstimmung mit meinem Materiale 87,4 und 87,7, für Buschmänner 83,5 und für die Strandlooper nur 80,7. Ich fand an Buschmännern (4 ♂, 2 ♀) 82,3. Die Interorbitalbreite[2]) ist am größten bei den breitnasigen Issansuweibern; der Index aus der Interorbitalbreite (Lacrimale) und der Obergesichtsbreite meiner Topnaarweiber = 24,9, meiner 15 Hottentotten 24,7 und der der Ssandauiweiber = 24,8 bringt beide Gruppen wieder in engste Beziehung; meine 6 Buschmänner haben 25,1.

Nach dem Nasalindex sind, wie gesagt, die Issansuweiber und die Gesamtgruppe hyperplatyrhin, alle übrigen Gruppen platyrhin[3]); das abweichende Verhalten der Ssandauiweiber in der Obergesichtshöhe spiegelt sich auch in der Nasenhöhe und dem Index wieder dieser ist niedriger als bei den Männern (♂ = 57,3, ♀ = 54,5); meine Hottentotten und Topnaar haben geringere absolute Maße, aber den gleichen Index wie die Ssandauimänner = 57,9 bezw. 57,3, und Shrubsall[4]) notiert 57,5 für die Hottentotten, 58,6 für die Buschmänner, 57,2 für die Strandlooper und 57,— für die Ost-Bantu. Die herzförmige Gestalt mit abgestumpfter Spitze der Apertur[5]) ist bei den Ssandaui die Regel, und nach dem ermittelten Index haben sie und die Burungi die schmälste, die anderen Gruppen eine breitere Nasenapertur. Der Nasenstachel ist regelmäßig sehr prominent und verdoppelt[6]). Die kleinste Breite beider Nasenbeine[7])[8]) ist bei den Burungi am größten, sonst etwa gleich; meine Topnaar ergeben als Mittel 9,2, sind also gleichzustellen, meine Hottentotten nur 7,7 mm. Die Länge beider Nasenbeine am medialen Rande ist bei den Burungi und Ssandaui am größten (22,5,22,3), bei den Issansu (20,7) und Nyaturu (20,3), Kindiga (23,5); die breitnasigen Issansuweiber haben die kürzesten Nasalia, der Geschlechtsunterschied beziffert bei den Ssandaui 1,3, bei den Issansu aber 2,9; an meinen Hottentotten erreichen die Nasalia am medialen Rande nur 19,5, bei meinen Top-

---

[1]) Shrubsall, a. a. O. pag. 239.
[2]) Fritsch, a. a. O. pag. 296.
[3]) Fritsch, a. a. O. pag. 285, 286.
[4]) Shrubsall, a. a. O. pag. 239.
[5]) Fritsch, a. a. O. pag. 294, 414, Shrubsall, a. a. O. pag. 431
[6]) Shrubsall, a. a. O. pag. 231.
[7]) Fritsch, a. a. O. pag. 294. M. vergl. auch p. 285, 287.
[8]) Shrubsall, a. a. O. pag. 231

naar nur 19,1 mm; Fritsch gibt ebenfalls 19 mm an. Als einen der kennzeichnendsten Unterschiede zwischen Hottentott und Buschmann muß nach Fritsch[1]) der Verlauf der Gesichtslinie im Profil betrachtet werden. An dem kleinen Vergleichsmateriale, das mir zur Verfügung stand, ist der Unterschied wirklich ein durchgreifender: sind beim Buschmann die Supercilierbögen stets vorhanden, so fehlen sie beim reinen Hottentotten fast gänzlich; ist dort die Nasenwurzel unter der vortretenden Glabella eingesunken, so verläuft hier die Stirnlinie über die Nasalia nahezu ungebrochen; prominieren dort der untere Teil der Nasalia und die Stirnfortsätze des Oberkiefers, so zeigen sie hier eine auffällige Flachheit. Dieselbe ungewöhnliche Flachheit besitzen nun aber auch die weiblichen Ssandauischädel. Ziffermäßig muß sie sich einerseits im Winkel des Nasendaches zur Frankfurter Horizontale ausdrücken; es wurde schon registriert, daß die Ssandaui das flachste Nasendach haben (♂ = 66,5°, ♀ = 67,2°), die Weiber in etwas höherem Maße, und da ich für meine 14 Hottentotten 73,7°, meine Topnaar 73,8° ermittelte, stehen ihnen die Ssandauiweiber doch am nächsten, wenn sie sie auch nicht erreichen. Andererseits muß der projektivische, senkrechte Abstand des Nasion vom tiefsten Punkte des äußeren Augenhöhlenrandes bei den Schädeln mit flacher Nasenwurzel am größten und ein aus diesem Werte und der halben Obergesichtsbreite bestimmter Index am höchsten sein.

	Absol. Höhendifferenz		Index	
	♂	♀	♂	♀
Njaturu	19,7	—	36,7	—
Issansu	17,4	16,8	33,1	33,3
Burungi	19,9	—	37,7	—
Ssandaui	19,5	17,8	37,0	35,7
Topnaar (5 ♀)	—	20,3	—	39,3
15 Hottentotten (♂ + ♀) .	20,2		38,8	
6 Buschmänner	17,6		34,0	

Es treten auch hier wieder die Ssandaui und Burungi den Hottentotten am nächsten. Übrigens haben die 3 Ssandaui mit Hottentottentypus einen Index von 39,2.

[1]) Fritsch, a. a. O. pag. 293.
Fritsch, a. a. O. pag. 414.
Shrubsall, a. a. O. pag. 230.

Wenn man alle die angezogenen Vergleichspunkte überblickt, so steht eine große Ähnlichkeit zwischen den Ssandaui und vor allem den Weibern dieser Gruppe mit den Hottentotten fest, eine Ähnlichkeit, die man wohl als Verwandtschaft deuten darf, da ja kein zwingender Grund vorhanden ist, irgendwelche somatische Unterschiede im Schädelbau der besprochenen Gruppen zu erwarten, wenn man nicht die Beimischung fremden Blutes annehmen will. Allerdings könnte noch ein Einwand gegen diese Annahme erhoben werden. Vergegenwärtigt man sich, daß die Hottentotten zwar sehr alt, aber doch mit Wahrscheinlichkeit von der afrikanischen Urbevölkerung, den Buschmännern, abzuleiten und aus Vermischung von Buschmannblut mit einem aus Norden gekommenen Wandervolk frühzeitig entstanden zu denken sind, so könnten die Ssandaui in ähnlicher Weise aus Buschmann- und Bantublut entstanden gedacht werden. Wenn nun schon an sich die Annahme von Mittelformen bei so jung entstandenen Völkerschaften unwahrscheinlich, die von Mischformen bei Konstanz der Merkmale, die bald in reicherer, bald in geringerer Zahl und Gruppierung auftreten, plausibel ist, so würde es nur schwer denkbar sein, die Ssandaui als Mittelform zwischen den genannten Völkerschaften aufzufassen, und die besprochenen Merkmale stimmen, wie wir gesehen haben, entweder mit denen der anderen Gruppen überein und sind darum als Bantucharaktere, selten Hamitencharaktere, zu bezeichnen, oder aber sie ähneln jenen der Hottentotten, jedoch niemals denen der Buschmänner. Es bleibt also nur die eben proponierte Annahme; übrigens erbrachte weiterhin die Untersuchung der langen Skelettknochen Ergebnisse für die Annahme.

Die **Burungi** sind den Ssandaui in vielen Punkten somatisch ähnlich.

Die **Issansu** scheidet eine Reihe von Merkmalen von den anderen Gruppen. Der Schädel ist so hoch wie breit, oder wohl auch höher, der Längen-Höhenindex also dem Längen-Breitenindex gleich oder höher. Die Stirne ist nicht breit[1]), der Index Frontozygomaticus der Issansu mit 75,3 dem der Dschagga Widenmanns mit 75,3 gleich. Störungen der Lambdanaht, der Asterion- und Pteriongegend häufig[2]). Den Verlauf der Sigittalnaht in einer Mulde teilen sie als Bantu-

[1]) Widenmann, Dr. M. Untersuchung von 30 Dschaggaschädeln. Archiv für Anthropologie, XXV. Bd. p. 370.

[2]) Widenmann, a. a. O. p. 373.

eigentümlichkeit mit den anderen Gruppen[1]). Die ausgesprochene Leptostaphylie des Gaumens, Index 72,6[2]) um 5 bis 6 Einheiten niedriger als bei den übrigen Gruppen, separiert sie wieder scharf und stellt sie ziemlich reinen Bantu zur Seite[0]), wie auch die Mesouranie des Oberkiefers, während alle anderen Gruppen brachyuran sind. Des Ferneren überwiegt hier die Basion-Prosthionlänge energisch über die Basion-Nasionlänge, wie auch die mit dem Goniometer bestimmte Prognathie eine klare Grenzlinie gegen die anderen Gruppen zieht. Auf die Art der Zahndeformierung, auf die von der Schmelzarmut der Zähne verursachte starke Abkauung, die die Issansu in Gegensatz setzt zu allen anderen Gruppen, wurde wiederholt hingewiesen. Ein weiteres unterscheidendes Merkmal ist die große Astbreite des Unterkiefers. Die schon registrierte Breite des Obergesichtes, besonders bei den Weibern, dann die relativ mäßig großen, aber immerhin noch hypsikonchen Augenhöhlen müssen hier genannt werden. Einen besonders markanten Unterschied aber gibt die Bildung der Nase; sie ist absolut am kürzesten und auch schmälsten, relativ am breitesten; das Gleiche trifft für die Apertur zu[1]); im Gegensatz zu den übrigen platyrhinen Gruppen sind die Issansu hyperplatyrhin. Die breitnasigen Issansu haben auch die kürzesten Nasalia. Die Nasanwurzel[3]) ist, wie gezeigt wurde (S. 244/245), bei den Issansu am tiefsten eingesenkt infolge der Prominenz der Glabella und der Flachheit der Nasalia. Die Interorbitalbreite[4]) ist, was ebenfalls ziffernmäßig belegt wurde, die absolut höchste innerhalb der Gruppen, beträgt sie doch mehr als ein Viertel der Obergesichtsbreite. Wenn ich dann noch anfüge, daß das Längen-Breitenverhältnis des Jochbogens das günstigste der Gruppen ist, kann ich die Reihe der abweichenden Merkmale beschließen. Die große Mehrzahl der angeführten, den Issansu eigentümlichen Merkmale sind Rasseneigentümlichkeiten der Bantu, und so kann es wohl keinem Zweifel unterliegen, daß die Issansu ziemlich reines Bantublut darstellen.

Bei einer rassendiagnostischen Wertung der **Njaturu** kann ich es mir versagen, die unterscheidenden Momente, wie schlanker Bau des Schädels, reichere Gliederung der Nähte, gute Supercilierbögen, kräftige Bildung des Prozessus mastoideus u. s. f. nochmals hervor-

---

[1]) Widenmann, a. a. O. p. 373.

[2]) Widenmann, a. a. O., aus den Tabellen berechne ich einen Index von 72.

[3]) Widenmann, a. a. O. pag. 371.

[4]) Widenmann, a. a. O. pag. 367.

zukehren; ich kann mich, um eben Wiederholungen zu vermeiden, auf die Erwähnung eines fundamentalen Gegensatzes zu den Issansu, zu den Bantu, beschränken: die Form der Nase. Nicht nur das Nasendach der Njaturu ist am schärfsten hinausgebaut, sein Winkel also am geringsten, die Nase unter allen Gruppen am besten, an einzelnen Individuen ganz ausgezeichnet geformt, auch der Nasenindex unterscheidet mit Sicherheit; denn Leptorhinie, Indices von 46,0 und 46,8, wie sie bei den Njaturu vorkommen, sind bei den Bantu ausgeschlossen. Es darf darum gesagt werden, daß die Njaturu mit Sicherheit Hamitenblut in sich tragen, daß sie ein Mischvolk und als Bantu-Hamiten zu bezeichnen sind.

Ist es schon bedenklich, auf Grund einer kleinen Serie eine Rassendiagnose von Wert stellen zu wollen, so steigern sich die Bedenken ungemein, wenn es sich um einen oder zwei Schädel handelt, wie bei den **Kindiga** und wenn zu allem Überfluß die beiden Schädel so wenig Gemeinsames aufweisen, wie in diesem Fall. Der eine Schädel besitzt eine Reihe von weiblichen Zügen und ist doch, einwandfrei nachgewiesen, männlich[1]); die absoluten und relativen Zahlen differieren sehr, einzelne Züge erinnern wohl an Bantu, andere, so z. B. die schöne Bildung der Nase an N. 64 sind ganz hamitisch, wieder andere, wie der Schädelbasiswinkel am gleichen Schädel, der ihn fast außerhalb der Variationsgrenzen aller Gruppen rückt, trennen scharf, so daß mit Bestimmtheit die Schädel keiner anderen Gruppe angereiht werden können und weitere Aufschlüsse im Bau der langen Skelettknochen gesucht werden mußten.

Die Untersuchung der langen Knochen ergab einen völlig abweichenden Befund der Kindigaskelette von den übrigen in Hinsicht auf Robustheit und Massigkeit des Baues; in eine entfernte Parallele sind etwa die Njaturu zu stellen, denen die Issansu in einigem Abstand anzureihen sind; am grazilsten gebaut sind die Extremitäten der Burungi, besonders aber die der Ssandaui. Diese Unterschiede wiederholen sich in einer langen Reihe von Merkmalen. Typisch negerhafte Verhältnisse der oberen Extremität haben die Njaturu und Issansu, während sie bei den Ssandaui, Burungi und Kindiga fehlen; Beobachtungen im gleichen Sinne sind an der unteren Extremität zu machen. In allen Hauptpunkten finden die Ergebnisse der Rassendiagnose am Schädel in jenen der übrigen untersuchten

[1]) Herrn Dr. Obst wurde das Grab, welches das Skelett umschloß, als das eines Mannes bezeichnet und als besonderes Kennzeichen des Bestatteten ein erlittener Beinbruch angegeben, was sich bewahrheitete.

Skeletteile ihre Bestätigung. Es kann darum zusammenfassend gesagt werden, daß nach den Untersuchungen am Schädel und den langen Knochen die **Njaturu** Bantu-Hamiten sind, die **Issansu** ziemlich reine Bantu, bei denen Einfluß aus dem Süden Afrikas wahrscheinlich ist, die **Ssandaui** eine Mischung von Bantu mit Hottentotten und Spuren von Hamitenblut, die **Burungi** somatisch Verwandte der Ssandaui, die **Kindiga** wohl Hamiten mit Pygmäenblut. Es kann dann nicht zweifelhaft sein, daß das Weib bei den Ssandaui das artfremde Element ist, und es auch bei den anderen Gruppen zu sein scheint. Seine Rassenmerkmale hat es gut bewahrt. Als Ursache der Rassenmischung darf Frauenraub angesprochen werden. Die Entstehung der Mischung kann so gedacht werden, daß hamitische Wander- oder Kriegszüge, die naturgemäß vorwiegend oder ausschließlich aus Männern bestehen, von Norden her Bantu nach dem Süden drängten, daß infolge der stetig wirksamen Schwächung der Bewegung diese allmählich abflaute oder auf unüberwindlichen Widerstand stieß, zurückflutete und kleine, losgelöste Volksteile in umgekehrter Richtung nach dem Norden trug. Die Hamiten nahmen die mangelnden Weiber von den vor ihnen eingewanderten Bantu, diese fanden z. T. Ersatz bei ihren südlichen Nachbarn. In der westlichen Randzone des Gebietes mischten sich Hamiten und Pygmäen.

Dr. E. Obst's ethnographische Sammlung

aus dem

abflußlosen Rumpfschollenland des nordöstlichen Deutsch-Ostafrika

von

Dr. **Otto Reche**

Leiter der afrikanischen Abteilung am Hamburgischen Museum für Völkerkunde

Das von Obst gesammelte ethnographische Material ist von mir bereits ausführlich beschrieben und z. T. abgebildet worden[1]); ich kann mich hier also darauf beschränken, kurz das Wichtigste zusammenzufassen.

Die Sammlung besteht aus rund 300 Belegstücken für die materielle Kultur der besuchten Stämme und außerdem aus einer Anzahl ethnographischer Notizen, die an der Hand des v. Luschan'schen Fragebogens[2]) gesammelt wurden. Das Material stammt in der Hauptsache von den Njaturu, Ssandaui, Issansu und Kindiga, einiges auch von den Irangi, Fiomi, Burungi und Kimbu.

Der Reisende hat sich hauptsächlich dadurch ein Verdienst um die Ethnographie erworben, daß es ihm gelang, mit dem bisher noch völlig unerforschten Jägervolk der **Kindiga** in Verbindung zu kommen, zwei seiner Lager zu besuchen und die ersten eingehenderen Nachrichten über diesen Stamm mitzubringen[3]). Bisher hatte, soweit wir wissen, noch kein Weißer einen Kindiga zu Gesicht bekommen; nur durch ihre Nachbarstämme hatte man in Erfahrung gebracht, daß die Kindiga noch völlig auf der primitiven Stufe des Jägers und Sammlers stehen und daß sie eine eigenartige Sprache reden, die mehrere Schnalzlaute enthält. Durch Obst erfahren wir nun zum ersten Male Näheres; zunächst konnte er die bisherigen Angaben bestätigen: die Kindiga haben in ihrer Sprache in der Tat eine Reihe von Schnalzlauten und leben ausschließlich vom Ertrage der Jagd und von wilden Beeren und Wurzeln. Die Jagd ist Sache der Männer, das Sammeln der vegetabilischen Nahrung Pflicht der Weiber und Kinder; Feldbau und Viehzucht sind völlig unbekannt, man züchtet auch keinerlei Haustiere, nicht einmal den Hund.

---

[1]) O. Reche: Zur Ethnographie des abflußlosen Gebietes Deutsch-Ostafrikas, in Abhandl. des Hamburgischen Kolonialinstituts, Reihe B, Band 11, Hamburg, L. Friederichsen & Co. 1914.

[2]) in Neumayer: Anleitung zu wissenschaftlichen Beobachtungen auf Reisen, 3. Aufl., Hannover 1905.

[3]) Vergl. auch den 2. vorläufigen Bericht von Obst in den Mitteil. der Geogr. Ges. in Hamburg, Bd. 26. 1912, S. 1—45, Hamburg L. Friederichsen & Co.

Das Streifgebiet der Kindiga umfaßt nach Obst wahrscheinlich die ganze Gegend zwischen Iraku und Ussukuma, hauptsächlich jedoch das Gebiet zwischen Hohenlohe- und Wembere-Graben. Gegen früher scheint der Stamm außerordentlich zusammengeschmolzen zu sein; er besteht heute nur noch aus wenigen hundert Individuen. Wie der Reisende erfuhr, haben die Kindiga besonders unter den Kriegszügen der Massai gelitten.

Die einzige *Waffe* der Kindiga sind Bogen und Pfeil. Die Bögen sind einfach gekrümmte, drehrunde, an beiden Enden sich verjüngende Laubholzstäbe von durchschnittlich 1,60—1,65 m Länge; die Sehne besteht aus tierischem Material und ist in der Art des „papilloten" Typus befestigt; die Bögen zeigen also die in ganz Ost- und Südafrika am weitesten verbreitete Form. Unter den Pfeilen finden sich Exemplare mit hölzerner und solche mit eiserner Spitze. Die erstgenannten dienen nur zur Jagd auf kleineres Wild und auf Vögel, die letzteren werden gegen Großwild verwendet; nur sie sind vergiftet. Die eisernen Pfeilspitzen hämmert man sich aus importiertem Rohmaterial zurecht und schleift sie dann an Steinen.

Das *Feuer* gewinnt man mit Hilfe des Feuerbohrers. Das Kochen ist Sache der Frauen, gekocht wird aber nur das Fleisch der größeren Tiere, alles andere wird einmal am Feuer geröstet. Die wenigen im Besitze der Kindiga sich findenden Töpfe sind von den Issansu eingehandelt.

An *Genußmitteln* kennt man seit einiger Zeit den Tabak; man kauft ihn von den Issansu und raucht ihn aus höchst primitiven, aus Rinde, Holz oder Stein hergestellten Pfeifen.

Die *Wohnstätten* sind der schweifenden Lebensweise angepaßt; es sind nur ganz primitive Laub- und Grashütten.

Kleidung fand sich ursprünglich nur bei den Weibern; bei Erwachsenen bestand sie aus einigen die Genitalien und das Gesäß verhüllenden Lederlappen, bei kleinen Mädchen aus einem aus Gras geflochtenen Schürzchen. Heute tragen auch die Männer Kleidung: einen kurzen Lederschurz oder ein bei den Nachbarn eingehandeltes Lendentuch europäischen Ursprunges.

Schmuck scheint man früher sehr wenig getragen zu haben; jetzt sieht man allerlei aus Issansu eingeführte Stücke, darunter bezeichnenderweise auch nach Massaiart getragene Halsspiralen aus Messing.

Künstliche Verunstaltungen kannte man ursprünglich gar nicht; seit einiger Zeit ist aber die Beschneidung der Knaben in der

Einführung begriffen: ein ganz zum Kindiga gewordener Issansu-Mann führt die Operation aus; irgendwelche Feierlichkeiten sind dabei nicht üblich.

Der *Handel* scheint sich ursprünglich stets in der Form des „stummen Handels" abgespielt zu haben: Eisen, Töpfe und Kürbisse wurden so gegen Honig, Wild und Elfenbein eingetauscht. Heutzutage findet ein ziemlich lebhafter „offener" Handel mit den Issansu statt, von denen man hauptsächlich Glasperlen, Tabak und europäische Stoffe kauft.

Musikinstrumente fehlen gänzlich. Sehr beliebt sind Gesänge, besonders mehrstimmige, von denen Obst eine größere Reihe phonographisch aufnehmen konnte.

Jede *politische Organisation* fehlt. Es gibt keinerlei Standesunterschiede; das Volk zerfällt in völlig voneinander unabhängige Horden, die meist aus einer, seltener aus mehreren Familien bestehen. Der Lagerälteste ist der Führer, er entscheidet auch alle Streitigkeiten. Blutrache kommt nach Obst nicht vor.

Da die Zahl der Frauen nicht groß ist, haben die Männer meist nur eine, seltener zwei Weiber. Die *Ehe* ist ausschließlich Kaufehe, Frauenraub soll nicht vorkommen. Haben sich zwei junge Leute entschlossen, einander zu heiraten, so schickt der Mann einen Brautwerber zum Vater der Braut, um über die Kaufsumme zu verhandeln; diese besteht meist aus einigen Pfeilen, gelegentlich aber auch aus Halsketten und anderen Dingen. Ist der Handel abgeschlossen, so erfolgt die Eheschließung ohne jegliche Zeremonien: die beiden jungen Leute bauen sich eine gemeinsame Hütte. Bei der geringen Kopfzahl der Kindiga ist ausgedehnte Inzucht nicht zu vermeiden. Ehescheidung scheint selten zu sein; sie kann ohne weiteres vom Manne ausgesprochen werden. Die Witwe geht in den Besitz des nächstältesten Bruders über. Die Zahl der Kinder ist meist gering; mehr als 4 Kinder wurden nirgends angetroffen.

Die *Toten* wirft man meist einfach in den Busch; eine Ausnahme macht man nur mit kleinen Kindern, die man in der Hütte begräbt, und mit alten Leuten, die man in hockender Stellung in Seitenlage in einer etwa $^3/_4$ m tiefen Grube beisetzt. Beigaben erhält der Tote nicht mit. Eine Feierlichkeit ist mit dem Begräbnis nicht verbunden, Zeichen der Trauer legt man nicht an. An ein Fortleben der Seele nach dem Tode scheint man nicht zu glauben.

Als einzige *Gottheit* verehrt man nach Obst die Sonne; sie bittet man um eine erfolgreiche Jagd und um Schutz gegen Raubtiere und Krankheiten; gleichzeitig opfert man einige Fleischstücke.

Die **Ssandaui** scheinen mit den Kindiga verwandt zu sein. Baumann[1]) hat das schon auf Grund der Tatsache vermutet, daß sich auch in der Sprache der Ssandaui Schnalzlaute finden. Obst[2]) hat nun gezeigt, daß auch das Vorkommen gleicher Jagdwaffen bei beiden Stämmen auf eine Verwandtschaft schließen läßt und daß sich außerdem ganz im Süden von Ussandaui, in dem von fremden Einflüssen am wenigsten berührten Gebiete, noch ganz einfache, altertümliche Bienenkorbhütten finden, die auffallend an die Hütten der Kindiga erinnern. Im ganzen übrigen Ussandaui ist das typische Wohnhaus die Tembe, die offenbar von den Nachbarn übernommen wurde.

Die Ssandaui sind wie es scheint bereits vor einer Reihe von Generationen seßhaft geworden; die Grundlage ihrer *Wirtschaft* beruht seitdem auf dem Hackbau.

Während, wie erwähnt, die Jagdwaffen denen der Kindiga gleichen, zeigen die *Kriegswaffen* im wesentlichen die bei den schon länger ansässigen benachbarten Bantustämmen vorkommenden Formen; man führt außer Bogen und Pfeil einen kurzen Wurfspeer, und außerdem wahrscheinlich auch einen aus Leder hergestellten Schild. Bei Stockturnieren verwendet man einen Stockschild. Die Steinschleuder dient als Spielzeug und zum Verscheuchen der Vögel aus den Getreidefeldern. Unter den Bögen kommen zwei verschiedene Formen vor: die gewöhnliche ostafrikanische und eine andere, die mit ihren zurückgebogenen Enden an asiatische Formen erinnert.

Die Sammlung enthält ferner eigenartige Peitschen, mit denen man die Vögel verscheucht, weiterhin hölzerne Rührlöffel, hölzerne, mehrzinkige Rechen zum Zusammenharken der Getreidehalme und einige Tabakspfeifen.

Die *Kleidung* der Ssandaui besteht heutzutage meist aus Lendentüchern europäischer Herkunft; gelegentlich findet sich bei den Männern aber noch die alte Tracht: ein an der Gürtelschnur befestigtes, vorn herabhängendes Büschel Hahnenfedern. Der Schmuck ist ziemlich reich: Männer und Weiber tragen Hals-, Arm- und Beinbänder aus Perlen oder Draht, die Weiber außerdem oft einen Stirnreif und nach Massaiart lange Armmanschetten aus Draht. Die Ohr-

---

[1]) Durch Massailand zur Nilquelle, Berlin 1894, S. 192, 192.

[2]) Vorl. Bericht IV. Mitt. Geogr. Ges. i. H., Bd. XXVII, 1913, S. 197 ff.

läppchen werden bei beiden Geschlechtern durchbohrt und mit allerlei Schmuck behangen.

Die *Beschneidung* ist allgemein üblich und wird bei beiden Geschlechtern vorgenommen.

Über die **Njaturu** haben bereits frühere Reisende ziemlich ausführlich berichtet. Die *Sprache* gehört zur Familie der Bantusprachen. Die *Wirtschaft* beruht auf Feldbau und Viehzucht. Das Typische *Wohnhaus* ist die Tembe, die zum Schutz gegen wilde Tiere mit einer hohen Euphorbienhecke umgeben ist. Von den bereits von Baumann[1]) und anderen erwähnten eigenartigen Feldhacken mit hölzerner Klinge enthält die Sammlung zwei Exemplare. Neu, bisher noch nicht veröffentlicht, ist ein von Obst mitgebrachter, beim Säen benutzter Grabstock mit etwas verbreiterten Enden; man stellt mit ihm die für die Samen bestimmten Löcher in der Erde her und schüttet sie mit ihm auch wieder zu. Fruchtwechsel kennt man nicht, aber Düngung mit Mist. Zum Verjagen der Vögel von den Getreidefeldern benutzt man Steinschleudern und Peitschen. Wenn das Getreide eingebracht ist, findet ein mit Musik verbundenes Erntefest statt.

An *Genußmitteln* kennt man Tabak und Bier. Den Tabak baut man selbst; man raucht ihn aus primitiven Wasserpfeifen. Außer dem Rauchen kennt man auch das Tabakskauen und das Schnupfen. Das Bier stellt man aus Hirse her.

An *Haustieren* hält man Rinder, Schafe, Ziegen, Hühner, Hunde und neuerdings auch Esel. Auf Rinder legt man den größten Wert; jeder Besitzer kennt auch ohne Anbringung einer Eigentumsmarke jedes seiner Tiere. Für jede Farbenspielart der Rinder gibt es einen besonderen Namen. Die bei vielen der Nachbarstämme (auch bei den Massai) sich findende, ursprünglich wohl hamitische Sitte, beim lebenden Rind eine Ader zu öffnen und das frische Blut zu trinken, ist auch den Njaturu bekannt, doch soll man nur in Fällen von Hungersnot einen derartigen Aderlaß vornehmen.

Die *Jagd* spielt bei den Njaturu nur eine sehr untergeordnete Rolle; man schießt die Tiere mit dem Pfeil oder Speer, Großwild fängt man auch in Fallgruben.

Das *Feuer* gewinnt man mit Hilfe des Feuerbohrers. Der Herd besteht aus drei Steinen. Die Töpfe werden teils im Lande selbst von den Frauen hergestellt, teils von den Iramba eingehandelt.

[1]) Durch Massailand zur Nilquelle, Berlin 1894, S. 190.

An *Hausgeräten* enthält die Sammlung Quirle, hölzerne Rührlöffel und eiserne Messer zum Fleischschneiden.

Die *Inneneinrichtung* der Temben ist ärmlich; meist sieht man nur einige große aus Knüppeln hergestellte Bettstellen, geflochtene Bettschirme, ein Gerüst für Waffen, kleine dreibeinige Schemel und einige Rindenschachteln zur Aufbewahrung von Tüchern und Schmucksachen. Am Fußende der Betten brennt Tag und Nacht ein Feuer. Jede Familie hat eine Tembe, jede Frau darin ihr eigenes Gemach. Die Temben stehen stets einzeln, nie zu Dörfern vereint.

Die *Kleidung* der Weiber besteht aus Lederschürzen. Die Männer gingen früher stets völlig nackt, jetzt tragen sie meist Tücher europäischer Herkunft. Die Füße sind unbekleidet oder stecken in Ledersandalen, die denen der Massai ähneln. Der Schmuck ist ziemlich reich; man verwendet heutzutage gern europäische Glasperlen und Kaurischnecken. Besonders erwähnenswert sind breite, von den Weibern getragene Gürtel aus Perlenschnüren und ein eigenartiger, ebenfalls aus Perlen gefertigter und nur von Weibern benutzter Rückenhängeschmuck; von beiden Schmuckarten enthält die Sammlung eine Anzahl besonders schöner Stücke. Die Männer tragen um die Taille oft ein dickes Bündel aus Gras gedrehter dreisträhniger Schnüre.

An *künstlichen Verunstaltungen* kennt man Schmucknarben, Bemalung mit Lehm, Durchbohrung der Ohrläppchen und Ausbrechen der beiden mittleren unteren Schneidezähne. Allgemein ist ferner die *Beschneidung*; sie wird bei Knaben und Mädchen ausgeführt und ist mit verschiedenen Zeremonien verbunden. Während der der Beschneidung folgenden Zeit der Trennung von der Familie tragen die operierten Knaben eigenartige Spazierstöcke, von denen Obst einige Exemplare erwerben konnte.

Im *Krieg* gibt es nach Obst keinerlei Organisation; jeder kämpft wie und wo er will. Die Kriege waren meist Raubzüge zur Erbeutung von Rindern: ohne Kriegserklärung wurde der Gegner plötzlich überfallen. Der Kriegsschmuck ist dem der Massai nachgebildet.

Kriegswaffen sind Bogen und Pfeil, Wurfspeer und zwei Schildarten; die Hauptwaffe ist der Speer. Unter den Bögen finden sich die beiden bereits bei den Ssandaui erwähnten und beschriebenen Typen: die einfach gebogene ostafrikanische Form und der Bogen mit zurückgebogenen Enden; die Sehne besteht ausnahmslos aus tierischem Material. Alle in der Sammlung enthaltenen Pfeile sind mit eingelassener Eisenspitze versehen, die entweder glatt oder mit Widerhaken besetzt ist; die Fiederung zeigt den Bügeltypus. Köcher gibt es nicht.

Die *Technik* steht auf keiner hohen Stufe. Die im Lande hergestellten Töpfe zeigen auffallend rohe und schmucklose Formen, Holzschnitzerei ist so gut wie unbekannt, Flechtarbeiten sind selten und sehr einfach, die Bearbeitung von Tierhäuten ist sehr primitiv, und die Metalltechnik beschränkt sich darauf, das importierte Roheisen durch Schmieden in die gewünschte Form zu bringen. Das Handwerkszeug der Schmiede, die übrigens sehr geachtet sind, besteht aus einem Schlauchgebläse, Zange, Hammer und Meißel.

Der *Handel* ist nur sehr beschränkt; gegen Ziegen, Hühner, Getreide und Salz kauft man von den Nachbarn, besonders den Njamwesi und Iramba, Schmiede- und Töpferarbeiten, Roheisen und Tabak.

Rechtspflege und politische Verhältnisse sind sehr primitiv. Es herrscht allgemein Selbsthilfe und Blutrache. Standesunterschiede sind völlig unbekannt; erst durch die deutsche Verwaltung wurden Häuptlinge eingesetzt. Großen Einfluß haben sich einige Regenzauberer zu sichern gewußt.

Die *Frau* nimmt keine besonders geachtete *Stellung* ein; sie darf beispielsweise nicht mit dem Manne zusammen essen; ihr liegt die Hauptarbeit ob. Die Frau wird gekauft; der Vater des Bräutigams oder ein befreundeter älterer Mann dient als Brautwerber und Unterhändler. Mit der Eheschließung tritt die Frau in die Familie des Mannes ein. Einehe ist selten, die meisten Männer haben 3 bis 5 Frauen; jede von ihnen hat ihren eigenen kleinen Haushalt. Die Zahl der Kinder ist meist ziemlich groß.

Die *Toten* hüllt man in die Haut eines frisch geschlachteten Rindes und begräbt sie dann ohne Beigaben in Hockerstellung und Seitenlage im Tembenhofe in einer etwa 1—$1^1/_2$ m tiefen Grube. Auf das Grab wird meist ein großer Stein gelegt. Zeichen der Trauer ist ein um den Kopf gelegter, geflochtener, dünner Strick; die Trauerzeit dauert einen Monat.

Nach Obst kennt man keinerlei *religiöse Festlichkeiten.* Man glaubt, daß die Seelen der Toten ein im Inneren der Erde gelegenes Schattenreich bewohnen. Man scheint nur eine Gottheit zu kennen, mit der man mit Hilfe von Zauberern verkehrt.

An *Musikinstrumenten* besitzt man nur einfache Flöten, die Schalenzither und die von den Njamwesi übernommene Felltrommel, die nur bei Tänzen benutzt wird.

Außer dem Stockkampf kennt man noch eine ganze Reihe von *Spielen*, besonders Kinderspiele; sehr beliebt ist das Mankala-Spiel.

Beim *Zählen* bedient man sich der Finger; die Art der Fingerhaltung unterscheidet sich nur wenig von der in Ugogo[1]) üblichen. Das Zahlensystem ist einfach dekadisch, der höchste Zahlenbegriff scheint 1000 zu sein.

Die **Issansu** sprechen ebenfalls eine Bantusprache. Die Grundlage ihrer *Wirtschaft* bilden Hackbau und Viehzucht. Man baut verschiedene Hirsearten, Mais, Erdnüsse und Bohnen; der Anbau des Tabaks ist in der letzten Zeit stark zurückgegangen. Bier bereitet man aus Hirse oder Mais.

Die Issansu wohnen in niedrigen *Temben*, die denen der Njaturu ähneln; jede Familie, sogar jede Frau hat ihre eigene kleine Tembe.

Heutzutage gehen beide Geschlechter *bekleidet*, früher sollen die Männer stets nackt gegangen sein. Die Mädchen tragen ein kleines Genitalgehänge und einen ledernen Gesäßschurz, die verheirateten Frauen außerdem noch einen Rückenschurz aus Ziegenleder. Die Männer tragen eine Schürze aus Schaffell oder europäische Stoffe. Die Füße stecken in Sandalen, die denen der Njaturu gleichen. Beim Schmuck bevorzugt man in ganz auffallender Weise europäische Glasperlen und zwar fast ausschließlich solche von blauer und weißer Farbe; besonders die Frauen sind mit Perlenschmuck förmlich überladen.

An *künstlichen Verunstaltungen* sind zu erwähnen zunächst das Stammesmerkmal: zwei auf jeder Wange angebrachte lange Ziernarben, weiterhin Einschnitte zur Verzierung des Rumpfes, Durchbohrung der Ohrläppchen und Bemalung mit roter Farberde. Allgemein üblich ist ferner die Beschneidung der Männer; sie gleicht der der Suaheli. Die Mädchen werden nach Obst nicht beschnitten. Die bei vielen Nachbarstämmen übliche Entfernung der beiden mittleren unteren Schneidezähne findet sich bei den Issansu nicht.

Die *Kriegswaffen* sind Bogen und Pfeil, Wurfspeer, Fellschild und Keulenknüppel. Die Steinschleuder dient denselben Zwecken wie in Turu; sie ist zum Spielzeug herabgesunken. Die Pfeile sind mit einer eingelassenen Eisenspitze versehen, deren Ränder entweder glatt oder mit Widerhaken besetzt sind; nur ein

[1]) s. Claus, H.: Die Wagogo, ethnographische Skizze eines ostafrikanischen Bantustammes, Bäßler-Archiv, 1911, Beiheft II, S. 38.

Exemplar weist eine hölzerne Spitze auf. Köcher scheint es nicht zu geben.

Fast alle wichtigeren Gegenstände werden von besonderen *Handwerkern* angefertigt. Die Töpferei ist Frauenarbeit; man formt die Töpfe durch Drücken und Kneten aus einem Lehmklumpen. Die Flechtarbeiten, hauptsächlich Körbe und Bierfilter, werden auffallenderweise ausschließlich von Männern hergestellt. Die Schmiede verstehen nur das Verarbeiten des hauptsächlich aus Ussukuma importierten Rohmaterials; sie benutzen dabei ein typisches Schlauchgebläse.

Die *Rechtspflege* ist sehr primitiv; es herrscht durchaus die Blutrache. Es gibt keinerlei Standesunterschiede. Früher wurde das Volk in gewissem Sinne von einem mächtigen Regenzauberer beherrscht, an den sogar Steuern gezahlt wurden.

Die *Eheschließung* erfolgt durch Kauf der Frau; ein Freund des Mannes bildet den Brautwerber; der Kaufpreis besteht aus Vieh, Feldhacken, Perlen, Pfeilen u. dergl. Auf Reinheit der Braut wird kein Wert gelegt, außerehelicher Verkehr der jungen Leute ist ohne weiteres gestattet. Stirbt der Ehemann, so gehen seine Frauen in den Besitz des ältesten Bruders über. Die Kinderzahl ist meist recht bedeutend.

Die *Toten* werden noch am gleichen Tage begraben. Man wickelt den Leichnam in ein frisches Ochsenfell und bestattet ihn in Hockerstellung ohne Beigaben in der Nähe der Tembe. Ein Jahr nach dem Tode bepflanzt man das Grab mit Agaven. Als Trauerzeichen dient ein um den Kopf gewickelter Baststreifen; die Trauer dauert aber nur 1—2 Tage.

Ob man an ein Fortleben der *Seele* nach dem Tode glaubt, konnte der Reisende nicht einwandfrei feststellen. Als *Gottheit* verehrt man die Sonne; man opfert ihr Tiere. Die Opferhandlung bewegt sich in genau vorgeschriebenen Formen; aus den Eingeweiden wird gewahrsagt. Religiöse *Tänze* kennt man nicht.

An *Musikinstrumenten* finden sich bei den Issansu die Schalenzither, kleine Felltrommeln und höchst eigenartige, sehr lange, hölzerne Trompeten, von denen Obst die ersten Exemplare nach Europa gebracht hat.

Die **Iramba** sind, auch sprachlich, den Issansu nahe verwandt und haben im großen und ganzen denselben Kulturbesitz und dieselben Sitten. Sie wohnen in Temben, treiben Hackbau und Viehzucht; beim Schmuck bevorzugen sie Perlen. Die *Bewaff-*

nung besteht aus Wurfspeer, Schild und sehr kleinen Bögen und Pfeilen. Als Stammesmerkmal splittern die Iramba die beiden oberen mittleren Schneidezähne dreieckig aus[1]).

Die *Schmiede* verarbeiten nur importiertes Eisen; sie benutzen dabei ein Schalengebläse (während die nahe verwandten Issansu nur das Schlauchgebläse kennen).

Die *Toten* werden begraben; auf das Grab legt man von Zeit zu Zeit eine aus Hirsebrei und Bier bestehende Opfergabe. Man glaubt an ein Fortleben der *Seele*; die Seelen leben in einem Geisterreich, das man sich im Innern der Erde liegend vorstellt. Ebenso wie bei den Issansu findet sich auch bei den Iramba der Kult des *Sonnengottes*.

Bei den **Irangi, Fiomi, Burungi** und **Kimbu** hat sich Obst aus Zeitmangel darauf beschränkt, einige charakteristische Belegstücke für die materielle Kultur zu erwerben. Von den Irangi enthält die Sammlung: eine im Lande selbst angefertigte eiserne Feldhacke, einige Dolchmesser, einen Stockschild und ein Beil, von den Fiomi einen der seltenen, aus dünnem Leder hergestellten, spitzenartig durchbrochenen Männerumhänge, wie sie bereits von einigen Reisenden beschrieben wurden[2]), einen Bogen von ostafrikanischem Typus und einige Pfeile, Speere und Dolchmesser, von den Burungi eine Anzahl aus Schnüren hergestellter Leibgürtel für Weiber, mehrere mit Perlen besetzte Lederhalsbänder und ein Dolchmesser, von den Kimbu endlich drei Bögen, eine größere Anzahl Pfeile, drei Tabakspfeifenköpfe und ein aus einer Schneckenschale hergestelltes Trinkgefäß.

Das Bild, das uns frühere Reisende von den Völkern des abflußlosen Gebietes gaben, wird durch die Obstsche Sammlung und durch seine Aufzeichnungen erheblich vervollständigt. Ist uns auch die geistige Kultur der Stämme heute noch zum großen Teile unbekannt, — zu ihrem Studium gehört sehr viel Zeit, erheblich mehr, als der Nichtspezialist zur Verfügung zu haben pflegt — so kennen wir doch jetzt so viel von dem materiellen Kulturbesitz, daß wir durch dessen Untersuchung sogar schon eine ungefähre Vorstellung von dem Werden der Völker und ihrer Zivilisationen erhalten.

---

[1]) s. Stuhlmann: Mit Emin Pascha ins Herz von Afrika, Berlin 1894, S. 755.

[2]) s. z. B. Baumann, O.: Durch Massailand zur Nilquelle, Berlin 1894, S. 714 und Kannenberg: Reise durch die hamitischen Sprachgebiete um Kondoa, in : Mitteil. aus d. deutsch. Schutzgebieten, Bd. 13, S. 160.

Die Analyse des Kulturbesitzes zeigt uns, daß sich bei allen bisher untersuchten Stämmen des Gebietes neben dem Urgut eine große Menge Fremdgut findet, das teils als Lehngut, teils aber auch als Erbfremdgut anzusprechen ist. Die Stämme haben also zu dem ihnen ursprünglich charakteristischen Kulturbesitz allerlei Fremdes hinzuerworben und zwar entweder durch Entlehnung oder durch Blutmischung mit fremden Volkselementen, die ihr Urgut mitbrachten und durch Vererbung in den Stamm verpflanzten. Endlich findet sich bei allen Stämmen auch Importgut, das bei einigen sogar einen erheblichen Teil des Kulturbesitzes ausmacht; so stellen beispielsweise die Fiomi nur wenig selbst her, sondern handeln fast alle Gegenstände von den Nachbarn, besonders den Mbugwe ein.

Bei den *Kindiga* wird man alles das als Urgut auffasen müssen, was unmittelbar mit der Kulturstufe des Jägers und Sammlers zusammenhängt, so die primitiven, nur für kurzen Gebrauch bestimmten Laub- und Grashütten, einige eigentümliche, nur bei ihnen und den nahe verwandten Ssandaui sich findende, und ausschließlich zur Jagd benutzte Pfeilarten (mit Holzspitze oder seitlich angebundenem Widerhaken), Jagdamulette und die Verwendung von Pfeilgift bei der Jagd. Trotzdem sich die Kindiga niemals über die Wirtschaftsstufe des Jägers erhoben und obgleich sie mit den Nachbarn so gut wie keinen Verkehr hatten, haben auch sie verschiedene fremde Kulturelemente übernommen; so zeigt beispielsweise schon der heute bei ihnen gebräuchllche Bogen eine Form, die sicher nicht alteinheimisch sondern von außen gekommen ist, weist er doch nahe Verwandtschaft mit der über ganz Ost- und Südafrika verbreiteten, wahrscheinlich von Hamiten mitgebrachten Bogenart auf.

Diese für die Kulturstufe des Jägers charakteristischen Dinge finden sich außer bei den Kindiga (und wohl auch bei den Wahi und Wanege) nur noch bei den Ssandaui einigermaßen deutlich ausgeprägt, alle anderen Stämme unseres Gebietes sind seit langer Zeit bereits zu höheren Wirtschaftsformen fortgeschritten. Bei ihnen lassen sich deutlich die Elemente zweier ganz anders gearteter Kulturkomplexe erkennen, die einer Hackbau- und einer Hirtenkultur; diese haben sich miteinander vermischt, wobei bald die eine, bald die andere Kultur die Oberhand behielt. Beide sind in unserm Gebiet zweifellos nicht einheimisch, können aber auch nicht als Lehngut aufgefaßt werden; ihre Elemente sind vielmehr von fremden Einwanderern mitgebracht, über deren Zugehörigkeit kaum ein Zweifel bestehen kann: wir werden die Hackbauer ohne weiteres mit Bantunegern, die Rinderhirten mit Hamiten gleichsetzen können.

Zu den mit den Hackbauern eingewanderten Elementen gehören aller Wahrscheinlichkeit nach: die meisten der heute in unserm Gebiet angebauten Feldfrüchte (einige wenige, wie Tabak und Mais, sind Lehngut), alle Feldbaugeräte, die mit dem Hackbau zusammenhängenden Bräuche, die Bierbereitung, alle Haustiere mit Ausnahme des Rindes, die Kegeldachhütte (die nur noch im südlichen Iraku vorkommt), die Felltrommel, die hölzernen Blashörner der Issansu und Iramba und die Töpferei der Frau. Mit den Bantu kam außerdem vermutlich auch das Schalengebläse.

Die Hirtenkultur scheint in mehreren Wellen ins Land geflutet zu sein, die sich aber vorläufig noch nicht mit Sicherheit trennen lassen. Zu ihrem Komplex gehört vor allem die Haltung und außergewöhnliche Wertschätzung des Rindes, die Sitte, das lebende Rind zur Ader zu lassen und das frische Blut zu genießen, die fast ausschließliche Verwendung von Leder für Kleidung, Schmuck und Waffen, weiter der von den Gogo-, Issansu- und Iramba-Männern getragene, das Gesäß verdeckende Lederschurz, die absichtliche Entfernung der beiden mittleren unteren Schneidezähne, die beiden in unserm Gebiet sich findenden Bogenformen, die Steinschleuder, die Technik der Spiralwulstflechterei, das Schlauchgebläse und endlich auch die Tembe.

Schon aus dem bisher Gesagten geht hervor, daß die drei erwähnten Kulturkomplexe nicht gleichzeitig, sondern hintereinander ins Land gekommen sein müssen; die Analyse des Kulturbesitzes gibt uns also die Möglichkeit, bis zu einem gewissen Grade die Geschichte der Stämme zu rekonstruieren: die älteste Schicht scheint die des Jägers zu sein; wir werden also annehmen können, daß die älteste Bevölkerung des Landes aus primitiven Jägerstämmen bestand, die wohl — das läßt sich schon aus der sprachlichen Verwandtschaft, dem Vorkommen von Schnalzlauten schließen — mit den Buschmännern Südafrikas verwandt waren. Ihre allerdings längst nicht mehr rassereinen Reste haben wir in den heute noch als Jäger lebenden Kindiga (und Wahi und Wanege?) und den vor einigen Generationen erst zum Feldbau übergegangenen Ssandaui zu erblicken.

Die ersten fremden Einwanderer scheinen dann Bantustämme gewesen zu sein; immer neue Flächen unter Kultur nehmend, drängten sie wohl die Urbevölkerung ganz allmählich zurück und breiteten sich schließlich über einen großen Teil des Gebietes aus.

Ganz anders wird man sich das Eindringen der zuletzt erschienenen, der hamitischen Rinderhirten vorstellen müssen: ebenso wie ihre letzte Welle, die Massai, kamen sie wohl alle als Eroberer. In der Folgezeit gingen sie dann mehr oder weniger in der unterworfenen Bantubevölkerung auf, und so entstanden allerlei Mischstämme, bei denen sich aber zumeist die Bantusprache und der Hackbau als Grundlage der Wirtschaft wieder durchsetzten.

Wenn wir später einmal auch in den geistigen Besitz der Stämme tiefer eingedrungen sind, werden sich außer den bisher zu unterscheidenden drei Kulturen sehr wahrscheinlich noch andere Elemente finden, die zu bisher unbekannten Kulturkomplexen gehören. Sehr wichtige Resultate verspricht aber vor allem auch die prähistorische Forschung, die bisher in Afrika leider allzusehr vernachlässigt wurde.

Die linguistischen Aufzeichnungen

aus dem

abflußlosen Rumpfschollenland des nordöstlichen Deutsch-Ostafrika.

Geleitet von dem Bestreben, nach Möglichkeit auch zur Erweiterung unserer Kenntnisse über die Sprachen des abflußlosen Gebiets beizutragen, versuchte ich in der Vorbereitungszeit, mir wenigstens die elementarsten Kenntnisse der afrikanischen Sprachwissenschaft anzueignen. In dankenswerter Zuvorkommenheit gab mir Herr Professor Meinhof-Hamburg einige Winke und Ratschläge, die mir den Weg zu diesem dem Geographen an und für sich ja recht fernliegenden Gebiet wesentlich ebneten.

Mit mehr oder minder umfangreichen Aufzeichnungen von der Sprache der Wanjaturu, Waïssansu, Waïramba, Wakindiga und Waassi kehrte ich im Frühjahr 1912 heim. Eine fast 80 Walzen umfassende Phonogramm-Sammlung mit Sprach- und Gesangsproben sollte meine linguistischen Notizen ergänzen. Überdies hatte sich der leitende Pater der Katholischen Mission Kurjo (Ussandaui) auf meine Bitten hin bereit erklärt, das Material seiner eigenen jahrelangen Studien über die Ssandaui-Sprache an Herrn Professor Meinhof nach Hamburg einzusenden.

Die Bearbeitung meiner linguistischen Aufzeichnungen übernahm Herr B. Struck in Dresden, der durch die Bearbeitung des Jägerschen und anderen Materials aufs beste mit den in Frage kommenden Problemen vertraut war. Nachdem wir in einer Zusammenkunft in Dresden Wort für Wort meiner Notizen durchgesprochen hatten, um meine z. T. naturgemäß recht laienhaft ungeschickte Schreibweise klarzustellen, nahmen die Arbeiten einen guten Fortgang. Schon ließ sich deutlich eine Dreiteilung meines Forschungsgebiets in eine Provinz der Bantusprachen (Ugogo, Turu, Issansu, Iramba, Ussure, Irangi, Umbugwe), eine Provinz der Hamitensprachen (Burungi, Uassi, Ufiomi, Iraku) und eine Provinz der z. T. an das Hottentottische, z. T. an hamitische Sprachen anklingenden Schnalzlauten-Sprachen (Wakindiga, Wassandaui) erkennen, und eben sollten die Einzeluntersuchungen energisch in Angriff genommen werden, da brach der Krieg aus und setzte den Studien Strucks ein Ende.

Die in meinen vorläufigen Berichten mitgeteilten Sprachproben bleiben nun für lange Zeit das einzige, was von meinen mit großer Liebe für die Sache unternommenen Sprachuntersuchungen Zeugnis gibt. Ich hege die zuversichtliche Hoffnung, daß es Herrn Struck nach Beendigung des Krieges möglich sein wird, die begonnenen Arbeiten fortzusetzen und zu einem erfreulichen Ende zu führen.

E. Obst.

Druck von J. J. Augustin in Glückstadt und Hamburg.

MIX
Papier | Fördert gute Waldnutzung
FSC® C083411

Zeitfracht Medien GmbH
Ferdinand-Jühlke-Straße 7
99095 Erfurt, Deutschland
produktsicherheit@kolibri360.de